本书为教育部项目 10YJC72040001 的研究成果

西方哲学研究丛书

实践推理逻辑研究

吕　进　著

中国社会科学出版社

图书在版编目(CIP)数据

实践推理逻辑研究／吕进著.—北京：中国社会科学出版社，2016.6

ISBN 978-7-5161-8284-0

Ⅰ.①实… Ⅱ.①吕… Ⅲ.①推理—研究 Ⅳ.①B812.23

中国版本图书馆 CIP 数据核字(2016)第 116719 号

出 版 人 赵剑英
责任编辑 冯春凤
责任校对 张爱华
责任印制 张雪娇

出　　版 中国社会科学出版社
社　　址 北京鼓楼西大街甲 158 号
邮　　编 100720
网　　址 http：//www.csspw.cn
发 行 部 010-84083685
门 市 部 010-84029450
经　　销 新华书店及其他书店

印　　刷 北京君升印刷有限公司
装　　订 廊坊市广阳区广增装订厂
版　　次 2016 年 6 月第 1 版
印　　次 2016 年 6 月第 1 次印刷

开　　本 710×1000 1/16
印　　张 13.5
插　　页 2
字　　数 188 千字
定　　价 49.00 元

凡购买中国社会科学出版社图书,如有质量问题请与本社营销中心联系调换
电话:010-84083683

序

推理是人们生活中须臾不可离开的思维形式，然而人类对推理的认识还远远不够深入。人们运用的有些推理未必恰当，未必正确。貌似简单的推理，却是复杂的思维现象，蕴含着思维的奥秘。

逻辑是研究推理的。从亚里士多德开始，逻辑学展示了丰富的研究成果，为我们的思维提供了合理性的典范，并广泛应用到各个学科和社会生活之中。例如，简单命题推理中的直接推理、三段论、复合命题推理、数理逻辑中的命题演算、谓词演算，等等。我们希望能够用逻辑的方式来描述、刻画我们的思维，就如莱布尼茨所希望的那样，让逻辑语言成为沟通一切的桥梁。这一思路也已经取得了丰硕的成果，人工智能的进展已经向我们昭示了它的光明前景。

但是，作为复杂的推理现象，还有很多重要的理论问题需要我们去进一步研究。作为理性生物，我们深刻地认识到我们的行为有其思想根源，但是该行为的合理化动机与目的到底如何解释，却还没有一个很好的说明。实践推理研究希望能够给出一个合理化的模型，讨论理性主体通过意向态度如何面向行动的问题。这一方面的研究在人工智能研究的背景下显得更具有重要意义，因为如果能够有效地解释现实人的行为如何由他的思想得出，那么思维的奥秘就可能被揭开。

关于实践推理，尽管在哲学、心理学等认知学科中已经成为热点，但在逻辑上还缺乏系统的研究。吕进的这本著作以模态逻辑为基本工具，建构了一系列逻辑系统，刻画了记忆、信念和意图等实践推理要素的逻辑，给出了一个实践推理逻辑的基本框架。这本著作不仅体现了独特而重要的学术价值，也为后来者的研究提供了很好的思路和方向。但愿本书的面世能够进一步推动实践推理研究的深入。

是为序。

何向东

2016 年 3 月于重庆缙云山

目　录

第一章 绪　论

实践推理是与理论推理相对应的概念。通常认为，理论推理是由知识或信念作为前提得到知识或信念的推理，即知识或信念封闭的推理。而实践推理则是指智能主体导向行动的思维推理过程，其核心是分析各种意向性要素诸如信念、愿望、意图、记忆、偏好、期待、热爱甚至悔恨等等心理态度在影响、引起或引导智能主体的行为中所起到的作用。实践推理研究历史悠久，在亚里士多德的著作中就有专门的论述来分析讨论实践推理。随着现代人工智能研究的发展，对智能主体实践推理的研究进入到一个新的阶段。

从某种程度上说，实践推理显示了人类为了解决问题而通过思考来决定自己如何行动的能力，从而体现了人作为智慧生物的本质特征。实践推理是作为智能主体沟通外部世界的桥梁。实践推理不仅构成了主体思维的主要内容，而且引导和规范了思维活动自身。人们之所以能够相互交流、理解与合作，就在于大家都有着高度相似的实践推理思维框架①。从这个意义上说，揭示了实践推理的奥秘也就理解了心智活动的原理。因此，哲学、逻辑学、心理学、人工智能等认知学科不约而同地将实践推理研究看作该学科的重要研究领域。

---

① M. E. Bratman, *Intention*, *Plans*, *and Practical Reason* [M]. Cambridge, Harvard University Press, 1987, p. 1.

第一节　实践推理研究概况

对实践推理的分析讨论可以从实践说起。亚里士多德被认为是第一个明确地讨论了实践的哲学家。在《尼各马可伦理学》中，亚里士多德详细地讨论了实践。他认为，一切实践都以善为目的，而最高的善就是幸福。善和幸福的概念都是有着多种意义的。亚里士多德将“善”分为“善的事物”与“善自身”[①]，而“善的事物”也包括自身即善的事物与作为它们的手段而是善的事物[②]。亚里士多德强调“我们所有的活动都只有一个目的，这个目的就是那个可实行的善”[③]。而人的善就是灵魂的合德性的实现活动[④]。这样善就落实到人的行动上，体现于人的活动中。

于是人的实践活动实际上涉及人的心灵与人的活动两个方面，通过“合德性”而将两者结合起来的实践活动就是在实现善。这种心灵与活动的结合需要遵从必要的原则才能够说得上合乎德性。亚里士多德认为，要“按照正确的逻各斯去做”才能够实现善[⑤]。而按照亚里士多德自己的说法，实践的逻各斯其本身又是粗略的，具体行为中的逻各斯到底是什么也不能确定，因而实践本身就带有很强的不确定性。即使是一个人具有向善的目的，又采取了合适的行动，也不能保证能够实现善。这就要求作为主体的人在实现善的过程中需要进行理性的思考。

亚里士多德认为，要实现善，首先就必须知道什么样的行为才

---

① 亚里士多德：《尼各马可伦理学》，廖申白译注，商务印书馆2003年版，第10页。

② 同上书，第15页。

③ 同上书，第17页。

④ 同上书，第20页。

⑤ 同上书，第37页。

能够实现它；其次他还必须是经过自己的选择而自愿地那样做[①]。选择的过程是一个思虑的过程，通过思考而进行选择强调一个人的行为是出于他自身的意愿。这也就说明了思虑的过程就是一个实践推理的过程。这一分析的结果就是我们可以为一个人的行为找到理由或者分析他们行动的原因。亚里士多德举例说，在船遭遇风暴时一个理性的人会自愿地抛弃他的财物，尽管他不情愿那样做。亚里士多德强调行为、理智与思维推理的联系。他说："要想选择得好，逻各斯就要真，欲求就要正确，就要追求逻各斯所肯定的事物。这种理智和真是与实践相关联的。"[②]

康德强调了实践与理性的联系，他认为，实践离不开理性的指导："实践的规则任何时候都是理性的产物，因为它把行动规定为达到作为目的的效果的手段"[③]。理论的理性应用单纯面向认知，而理论的实践应用则根据意志的规定而面向行动。实践理性就是理性在实践中的应用。出于实践理性的指导，道德法则才能够体现在行为中。

与亚里士多德一样，康德认为实践的目的是获得幸福，幸福的概念到处都成为诸客体与欲求能力的实践关系的基础[④]。纯粹理性为实践活动提供了德性法则作为实践的普遍法则，因而"纯粹理性就自身而言是实践的"[⑤]。实践理性的自由特征使得意志可以自由地依据德行法则而行动，并根据德行法则来评价行为本身。这样的特征说明主体在思虑过程中需要进行实践推理。

心灵哲学与行动哲学的兴起推动了对实践推理的研究，而人工智能的快速发展热潮则使得实践推理研究进入到一个高

---

① 亚里士多德：《尼各马可伦理学》，廖申白译注，商务印书馆2003年版，第42页。

② 同上书，第168页。

③ 康德：《实践理性批判》，邓晓芒译，人民出版社2003年版，第22页。

④ 同上书，第31页。

⑤ 同上书，第41页。

峰，因为对人的智能模拟在很大程度上可以说就是对人的实践推理的模拟。

维特根斯坦立足于日常语言分析来说明分析意向性因素与行动的密切联系，他的研究使对意图的分析从布伦塔诺和胡塞尔的抽象化意义回到日常语言分析中来。安思康姆的著作《意向》（*Intention*）对意图作了多方向的分析探索，对意图与预言、意图与渴求、有意图行动与未来行动等的分析颇具启发意义。戴维森的行动哲学理论中，意图在人的实践推理中的作用和对行动的影响是其理论的核心之一。塞尔的《意向性：论心灵哲学》讨论了各个意向要素的哲学性质，也是关于实践推理的重要哲学著作。布莱特曼（Blatman）1987 年出版的《意图、规划与实践推理》（*Intention*，*Plans*，*and Practical Reason*）体现了意向性理论面向人工智能研究的转变。他提出了以信念、愿望和意图三要素作为基本结构的 BDI 分析模型，之后以 BDI 结构为基础的形式化分析成为人工智能研究领域的潮流，并扩展到语言学、认知科学等研究领域。这一时期还有诸如 Harman、Gilbert、McCann、David 等人对实践推理和理性行为的研究所提出的有影响的成果。

对实践推理逻辑研究的一个主要推动力在于人工智能的迅猛发展带来的对各个认知学科的理论要求，特别是对逻辑基础理论研究的要求。迈耶（J.-J. Meyer）认为源于人工智能等领域的应用研究极大地推动了逻辑本身的发展。他认为模态逻辑的发展至目前经历了三次浪潮[①]：第一次浪潮从 1912 年起至 20 世纪 50 年代，此阶段的主要研究内容是讨论模态逻辑的句法和代数性质；第二次浪潮从 20 世纪 50—80 年代，研究的主要内容转换为讨论模型理论的语义性质，辛提卡（Hinttikka）的研

① J. – J. Meyer, *Epistemic Logic* [A]. Philosophical Logic [C]. Lou Goble (ed.), Blackwell Publisher, 2001, pp. 183—184.

究是此次浪潮的开端；第三次浪潮从20世纪80年代以后至今，其特点是将模态逻辑研究广泛应用于计算机、语言学和人工智能等研究领域。

第二节 实践推理的逻辑基础

实践推理在逻辑上主要涉及信念逻辑、时间逻辑和行动逻辑，可以把实践推理逻辑看做是由认知逻辑研究进一步发展起来的混合逻辑。本节主要介绍基本的认知逻辑、时间逻辑和行动逻辑，作为实践推理逻辑的理论基础。

一 认知逻辑

通常认为经典认知逻辑是由辛提卡（Hinttikka）的研究发展而来的。认知逻辑有很多分支，常用的经典认知逻辑主要是信念逻辑和知道逻辑（也称知识逻辑）系统。本书把知道逻辑系统看作基本认知逻辑。

（一）基本认知逻辑的语言与语义

基本认知逻辑的语言有如下的归纳定义：

定义1.1.1 给定一个原子命题变元集P，基本认知逻辑的语言归纳定义如下：

$\varphi := p \mid \neg\varphi \mid (\varphi \to \psi) \mid L\varphi$

其中，$p \in P$，$L\varphi$ 表示主体知道 φ。可以通过定义引入命题联结词$\wedge$、$\vee$和$\equiv$，对$\wedge$、$\vee$和$\equiv$的定义与命题逻辑相同。

如果是多主体系统，通常用加下标的方式来区别说明不同的主体，例如，用 $L_i\varphi$ 表示主体 i 知道 φ。

定义1.1.2 基本认知逻辑的模型是一个三元组 $M = \langle S, R, V\rangle$，其中，

（1）S是一个非空的可能世界集；

（2）R是定义在S上的一个自返的、传递的和对称的二元

关系；

（3）V 是一个真值函数。

定义 1.1.3　给定一个认知模型 M 和一个可能世界 $s \in S$，φ 在 s 上为真，称为 φ 在 s 上可满足，记为（M，s）$\models \varphi$，有如下的递归定义：

（1）（M，s）$\models p$，当且仅当 $p \in V$（s）；

（2）（M，s）$\models \neg\varphi$，当且仅当并非（M，s）$\models \varphi$；

（3）（M，s）$\models \varphi \to \psi$，当且仅当或者并非（M，s）$\models \varphi$，或者（M，s）$\models \psi$；

（4）（M，s）$\models L\varphi$，当且仅当对于所有 s，$t \in S$ 使得（s，t）$\in R$，（M，t）$\models \varphi$。

如果对于所有的 $s \in S$，都有（M，s）$\models \varphi$，则称 φ 在 M 中有效，记为 $M \models \varphi$。

在基本认知逻辑中，主体的知识通常具有以下性质：

（1）主体的知识具有理性，用公式表达为 $\neg L(\varphi \wedge \neg\varphi)$；

（2）主体的知识具有正自省性，用公式表达为 $L\varphi \to LL\varphi$；

（3）主体的知识具有负自省性，用公式表达为 $\neg L\varphi \to L\neg L\varphi$；

（4）主体的知识有真知性，用公式表达为 $L\varphi \to \varphi$。

（1）是说，主体不会把互相矛盾的命题作为自己的知识；（2）是说，主体如果知道 φ，那么他知道自己知道 φ；（3）是说，如果主体不知道 φ，那么他知道自己不知道 φ；（4）是说，主体的知识在客观上是真的。

命题 1.1.1　以下公式是相对于基本认知逻辑的语义有效的：

（1）所有的命题重言式；

（2）$L\varphi \wedge L(\varphi \to \psi) \to L\psi$；

（3）$\neg L(\varphi \wedge \neg\varphi)$；

（4）$L\varphi \to LL\varphi$；

（5）$\neg L\varphi \to L\neg L\varphi$；

（6）$L\varphi \to \varphi$。

证明：根据定义 1.1.3 易证，略。详细的证明可参见［Halpern，Moses，1992］[①]。

（二）基本认知逻辑的公理系统

定义 1.1.4　基本认知逻辑的公理系统由以下公理和推理规则构成：

（1）所有的命题重言式；

（2）$L\varphi \wedge L(\varphi \rightarrow \psi) \rightarrow L\psi$；

（3）$\neg L(\varphi \wedge \neg\varphi)$；

（4）$L\varphi \rightarrow LL\varphi$；

（5）$\neg L\varphi \rightarrow L\neg L\varphi$；

（6）$L\varphi \rightarrow \varphi$；

分离规则：从 φ 和（$\varphi \rightarrow \psi$），可以得到 ψ；

N 规则：从 φ 可以得到 $L\varphi$。

基本认知逻辑是有可靠性和完全性的公理系统，即有如下定理：

定理 1.1.1　基本认知逻辑的公理系统相对于其语义是可靠的和完全的，即有 $\vDash \varphi$ 当且仅当 $\vdash \varphi$。

证明：可参见［Halpern，Moses，1992］[②] 等文献，略。

二　时间逻辑

时间逻辑也被称为时态逻辑。时间逻辑是哲学逻辑的主要研究领域之一，在语言逻辑和人工智能研究中有着广泛的应用前景。每一具体的时间逻辑表达了某一个具体应用领域的特殊性质。

时间逻辑的研究有着悠久的历史，至少可以追溯到古希腊的第奥多鲁斯和亚里士多德。根据日本逻辑学家杉原丈夫著作的《时

---

① J. Y. Halpern, Y. Moses, *A guide to the modal logics of knowledge and belief*［J］. Artificial Intelligence 54, 1992, pp. 311—379.

② Ibid., pp. 311—379.

间逻辑》，第奥多鲁斯在两个方面将时间与逻辑联系起来[①]：其一是对蕴涵命题真值的理解；其二是对模态命题真值的理解。对蕴涵命题的真值如何定义，第奥多鲁斯的观点颇为独特。他认为，只有当一个蕴涵命题的前件为真，后件现在不可能假，将来也不可能假时，这个蕴涵命题才是真的。第奥多鲁斯对模态命题的真值如何确定的分析也是很有意思的。他提出，过去为真的命题就是必然为真的。因此他也是将时间与必然性联系起来确定模态命题的真值，从而将时间看作是模态的基础。

于奇智在论文《主论证与二值原则的抛弃》[②] 中详细讨论了第奥多鲁斯疑难中时间与模态的关系。第奥多鲁斯疑难包含如下三个命题：

A. 一切涉及过去的真命题都是必然的。

B. 可能的事物在逻辑上不蕴涵不可能的事物。

C. 现在不真将来也不真的事物是可能的。

其中，命题 A 表达了不可逆性，命题 B 表达了相关性，命题 C 表达了偶然性。这三个命题在真值上不相容，不过我们关心的是这里用时间来刻画必然、不可能和可能这三个相关联的模态词。亚里士多德曾经深入讨论过时间逻辑，在主论证问题上也与第奥多鲁斯有过交锋。亚里士多德在时间逻辑上最著名的是对命题“明天将会发生海战”与“明天将不会发生海战”的讨论。

普莱尔（Arther Prior）被认为是现代时间逻辑的开创者。他提出了一个基本时间逻辑系统 Kt，其他各种时间逻辑系统基本上都可以看作是在它的基础上进行的扩展。普莱尔的时间逻辑的语言是由命题逻辑的语言以及一元时态算子 P（past）和 F（future）结合

---

① 杉原丈夫：《时间逻辑》，瞿麦生译，河北人民出版社 1986 年版，第 19—20 页。

② 于奇智：《主论证与二值原则的抛弃》，《哲学研究》，2010 年第 7 期。

形成的公式组成。

在基本时间逻辑语言中，P、F、H 和 G 这 4 个时态算子的直观含义如下：

Pφ：在过去的某个时间上 φ 是真的。

Fφ：在将来的某个时间上 φ 是真的。

Hφ：在过去 φ 一直是真的。

Gφ：在将来 φ 一直是真的。

P 和 F 被称为弱时态算子（Weak Tense Operator），而 H 和 G 被称为强时态算子。基本的时间命题逻辑的公理系统由以下公理和推理规则构成[①]：

（1）所有经典命题的重言式；

（2）$G(p\to q)\to(Gp\to Gq)$；

（3）$H(p\to q)\to(Hp\to Hq)$；

（4）$p\to GPp$；

（5）$p\to HFp$；

（6）$Hp\to HHp$；

（7）$Gp\to GGp$。

系统的推理规则是：

（1）代入规则。

（2）MP 规则即分离规则：从 φ 和 φ → ψ，可以得到 ψ。

（3）TG 规则即时态化规则：从 φ，可以得到 Hφ；从 φ 可以得到 Gφ。

基本时间逻辑是一个具有可靠性和完全性的公理系统。

① 基本时间逻辑有多个不同的公理系统，详见 M. Finger, D. M. Gabbay, and M. Reynolds, *Advanced Tense Logic* [A]. Handbook of Philosophical Logic [C]. Dov M. Gabby and F. Guenthner (ed.), Klumwer Academic Publishers; Volume 7, 2002, pp. 43—204. 以及 C. Stirling, *Modal and temporal logics* [A]. Handbook of Logic in Computer Science, volume 2, Clarendon Press, Oxford, 1992, pp. 477—563. 这里只给出其中比较简单的一种。

坎普（Kamp）扩展了普莱尔的时间逻辑，他提出了两个时态算子 S（Since）和 U（Until），其直观含义如下。

S（p，q）：自从 p 在过去某个时间为真，q 一直为真。

U（p，q）：直到 P 在将来某个时间为真，q 一直为真。

关于联结词 U（以及 S），存在两种有着细微差别的理解。Gabby 和 Pnueli 等研究者给出的逻辑中[①]，公式 U（φ，ψ）的直观意思是，将来有 φ 为真，在此之前 ψ 一直为真；Lichtenstein 和 Pnueli 给出的公式 φUψ 的直观意思是，或者 ψ 现在是真的，或者 ψ 在将来某个时间点为真，并且在此之前 φ 一直为真[②]。两者不同的地方是后者包含了"现在"这一时间点，Emerson 把这种直观意义下的 U 算子称作非严格限制的 U 算子[③]。由于表示将来有时真的算子 F 和表示将来一直为真的算子 G 都可以由 U 算子来定义，相应地这两个算子也有着这两种不同的理解。当然，这些差别在句法上是可以相互翻译的[④]。后一种理解要求模型具有自返性，而前一种理解没有这个要求。相应地，把前一种模型上的关系称为小于关系，后一种模型上的关系称为小于等于关系。

在关于时间逻辑的讨论中，对于公式有效性的定义有着两种不同的看法：定点法（anchored）和不定点法（floating）。定点法把有效公式定义为在所有可能世界的当前时间点上为真，而不定点法把有效公式定义为在所有可能世界的所有时间点上都为真。这两种

---

① 参见 D. Gabby，A. Pnueli，S. Shelah，and J. Stavi，*On the temporal analysis of fairness*［J］. In Proc. 7th ACM Symp［C］. Princ. of Prog. Lang.，1980，pp. 163—173.

② 参见 O. Lichtenstein，A. Pnueli，*Propositional Temporal Logics：Decidability and Completeness*［J］. L. J. of the IGPL，2000，Vol. 8，No. 1，pp. 55—85.

③ 参见 E. A. Emerson，*Temporal and modal logic*［A］. Handbook of Theoretical Computer Science［M］. Vol. B，J. van Leeuwen（ed.），Elsevier Science Publishers and MIT Press，1990，pp. 995—1072.

④ 参见 M. Finger，D. M. Gabbay，and M. Reynolds，*Advanced Tense Logic*［A］. Handbook of Philosophical Logic［C］. Dov M. Gabby and F. Guenthner（ed.），Klumwer Academic Publishers，Volume 7，2002，p. 162.

定义有效性的方法也是可以相互翻译的①。

Manna 和 Pnueli 提出了线性时间逻辑 LTL（Linnear time Temporal Logic），在计算机科学领域中，线性时间逻辑在系统的运行时间验证、硬件设计、信息系统检验等方面得到了广泛应用。LTL 把时间框架看成是一个线性序列，事件流上有无限多个状态序列，状态之间参照时间框架上的时间严格排序，每个状态都有唯一一个后继状态。而在分支时间逻辑 BLT（Branching – time Temporal Logic）中，一个状态有多个可能的后继状态，即一个时间点之后可以有多个时间点分支。BTL 中比较有影响的是 CTL *（Computation Tree Logic – Star），它引入了分支时间路径算子。

1980 年，Ben Moskowski 提出分区时间逻辑 ITL（Interval Temporal Logic）。分区时间逻辑基于有限状态序列，而其他时间逻辑，如线性时间逻辑基于无限状态序列。时间博弈逻辑就是基于分区时间逻辑的。依照时间点间二元关系的不同，可以把时间框架分成线性的或树形的，有时甚至可以是环形的。

对时间的分析在哲学上主要争论的问题包括时间是离散的还是稠密的，是线序的还是分枝的，等等。在计算机和人工智能研究中，出于精确计算的需要，常常假定时间是离散的。本文给出的时间逻辑是一个用自然数表示时间序列的命题时态逻辑，假定了时间是离散的和线序的。

PTL 是以自然数来表示时间顺序，将命题的真值定义在时间点上的向上线序的命题时间逻辑。与通常的时间逻辑相比，它的一个特点是只有表示未来的算子，没有表示过去的算子。这是由于过去算子在应用研究中并非是必要的。实际上，在计算机科学人工智能研究中往往只需要表达一个线序时间进程，因而只需要描述未来状态而不必关注过去。

---

① O. Lichtenstein, A. Pnueli, *Propositional Temporal Logics: Decidability and Completeness* [J]. L. J. of the IGPL, 2000, Vol. 8, No. 1, pp. 55—85.

一般地，用t_0或0来表示当前的时间点，而用t_0，t_1，t_2，…或直接用0，1，2，…表示一个时间进程。时间进程也可以形象地称为时间路径。一个用自然数表示的时间路径表示一个可能世界，这与时间是均匀流逝的直观相吻合。未来是无穷的，因此时间路径也是无穷的，没有终点。这就要求每一时间点都要有下一个时间点。分枝时间可以有多个不同的下一点，而线序时间要求有且只有一个下一点。用自然数来表达时间序列正好可以表达线序时间的这一要求。把当前点看作0点，不需要考虑对过去的表达，这样的时间序列是向上线序。同时这样的时间序列也表达了时间具有传递性、持续性和离散性的思想。

（一）PTL的语言与语义

定义1.2.1　给定一个原子命题变元集P，时间逻辑PTL的语言有如下的递归定义：

$\varphi ::= p \mid \neg\varphi \mid \varphi \to \psi \mid X\varphi \mid \varphi U\psi$

其中，$X\varphi$表示在下一时间点上φ为真，$\varphi U\psi$表示在一个时间路径上φ一直为真直到ψ为真；命题算子∧、∨和≡的定义与经典命题逻辑相同。定义 $true =_{df} p \vee \neg p$ 表示重言式，定义$F\varphi =_{df} trueU\varphi$，表示自当前时间点起可能有$\varphi$真，$F\varphi$在这里被当作公式$\varphi U\psi$的一个特例；定义$G\varphi =_{df} \neg F\neg\varphi$，表示在当前时间点起的所有时间点上$\varphi$都为真。

定义1.2.2　一个线序时态逻辑PTL的模型是一个三元组$M = \langle T, \leqslant, V \rangle$，其中，

（1）T是一个非空的时间点集；

（2）≤是定义在时间点集T上满足如下条件的二元关系：

（a）自返性：对于所有的$t_i \in T$，都有$t_i \leqslant t_i$；

（b）持续性和离散性：对于所有的$t_i \in T$，都存在一个$t_j \neq t_i$，使得$t_i \leqslant t_j$，并且不存在$t_k \in T$使得$t_i \leqslant t_k$并且$t_k \leqslant t_j$；

（c）传递性：对于所有的t_i，t_j，$t_k \in T$，如果$t_i \leqslant t_j$并且$t_j \leqslant t_k$，那么$t_i \leqslant t_k$；

（d）向上线性：对于所有的 t_i，t_j，$t_k \in T$，如果都有 $t_i \leq t_j$ 并且 $t_i \leq t_k$，那么或者 $t_j \leq t_k$，或者 $t_k \leq t_j$。

（3）V 是对每个命题变元在每个时间点 t_i 上的赋值函数。

每一个时间点集 T 也称作一个可能世界，或者说可能世界 T 里有一个时间结构。定义在时间点上的关系 ≤ 满足自返性、持续性、离散性、传递性和向上线性，记一个满足持续性、离散性、传递性和向上线性但是不满足自返性的关系为 <。这里称一个可能世界 T 是一个时间路径或时间序列。

定义 1.2.3　给定一个模型 M 和一个时间点 $t_i \in T$，一个 PTL 中的公式 φ 在模型 M 上为真，当且仅当在可能世界 T 的一个时间点 t_i 上为 φ 真，记为（M，t_i）$\models_{PTL} \varphi$，有如下递归定义：

（1）（M，t_i）$\models_{PTL} p$，当且仅当 $t_i \in V(p)$；

（2）（M，t_i）$\models_{PTL} \neg\varphi$，当且仅当并非（M，$t_i$）$\models_{PTL} \varphi$；

（3）（M，t_i）$\models_{PTL} \varphi \rightarrow \psi$，当且仅当或者并非（M，$t_i$）$\models_{PTL\varphi}$，或者（M，$t_i$）$\models_{PTL} \psi$；

（4）（M，t_i）$\models_{PTL} X\varphi$，当且仅当存在时间点 t_{i+1}，（M，t_{i+1}）$\models_{PTL} \varphi$；

（5）（M，t_i）$\models_{PTL} \varphi U\psi$，当且仅当存在 t_k 使得 $t_i \leq t_k$，（M，t_k）$\models_{PTL} \psi$，并且对于所有的 $t_i \leq t_j$ 且 $t_j < t_k$ 都有（M，t_j）$\models_{PTL} \varphi$；

根据前面对 Gφ 和 Fφ 的定义，可以得出如下语义：

（6）（M，t_i）$\models_{PTL} G\varphi$，当且仅当对于所有 t_k 使得 $t_i \leq t_k$，都有（M，t_k）$\models_{FTL} \varphi$；

（7）（M，t_i）$\models_{PTL} F\varphi$，当且仅当存在 t_k 使得 $t_i \leq t_k$，使得（M，t_k）$\models_{PTL} \varphi$。

φ 在一个可能世界 T 的某个时间点 t_i 上为真也称 φ 在模型 M 上可满足，这时模型 M 也称是 φ 的模型。如果 φ 在模型 M 的每一可能世界 T 的每一个时间点上都为真，则称 φ 相对于模型 M 有效，记为 $M \models_{PTL} \varphi$，在不引起歧义的情况下简记为 $\models_{PTL} \varphi$。

命题 1.2.1　下列公式是相对于 PTL 的模型有效的：

(1) $(G\varphi \wedge G(\varphi \rightarrow \psi)) \rightarrow G\psi$;

(2) $G\varphi \rightarrow \varphi \wedge XG\varphi$;

(3) $G(\varphi \rightarrow X\varphi) \rightarrow (\varphi \rightarrow G\varphi)$;

(4) $(X\varphi \wedge X(\varphi \rightarrow \psi)) \rightarrow X\psi$;

(5) $X\neg\varphi \equiv \neg X\varphi$;

(6) $\varphi U\psi \equiv \psi \vee (\varphi \wedge X(\varphi U\psi))$。

证明(1):任给(M, t_i),

$(M, t_i) \models_{PTL} G\varphi \wedge G(\varphi \rightarrow \psi)$,当且仅当对于所有的$t_k$使得$t_i \leqslant t_k$,都有

$(M, t_k) \models_{PTL} \varphi \wedge (\varphi \rightarrow \psi)$,当且仅当对于所有的$t_k$使得$t_i \leqslant t_k$,都有

$(M, t_k) \models_{PTL} \psi$,当且仅当

$(M, t_i) \models_{PTL} G\psi$。

证明(2):任给(M, t_i),

$(M, t_i) \models_{PTL} G\varphi$,当且仅当对于所有的$t_k$使得$t_i \leqslant t_k$,都有

$(M, t_k) \models_{PTL} \varphi$,则有

$(M, t_i) \models_{PTL} \varphi$,并且对于任意$t_j$使得$t_{i+1} \leqslant t_j \leqslant t_k$,都有$(M, t_j) \models_{PTL} \varphi$;则有

$(M, t_i) \models_{PTL} \varphi$,并且$(M, t_{i+1}) \models_{PTL} G\varphi$;则有

$(M, t_i) \models_{PTL} \varphi \wedge XG\varphi$。

证明(3):任给(M, t_i),

$(M, t_i) \models_{PTL} G(\varphi \rightarrow X\varphi)$并且$(M, t_i) \models_{PTL} \varphi$,当且仅当对于所有的$t_k$使得$t_i \leqslant t_k$,都有

$(M, t_k) \models_{PTL} \varphi \rightarrow X\varphi$,并且$(M, t_i) \models_{PTL} \varphi$,

如果$t_k = t_i$,则有

$(M, t_i) \models_{PTL} \varphi \rightarrow X\varphi$,且$(M, t_i) \models_{PTL} \varphi$,则有

$(M, t_i) \models_{PTL} X\varphi$,则有

$(M, t_{i+1}) \models_{PTL} \varphi$;

此时有递归证明:

任给 t_j，使得 $t_{i+1} \leqslant t_j \leqslant t_k$，都有

（M，t_j） $\models_{PTL} \varphi$，则有

（M，t_j） $\models_{PTL} \varphi \rightarrow X\varphi$，则有

（M，t_j） $\models_{PTL} X\varphi$，则有

（M，t_{j+1}） $\models_{PTL} \varphi$；

因此，任给 t_k 使得 $t_i \leqslant t_k$，都有

（M，t_k） $\models_{PTL} \varphi$；则有

（M，t_i） $\models_{PTL} G\varphi$。

证明（4）：任给（M，t_i），

（M，t_i） $\models_{PTL} X\varphi \wedge X(\varphi \rightarrow \psi)$，当且仅当存在 t_{i+1}，使得

（M，t_{i+1}） $\models_{PTL} \varphi \wedge (\varphi \rightarrow \psi)$，当且仅当

（M，t_{i+1}） $\models_{PTL} \psi$，当且仅当

（M，t_i） $\models_{PTL} X\psi$。

证明（5）：任给（M，t_i），

（M，t_i） $\models_{PTL} X\neg\varphi$，当且仅当存在 t_{i+1}，使得

（M，t_{i+1}） $\models_{PTL} \neg\varphi$，当且仅当

没有（M，t_{i+1}） $\models_{PTL} \varphi$，当且仅当

没有（M，t_i） $\models_{PTL} X\varphi$，当且仅当

（M，t_i） $\models_{PTL} \neg X\varphi$。

证明（6）：任给（M，t_i），

（M，t_i） $\models_{PTL} \varphi U\psi$，当且仅当存在 t_k 使得 $t_i \leqslant t_k$，有（M，t_k） $\models_{PTL} \psi$，并且对于所有的 $t_i \leqslant t_j < t_k$ 都有（M，t_j） $\models_{PTL} \varphi$；

此时有如下可能：

（a）$t_k = t_i$，则有（M，t_i） $\models_{PTL} \psi$；

（b）$t_i < t_k$，则有（M，t_i） $\models_{PTL} \varphi$；且对于 $t_{i+1} \leqslant t_k$，有

（b_1）如果 $t_k = t_{i+1}$，则有（M，t_{i+1}） $\models_{PTL} \psi$；

（b_2）如果 $t_{i+1} < t_k$，则有（M，t_{i+1}） $\models_{PTL} \varphi$，且对于所有的 t_j 使得 $t_i \leqslant t_j < t_k$ 都有（M，t_j） $\models \varphi$；且（M，t_k） $\models_{PTL} \psi$；

由（b_1）和（b_2），可得（M，t_{i+1}） $\models_{PTL} \varphi U\psi$，即有（M，$t_i$）

$\models_{PTL} X(\varphi U \psi)$；

由（b）可得（M，t_i）$\models_{PTL} \varphi \wedge X(\varphi U \psi)$；

由（a）和（b）可得（M，t_i）$\models_{PTL} \psi \vee (\varphi \wedge X(\varphi U \psi))$。

命题 1.2.1（2）表达了模型的自返性，1.2.1（4）表达了模型的向上线性。

命题 1.2.2　下列公式是相对于 PTL 的语义有效的：

（1）$G\varphi \rightarrow GG\varphi$；

（2）$X(\varphi \vee \neg\varphi)$。

证明（1）：任给（M，t_i），

（M，t_i）$\models_{PTL} G\varphi$ 当且仅当对于所有的 t_j 使得 $t_i \leqslant t_j$，都有

（M，t_j）$\models_{PTL} \varphi$，并且对于所有的 k 使得 $t_i \leqslant t_j \leqslant t_k$，都有

（M，t_k）$\models_{PTL} \varphi$，则有对于所有的 t_j 使得 $t_i \leqslant t_j$，都有

（M，t_j）$\models_{PTL} G\varphi$，则有

（M，t_i）$\models_{PTL} GG\varphi$。

证明（2）：假设没有 $\models_{PTL} X(\varphi \vee \neg\varphi)$，则

存在 $t_i \in T$ 使得（M，t_i）$\models_{PTL} \neg X(\varphi \vee \neg\varphi)$，则由命题 1.2.1（5），有

（M，t_i）$\models_{PTL} X \neg(\varphi \vee \neg\varphi)$，则

存在 $t_{i+1} \in T$ 使得（M，t_{i+1}）$\models_{PTL} \neg(\varphi \vee \neg\varphi)$，则有

（M，t_{i+1}）$\models_{PTL} (\varphi \wedge \neg\varphi)$，这导致矛盾，则

假设不成立，即有

$\models_{PTL} X(\varphi \vee \neg\varphi)$。

命题 1.2.2（1）表达了模型的传递性。并且，由命题 1.2.1（2），还可得 $G\varphi \equiv GG\varphi$ 是相对于 PTL 的语义有效的。命题 1.2.2（2）表达了模型的持续性和离散性。

命题 1.2.3　如下命题相对于 PTL 的模型成立：

（1）如果 $\models_{PTL} \varphi$ 并且 $\models_{PTL} \varphi \rightarrow \psi$，那么 $\models_{PTL} \psi$；

（2）如果 $\models_{PTL} \varphi$，那么 $\models_{PTL} G\varphi$。

证明：由定义 1.2.3（3）和（6）可证，略。

命题 1.2.3 是说分离规则和必然化规则能够保持 PTL 的有效性。

（二）PTL 的公理系统

定义 1.2.4　PTL 的公理系统由以下公理和规则构成：

（1）所有命题逻辑的重言式；

（2）$(G\varphi \wedge G(\varphi \rightarrow \psi)) \rightarrow G\psi$；

（3）$G\varphi \rightarrow \varphi \wedge XG\varphi$；

（4）$G(\varphi \rightarrow X\varphi) \rightarrow (\varphi \rightarrow G\varphi)$；

（5）$G\varphi \rightarrow GG\varphi$；

（6）$(X\varphi \wedge X(\varphi \rightarrow \psi)) \rightarrow X\psi$；

（7）$X\neg\varphi \equiv \neg X\varphi$；

（8）$X(\varphi \vee \neg\varphi)$；

（9）$\varphi U\psi \equiv \psi \vee (\varphi \wedge X(\varphi U\psi))$；

MP 规则：从 φ 和 $(\varphi \rightarrow \psi)$，可以得到 ψ；

N 规则：从 φ 可以得到 $G\varphi$。

如果一个公式 φ 在一个公理系统 R 中有一个证明，则称 φ 是在系统 R 中可证的，记为 $\vdash_R \varphi$，在不引起歧义的情况下也记为 $\vdash\varphi$。如果每一个可证的公式 φ 都是相对于该系统的语义有效的，则称该系统具有可靠性；如果每一个相对于其语义有效的公式 φ 都是该系统可证的，则称系统具有完全性。PTL 的公理系统是一个既有可靠性又有完全性的公理系统。

定理 1.2.1　PTL 相对于其语义是可靠的，即如果 $\vdash_{PTL}\varphi$，那么 $\models_{PTL}\varphi$。

证明：

一个 PTL 的公式 φ 是可证的，则存在一个公式序列 φ_1，φ_2，… φ_n，$\varphi_n = \varphi$，使得对于每一个 φ_i，$i \in N$，满足如下条件之一：

（1）φ_i 是公理；

（2）φ_i 是由前面的公式运用推理规则得到的。

因此，要证明一个公式 φ 是有效的，只需要证明系统的每一个公理都相对于语义有效的，并且推理规则是保持语义有效的。

根据命题 1.2.1、命题 1.2.2 和命题 1.2.3 得证。

证毕。

要证明 PTL 的完全性，那么就要证明它的每一个满足有效性的公式都是 PTL 的系统可证的。这只需要证明每一个系统一致的公式都是可满足的。下面给出对 PTL 的完全性证明，首先给出证明所需的引理和定义。

定义 1.2.5 Γ是一个公式集，如果对任意公式 φ，$\Gamma\vdash_R\varphi$ 和 $\Gamma\vdash_R\neg\varphi$ 不同时成立，则称Γ是 R_-一致的。如果Γ是一致的，并且对于任意公式 φ，如果 $\varphi\notin\Gamma$ 则 $\Gamma\cup\{\varphi\}$ 不是一致的，则称Γ是 R_-极大一致的。

Γ是 R_-一致的通常也简称为Γ是一致的，Γ是 R_-极大一致的通常也简称为Γ是极大一致的。

引理 1.2.2 （Lindenbaum 引理）任何一个一致集都可以扩张成一个极大一致集。

证明：

排列所有公式为：φ_1，$\varphi_2\cdots\varphi_n\cdots$。对于任意一致的公式集 S 和任意自然数 n，递归定义 S_n如下：

$S_0=S$；

如果 $S_i\cup\{\varphi_{i+1}\}$ 是一致的，那么 $S_{i+1}=S_i\cup\{\varphi_{i+1}\}$；

如果 $S_i\cup\{\varphi_{i+1}\}$ 不是一致的，那么 $S_{i+1}=S_i$。

令 $\Gamma=S_0\cup S_1\cup\cdots\cup S_n\cup\cdots$，显然任给 $S_i\subseteq\Gamma$，都有 S_i是一致的。下面证明Γ是一个极大一致集。

首先证明Γ是一致的。假设Γ不是一致的，则存在一个公式 φ 使得 $\Gamma\vdash\varphi$ 并且 $\Gamma\vdash\neg\varphi$。设在这两个推演中所有用到的Γ中的公式集合是Δ，显然Δ是一个有穷集合，并且有 $\Delta\vdash\varphi$ 和 $\Delta\vdash\neg\varphi$。因此，存在 $S_i\subseteq\Gamma$ 使得 $\Delta\subseteq S_i$，有 $S_i\vdash\varphi$ 并且 $S_i\vdash\neg\varphi$，则 S_i是不一致的，这与 S_i是一致的相矛盾。因此Γ是一致的。

再证明Γ是极大一致的。假设Γ不是极大一致的，则至少存在公式 $\varphi\notin\Gamma$ 使得 $\Gamma\cup\{\varphi\}$ 是一致的。则存在一个自然数 n，φ 是 φ_n，$\varphi_n\notin\Gamma$，根据Γ的构造过程，有 $S_{n-1}\cup\{\varphi_n\}$ 是不一致的，由于 $S_{n-1}\cup\{\varphi_n\}\subseteq\Gamma\cup\{\varphi_n\}$，所以 $\Gamma\cup\{\varphi_n\}$ 不是一致的，这与假设矛盾，因此Γ是极大一致的。

证毕。

引理 1.2.3　Γ是一个极大一致的公式集，任给公式 φ 和 ψ，都有：

（1）$\varphi\in\Gamma$ 当且仅当 $\neg\varphi\notin\Gamma$；

（2）$(\varphi\rightarrow\psi)\in\Gamma$，当且仅当或者 $\varphi\notin\Gamma$，或者 $\psi\in\Gamma$；

（3）$(\varphi\wedge\psi)\in\Gamma$ 当且仅当 $\varphi\in\Gamma$ 并且 $\psi\in\Gamma$；

（4）$(\varphi\vee\psi)\in\Gamma$ 当且仅当或者 $\varphi\in\Gamma$ 或者 $\psi\in\Gamma$；

（5）如果 $G\varphi\in\Gamma$，则有 $\varphi\in\Gamma$，$XG\varphi\in\Gamma$，并且 $GG\varphi\in\Gamma$；

（6）$\neg X\varphi\in\Gamma_i$ 当且仅当 $X\neg\varphi\in\Gamma_i$；

（7）如果 $X\varphi\in\Gamma$ 并且 $X(\varphi\rightarrow\psi)\in\Gamma$，那么 $X\psi\in\Gamma$；

（8）如果 $\varphi U\psi\in\Gamma$，则或者 $\psi\in\Gamma$，或者 $\varphi\in\Gamma$ 并且 $X(\varphi U\psi)\in\Gamma$。

证明：

（1）—（4）显然，略；

（5）由公理（3）和公理（5）直接可得；（6）由公理（7）直接可得；（7）由公理（6）直接可得；（8）由公理（9）直接可得。

证毕。

直观上说，一个极大一致公式集可以看作是对可能世界的一个时间点上（或者称为一个状态）所有信息的完全描述。如果将所有极大一致公式集的集合记为 S_{MCS}，那么一个可能世界 T 上的时间点 t_i 和 S_{MCS} 的元素 Γ_i 可以一一对应。如果能够找到和可能世界 $T = t_0, t_1, t_2, \cdots$ 相对应的极大一致公式集序列 $\pi = \Gamma_0, \Gamma_1, \Gamma_2, \cdots$ 使得任给一个与系统一致的公式 φ，都有 $\varphi\in\Gamma_i$ 当且仅当

$(M, t_i) \models \varphi$，那么就证明了系统完全性。对此需要建立如下的定义和引理。

定义 1.2.6 对于任意Γ_i，$\Gamma_j \in S_{MCS}$，i 和 j 是自然数，定义关系 R_+和 $R_<$为：

(1) Γ_i，Γ_j有 R_+关系，记为 $(\Gamma_i, \Gamma_j) \in R_+$，当且仅当 $\{\varphi \mid X\varphi \in \Gamma_i\} \subseteq \Gamma_j$；

(2) Γ_i，Γ_j有 $R_<$关系，记为 $(\Gamma_i, \Gamma_j) \in R_<$，当且仅当 $\{\varphi \mid XG\varphi \in \Gamma_i\} \subseteq \Gamma_j$。

引理 1.2.4 对于任意$\Gamma_i \in S_{MCS}$，满足 $(\Gamma_i, \Gamma_j) \in R_+$ 的Γ_j是唯一确定的。

证明：

如果与Γ_i有 R_+关系的Γ_j不是唯一确定的，假设有Γ_j和Γ'_j，则存在一个公式 φ，使得 $\varphi \in \Gamma_j$且 $\varphi \notin \Gamma'_j$，则有$\neg\varphi \in \Gamma'_j$，则有 $X\varphi \in \Gamma_i$且 $X\neg\varphi \in \Gamma_i$，由引理 1.2.3 (6)，有 $X\varphi \in \Gamma_i$且$\neg X\varphi \in \Gamma_i$，这产生矛盾。

证毕。

由于和Γ_i有 R_+关系的Γ_j是唯一确定的，直观上说，Γ_j是排在Γ_i后面一位的极大一致集，故此时 $j = i+1$。

引理 1.2.5 对于任意$\Gamma_i \in S_{MCS}$，$X\varphi \in \Gamma_i$，当且仅当存在$\Gamma_j \in S_{MCS}$，使得 $(\Gamma_i, \Gamma_j) \in R_+$，$\varphi \in \Gamma_j$。

证明：

先证从左边到右边。由引理 1.2.3 (1) 和 1.2.3 (6)，如果 $X\varphi \in \Gamma_i$那么 $X\neg\varphi \notin \Gamma_i$，则 $\{\varphi \mid X\varphi \in \Gamma_i\}$ 是一致的，由引理 1.2.2，$\{\varphi \mid X\varphi \in \Gamma_i\}$ 可扩张为一个极大一致集Γ_j且 $\{\varphi \mid X\varphi \in \Gamma_i\} \subseteq \Gamma_j$，即存在$\Gamma_j \in S_{MCS}$，使得 $(\Gamma_i, \Gamma_j) \in R_+$，$\varphi \in \Gamma_j$。

同理可证从右边到左边。

证毕。

引理 1.2.4 和引理 1.2.5 证明了关系 R_+是满足持续性和离散性的。

引理 1.2.6 对于任意$\Gamma_i \in S_{MCS}$，$XG\varphi \in \Gamma_i$当且仅当对于所有的Γ_j使得（Γ_i，Γ_j）$\in R_<$，都有$\varphi \in \Gamma_j$。

证明：

由定义 1.2.6（2）直接可得，证毕。

此时 j 至少比 i 要大 1，因此有 $i<j$。

引理 1.2.7 对于任意Γ_i，$\Gamma_j \in S_{MCS}$，如果（Γ_i，Γ_j）$\in R_+$，那么（Γ_i，Γ_j）$\in R_<$。

证明：

如果（Γ_i，Γ_j）$\in R_+$，则据定义 1.2.6（1），如果$XG\varphi \in \Gamma_i$则有$G\varphi \in \Gamma_j$，则由引理 1.2.3（5）有$\varphi \in \Gamma_j$，则由定义 1.2.6（2）得证。

证毕。

引理 1.2.8 $R_<$是基于R_+传递封闭的。即假设有一个极大一致集的序列记为$\pi = \Gamma_0, \Gamma_1, \Gamma_2, \cdots$其中$\Gamma_i \in \pi \subseteq S_{MCS}$，$i \geqslant 0$，如果对于任意$\Gamma_i \in \pi$，都有（$\Gamma_i$，$\Gamma_{i+1}$）$\in R_+$，那么对于任意$\Gamma_i$，$\Gamma_j$，$\Gamma_k \in \pi$，如果有（$\Gamma_i$，$\Gamma_j$）$\in R_<$且（$\Gamma_j$，$\Gamma_k$）$\in R_<$，那么（$\Gamma_i$，$\Gamma_k$）$\in R_<$。

证明：

对于任意Γ_i，Γ_j，$\Gamma_k \in \pi$，如果有（Γ_i，Γ_j）$\in R_<$且（Γ_j，Γ_k）$\in R_<$，那么存在序列Γ_i，Γ_{i+1}，$\cdots\Gamma_j$，Γ_{j+1}，$\cdots\Gamma_k$，使得相邻的两个极大一致集都有关系R_+。由引理 1.2.3（5），如果$G\varphi \in \Gamma_i$，那么有$XG\varphi \in \Gamma_i$，由定义 1.2.6（1），则有$G\varphi \in \Gamma_{i+1}$，如此先由引理 1.2.3（5）再根据定义 1.2.6（1），反复使用至$G\varphi \in \Gamma_k$，由定义 1.2.6（2）可证（Γ_i，Γ_k）$\in R_<$。

证毕。

引理 1.2.8 证明了基于R_+的$R_<$是满足传递性的。

定义 1.2.7 一条路径是指满足如下条件的一个极大一致集的有序集，记为$\pi = \Gamma_0, \Gamma_1, \Gamma_2, \cdots$其中$\Gamma_i \in \pi$，$\pi \subseteq S_{MCS}$，$i \geqslant 0$，每一个$\Gamma_i$称为$\pi$上的点：

（1）任给$\Gamma_i \in \pi$，都有$\Gamma_{i+1} \in \pi$，使得（Γ_i，Γ_{i+1}）$\in R_+$；

（2）任给$\Gamma_i \in \pi$，如果$\Gamma_j \in \pi$，那么或者有（Γ_i，Γ_j）$\in R_<$，或者有（Γ_j，Γ_i）$\in R_<$。

定义1.2.7是说，路径π上的点是由满足基于R_+的关系$R_<$的极大一致集构造起来的，条件（1）是说每一时间点都应该有下一个时间点，即是说未来是无穷的；条件（2）是说路径上任意两个时间点间都是有$R_<$关系的。如果能够证明所定义的路径是存在的，那么就可以将路径和可能世界对应起来。这需要证明如下引理：

引理1.2.9 满足定义1.2.7的路径$\pi = \Gamma_0, \Gamma_1, \Gamma_2, \cdots$是存在的。

证明：

首先证明条件（1）是能够满足的。

由引理1.2.3（1），对于任意一个$\Gamma_i \in \pi$，则或者$\neg X\varphi \in \Gamma_i$或者$X\varphi \in \Gamma_i$；假设$X\varphi \in \Gamma_i$，则由引理1.2.5，$X\varphi \in \Gamma_i$当且仅当存在$\Gamma_{i+1}$，$\varphi \in \Gamma_{i+1}$，使得（$\Gamma_i$，$\Gamma_{i+1}$）$\in R_+$；假设$\neg X\varphi \in \Gamma_i$，则由引理1.2.4，有$X\neg\varphi \in \Gamma_i$，则由引理2.5存在$\Gamma_{i+1}$，$\neg\varphi \in \Gamma_{i+1}$，使得（$\Gamma_i$，$\Gamma_{i+1}$）$\in R_+$。则定义1.2.7（1）总是能满足的。

再证明条件（2）是能够满足的。

如果$\Gamma_j \in \pi$，由条件（1），那么或者有Γ_i，Γ_{i+1}，…，Γ_j，或者有Γ_j，Γ_{j+1}，…，Γ_i，使得任意相邻两点间有R_+关系，那么由引理1.2.6、1.2.7和1.2.8，可得或者有（Γ_i，Γ_j）$\in R_<$，或者有（Γ_j，Γ_i）$\in R_<$。

证毕。

由引理1.2.9，以下两个推论是成立的。

推论1.2.10 （1）Γ_i是π上的点，总存在Γ_{i+1}，使得（Γ_i，Γ_{i+1}）$\in R_+$；

（2）Γ_i，Γ_k，Γ_j是π上的点，如果（Γ_i，Γ_k）$\in R_<$并且（Γ_i，Γ_j）$\in R_<$，$\Gamma k \neq \Gamma_j$，那么或者（Γ_k，Γ_j）$\in R_<$，或者（Γ_j，Γ_k）$\in R_<$。

推论1.2.10（1）是说每一点都有下一个点，这实际上描述了未来的时间点是无穷的这一直观思想。推论 1.2.10（2）是说路径上从当前点往后的点都是与当前点可比较的，即满足向上线性。

推论 1.2.11 任给Γ_i是π 上的点，都有

（1）X（$\varphi \vee \neg\varphi$）$\in\Gamma_i$；

（2）$G\varphi \rightarrow \varphi \in\Gamma_i$。

证明：

（1）假设有 X（$\varphi \vee\neg\varphi$）$\notin\Gamma_i$，则有$\neg$X（$\varphi \vee\neg\varphi$）$\in\Gamma_i$，则有 X $\neg$（$\varphi \vee\neg\varphi$）$\in\Gamma_i$，则有 X（$\varphi \wedge\neg\varphi$）$\in\Gamma_i$，则有（$\Gamma_i$，$\Gamma_j$）$\in R_+$，使得（$\varphi \wedge\neg\varphi$）$\in\Gamma_j$，矛盾，则假设不成立，即有 X（$\varphi \vee\neg\varphi$）$\in$ Γ_i成立。

（2）由引理 1.2.3（5）可证。

证毕。

推论 1.2.11（1）证明了路径π 满足持续性和离散性；（2）证明了路径π满足自返性。由引理 1.2.9、推论 1.2.10 和推论 1.2.11，得到如下引理是很自然的：

引理 1.2.12 路径π 上的点之间的关系就是定义 1.2.2（2）的≤关系。

证明：

引理 1.2.8 证明了路径π 满足传递性，推论 1.2.10 和推论 1.2.11 证明了路径π 满足持续性、向上线性、离散性和自返性。

证毕。

引理 1.2.13 Γ_i是π 上的点，公式 $\varphi U\psi \in\Gamma_i$，当且仅当或者 $\psi \in\Gamma_i$，或者存在Γ_j，（Γ_i，Γ_j）$\in R_<$ 使得 $\psi \in\Gamma_j$并且对于任意Γ_k，（Γ_i，Γ_k）$\in R_<$ 并且（Γ_k，Γ_j）$\in R_<$，都有 $\varphi \in\Gamma_k$。

证明：

如果公式 $\varphi U\psi \in\Gamma_i$，由引理 1.2.3（8），或者有 $\psi \in\Gamma_i$，或者有 $\varphi \in\Gamma_i$并且 X（$\varphi U\psi$）$\in\Gamma_i$。假设有 $\varphi \in\Gamma_i$并且 X（$\varphi U\psi$）$\in\Gamma_i$，由引理 1.2.5、1.2.6 和 1.2.3（8）可得存在Γ_{i+1}，（Γ_i，Γ_{i+1}）$\in R_+$使得或者 $\psi \in\Gamma_{i+1}$，此时有$\Gamma_{i+1} = \Gamma_j$，使得$\psi \in\Gamma_j$并

且对于任意Γ_k，$(\Gamma_i, \Gamma_k) \in R_<$并且$(\Gamma_k, \Gamma_j) \in R_<$，都有$\varphi \in \Gamma_k$；或者有$\varphi \in \Gamma_{i+1}$并且$X(\varphi U \psi) \in \Gamma_{i+1}$，此时由引理 1.2.5、1.2.6 和 1.2.3（8）可得存在Γ_{i+2}，使得或者$\psi \in \Gamma_{i+2}$，此时有$\Gamma_{i+2} = \Gamma_j$，使得$\psi \in \Gamma_j$并且对于任意Γ_k，$(\Gamma_i, \Gamma_k) \in R_<$并且$(\Gamma_k, \Gamma_j) \in R_<$，都有$\varphi \in \Gamma_k$；或者有$\varphi \in \Gamma_{i+2}$并且$X(\varphi U \psi) \in \Gamma_{i2+1}$，……

依次类推，可得Γ_i是π上的点，公式$\varphi U \psi \in \Gamma_i$，当且仅当或者$\psi \in \Gamma_i$，或者存在$\Gamma_j$，$(\Gamma_i, \Gamma_j) \in R_<$使得$\psi \in \Gamma_j$并且对于任意$\Gamma_k$，$(\Gamma_i, \Gamma_k) \in R_<$并且$(\Gamma_k, \Gamma_j) \in R_<$，都有$\varphi \in \Gamma_k$。

证毕。

引理 1.2.9 证明了满足二元小于关系的路径π是存在的，这使得如果将π和可能世界 T 一一对应，那么可能世界 T 也是存在的，因此使得如下定义的模型恰好就是 PTL 的模型。

定义 1.2.8　一个模型是一个三元组$M = \langle T, \leqslant, V \rangle$，使得：

（1）定义一个函数 F，使得$F(\Gamma_i) = t_i$，其中$\Gamma_i \in \pi$，$\pi \subseteq S_{MCS}$，$t_i \in T$；

（2）如果Γ_i，$\Gamma_j \in \pi$，或者$\Gamma_i = \Gamma_j$，或者有$(\Gamma_i, \Gamma_j) \in R_<$，则有$t_i \leqslant t_j$；

（3）对每一原子命题$p \in P$的真值有如下定义：$p \in \Gamma_i$，$\Gamma_i \in \pi$，$\pi \subseteq S_{MCS}$，当且仅当$t_i \in V(p)$，$t_i \in T$。

直观地说，每一路径π上的点Γ_i对应一个可能世界 T 上的时间点t_i，极大一致公式集Γ_i是对可能世界 T 上的时间点t_i的信息的完全描述，路径π上的极大一致集之间的关系与时间点t_i上的关系是相同的，都满足二元$\leqslant$关系。可以看到定义 1.2.8 所定义的模型恰好就是 PTL 的模型，即有如下定义：

引理 1.2.14 模型$M = \langle T, \leqslant, V \rangle$就是 PTL 的模型。

证明：

模型$M = \langle T, \leqslant, V \rangle$的各项定义符合 PTL 模型的各项定义。引理 1.2.9 证明了可能世界集 T 是非空的，引理 1.2.12 证明了π上的关系是 PTL 模型上的关系$\leq$。

证毕。

由以上的定义和引理，可以证明如下引理成立：

引理 1.2.15 如果$\varphi \in \Gamma_i$，那么（M，t_i）$\vDash \varphi$。

证明：

施归纳于公式φ的结构：

情况 1：φ是一个原子命题，此时有定义$p \in \Gamma_i$当且仅当$t_i \in V(p)$，当且仅当（M，t_i）$\vDash_{PTL} p$；

情况 2：φ是$\neg\psi$，此时有$\neg\psi \in \Gamma_i$当且仅当$\psi \notin \Gamma_i$，由归纳假设，此时没有（M，t_i）$\vDash_{PTL}\psi$，则（M，t_i）$\vDash_{PTL}\neg\psi$；

情况 3：φ是$\psi \to \chi$，此时有$\psi \to \chi \in \Gamma_i$当且仅当或者有$\chi \in \Gamma_i$或者$\psi \notin \Gamma_i$，由归纳假设，此时或者有（M，$t_i$）$\vDash_{PTL}\chi$，或者没有（M，$t_i$）$\vDash_{PTL}\psi$，即有（M，$t_i$）$\vDash_{PTL}\psi \to \chi$；

情况 4：φ是$X\psi$，则有$X\psi \in \Gamma_i$当且仅当$\psi \in \Gamma_{i+1}$，由归纳假设（M，t_{i+1}）$\vDash_{PTL}\psi$，则有（M，t_i）$\vDash_{PTL}X\psi$；

情况 5：φ是$G\psi$，则由引理 1.2.3（5）和引理 1.2.6，有$G\psi \in \Gamma_i$当且仅当对于所有$j \geqslant i$，都有$\psi \in \Gamma_j$，由归纳假设，则有对于所有$j \geqslant i$，都有（M，t_j）$\vDash_{PTL}\psi$，则有（M，t_i）$\vDash_{PTL}G\psi$；

情况 6：φ是$\psi U \chi$，$\pi = \Gamma_0, \Gamma_1, \ldots$是一个路径，由引理 1.2.13 和归纳假设，或者有（M，t_i）$\vDash_{PTL}\chi$，或者存在 j，k 有$j > k \geqslant i$，使得（M，t_j）$\vDash_{PTL}\chi$并且（M，t_k）$\vDash_{PTL}\psi$，那么由定义 1.2.3（5），（M，t_i）$\vDash_{PTL}\psi U \chi$。

证毕。

定理 1.2.16 所有相对于 PTL 语义有效的公式都是 PTL 的定理，即如果$\vDash_{PTL}\varphi$，则有$\vdash_{PTL}\varphi$。

证明：

假设$\vdash_{PTL}\varphi$不成立，则$\{\neg\varphi\}$是一致的。因此，存在一个极大一致集Γ_i，使得$\neg\varphi \in \Gamma_i$。那么由引理 1.2.15，有（M，t_i）$\vDash_{PTL}$

$\neg\varphi$，则 $\models_{PTL}\varphi$ 不成立。

证毕。

对 PTL 公理系统的完全性证明还可以用其他的方法，具体的证明方法可以参见［Gabby，Pnueli，Shelah，Stavi，1980］[①] 以及［Finger，Gabbay，Reynolds，2002］[②] 等文献。

小结

PTL 逻辑是向上线序的时间逻辑，这一逻辑表达了未来是无限的这一直观思想。但是根据时间点序列的构造，完全可以建立起一个表达过去无限这一思想的逻辑，当然这需要增加表示过去时间的逻辑算子。［Lichtenstein，Pnueli，2000］[③] 给出的逻辑系统就是一个很好的例子。

在这里我们讨论了 PTL 模型的基本性质，补充了描述自返性、持续性、离散性和传递性这几个性质的公理，证明了 PTL 具有可靠性和完全性。

建立 PTL 的基本目的是以 PTL 作为时间逻辑基础，用来表达知识、意图等认知态度命题在时间进程中的性质和推理关系。［Rao，Georgeff，1995］[④]认为，用分枝时间逻辑 CTL 作为时间背景来表达知识和意图具有能够描述行动的选择性的优势。但是，不同的时间分枝完全可以用不同的线序时间序列来表达，因此其结果

---

① D. Gabby，A. Pnueli，S. Shelah，and J. Stavi，*On the temporal analysis of fairness*［J］. In Proc. 7th ACM Symp［C］. Princ. of Prog. Lang.，1980，pp. 163—173.

② M. Finger，D. M. Gabbay，and M. Reynolds，*Advanced Tense Logic*［A］. Handbook of Philosophical Logic［C］. Dov M. Gabby and F. Guenthner（ed.），Klumwer Academic Publishers，Volume 7，2002，pp. 43—204.

③ O. Lichtenstein，A. Pnueli，*Propoditional Temporal Logics：Decidability and Completeness*［J］. L. J. of the IGPL，2000，Vol. 8，No. 1，pp. 55—85.

④ A. S. Rao，M. P. Georgeff，*Formal Models and Decision Procedures for Multi - Agent Systems*［J］. in Proceedings of the First International Conference on Multi—Agent Systems，San Francisco，CA：MIT Press，1995，pp. 312—319.

与 PTL 在逻辑上的表达能力实际上是基本一致的。

三　行动逻辑

行动逻辑是刻画主体的行为对主体认知具有什么样的结果的逻辑系统。行动逻辑通常是一个混合逻辑（hybrid logic）。本书主要用到加标转换系统 LTS。加标转换系统 LTS 是一个用行动算子来表达两个可能状态（或时间点等）之间的先后顺序的逻辑，下面给出的是一个简单的介绍，详细的分析讨论请参见［Stirling，1992］[①]，以及［Goranko，2000］[②]。

（一）LTS 的语言和语义

加标转换系统 LTS 的基本思想是，主体做了一个或一系列动作使得该主体的认知由当前的可能状态转换到另一个可能状态。在计算机科学中，一个动作可以被看作是一个程序命令，那么这样的状态转换在计算机上就可以解释为执行一个程序命令之后进入到下一个程序之中。

下面先定义加标转换逻辑 LTS 的语言。

定义 1.3.1　给定一个原子命题集 P 和一个主体行为集 E，LTS 的语言递归定义如下：

$\varphi ::= p \mid \neg\varphi \mid \varphi \rightarrow \psi \mid [\alpha]\varphi$

这里 $\alpha \in E$，$[\alpha]\varphi$ 表示如果执行动作 α，则有 φ 成立，定义 $\langle\alpha\rangle\varphi =_{df} \neg[\alpha]\neg\varphi$，$\langle\alpha\rangle\varphi$ 是 $[\alpha]\varphi$ 的对偶公式，其意思是已经执行了动作 α 之后有 φ 成立。

需要注意的是，这里的动作 α 是任意的，没有区分原子动作行为和复杂的动作行为，因此 α 没有如一般的行动逻辑那样有一个递归定义。

---

① C. Stirling, *Modal and temporal logics* [A]. Handbook of Logic in Computer Science, volume 2, Clarendon Press, Oxford, 1992, pp. 477—563.

② V. Goranko, *Temporal Logics of Computations* [OL]. Rand Afrikanns University, Birmingham, http://general.rau.ac.za/maths/goranko/, 2000.

定义 1.3.2 LTS 的模型是一个三元组 $M = < T, R_\alpha, V >$，其中：

（1）T 是一个非空的时间点集；

（2）$R_\alpha = \{R_\alpha \mid \alpha \in E\}$，是定义在 T 上的二元转换关系集；

（3）V 是定义在时间点 $t_i \in T$ 上的所有原子命题的真值函数。

二元转换关系 R_α 表达了一个可能状态 s 在执行动作α之后转换到可能状态 t 的思想。可能状态 s 和 t 有二元转换关系 R_α，记为 $sR_\alpha t$。可能状态在这里用一个时间点来表示。

定义 1.3.3 给定一个 LTS 模型 M 和一个时间点 $t_i \in T$，一个公式 φ 在 t_i 中是真的，记为 $(M, t_i) \models \varphi$，对公式 φ 的真有如下的递归定义：

（1）$(M, t_i) \models_{LTS} p$，当且仅当 $p \in V(t_i)$；

（2）$(M, t_i) \models_{LTS} \neg\varphi$，当且仅当没有 $(M, t_i) \models_{LTS} \varphi$；

（3）$(M, t_i) \models_{LTS} \varphi \rightarrow \psi$，当且仅当或者没有 $(M, t_i) \models_{LTS} \varphi$，或者有 $(M, t_i) \models_{LTS} \psi$；

（4）$(M, t_i) \models_{LTS} [\alpha]\varphi$，当且仅当如果有 $t_i R_\alpha t_j$，$t_j \in T$，那么 $(M, t_j) \models_{LTS} \varphi$。

如果存在 $t_i \in T$ 使得 $(M, t_i) \models_{LTS} \varphi$，则称 φ 是可满足的，如果对于每一 $t_i \in T$ 都有 $(M, t_i) \models_{LTS} \varphi$，则称 φ 是相对于 M 有效的，记为 $M \models_{LTS} \varphi$，在不会产生歧义时也可以简记为 $\models \varphi$。

命题 1.3.1 $([\alpha](\varphi \rightarrow \psi) \wedge [\alpha]\varphi) \rightarrow [\alpha]\psi$ 是相对于 LTS 的语义有效的。

证明：

任给模型 (M, t_i)，

$(M, t_i) \models_{LTS} [\alpha](\varphi \rightarrow \psi)$ 并且 $(M, t_i) \models_{LTS} [\alpha]\varphi$，则有

对于每一 $t_i R_\alpha t_j$，都有 $(M, t_j) \models_{LTS} \varphi \rightarrow \psi$ 并且 $(M, t_j) \models_{LTS} \varphi$，则有

对于每一 $t_i R_\alpha t_j$，都有 $(M, t_j) \models_{LTS} \psi$，则有

$(M, t_i) \vDash_{LTS} [\alpha]\psi$。

证毕。

命题 1.3.1 是说在 LTS 逻辑中，表达行动的 K 公理是有效的公式。

命题 1.3.2　（1）如果 $\vDash_{LTS}\varphi$ 并且 $\vDash_{LTS}\varphi\to\psi$，那么 $\vDash_{LTS}\psi$。

（2）如果 $\vDash_{LTS}\varphi$，那么 $\vDash_{LTS}[\alpha]\varphi$。

证明：（1）略，（2）由定义 1.3.3（4）可得。

命题 1.3.2 是说，分离规则和行动的必然化规则在 LTS 逻辑中保持有效性不变。

（二）LTS 的公理系统

定义 1.3.4　给定一个命题变元集 P 和一个行为集 E，LTS 的公理系统由以下的公理和规则构成：

（1）所有的命题重言式；

（2）$([\alpha](\varphi\to\psi)\wedge[\alpha]\varphi)\to[\alpha]\psi$；

MP 规则：从 φ 和 $(\varphi\to\psi)$，可以得到 ψ；

N 规则：从 φ 可以得到 $[\alpha]\varphi$。

定理 1.3.1　公理系统 LTS 相对于其语义是可靠的，即有：如果 $\vdash\varphi$，那么 $\vDash\varphi$。

证明：由命题 1.3.1 和命题 1.3.2 直接可得。

LTS 是有完全性的公理系统，下面用经典的证明模态逻辑完全性的方法给出 LTS 的完全性证明。首先给出如下的定义和引理。

定义 1.3.5　一个公式 φ 相对于一个公理系统是一致的，当且仅当 $\neg\varphi$ 是不可证的。一个有限的公式集 $\{\varphi_1, \varphi_2, \cdots, \varphi_k\}$ 是一致的，当且仅当公式 $\varphi_1\wedge\varphi_2\wedge\cdots\wedge\varphi_k$ 是一致的。一个无限的公式集是一致的，当且仅当它的每一个有限公式集是一致的。一个公式集是不一致的当且仅当它不是一致的。一个公式集 Γ 是极大一致的，当且仅当如果 $\varphi\notin\Gamma$ 那么 $\Gamma\cup\{\varphi\}$ 是不一致的。

引理 1.3.2　任何一个包含 K 公理和 MP 规则的公理系统都有如下性质：

（1）任何一个一致集都能够扩充为一个极大一致集；

(2) 如果 Γ 是一个极大一致集，那么对于所有的公式 φ 和 ψ，都有：

a. 对于任意一个公式 φ，或者 $\varphi\in\Gamma$，或者 $\neg\varphi\in\Gamma$；

b. $\varphi\wedge\psi\in\Gamma$ 当且仅当 $\varphi\in\Gamma$ 并且 $\psi\in\Gamma$；

c. 如果 $\varphi\rightarrow\psi\in\Gamma$ 并且 $\varphi\in\Gamma$，那么 $\psi\in\Gamma$；

d. 如果 φ 是可证公式，那么 $\varphi\in\Gamma$。

证明：详细的证明可参见 [Halpern, Moses, 1992][①] 等文献，此处略。

要证明一个系统是完全的，那么就要证明它的每一个有效公式都是可证的，这只需要证明每一个和系统一致的公式都是可满足的。模态逻辑中一般用典范模型的方法来证明这个命题。如果一个典范模型记为 M^c，一个极大一致集 V 是一个状态 s_V，这样只需要证明：如果 $\varphi\in V$，那么 $(M^c, s_V)\models\varphi$。

给定一个极大一致集 V，对 V 在 $[\alpha]$ 上作一个限制得到一个集合 $V/[\alpha]=\{\varphi\mid[\alpha]\varphi\in V\}$，给定一个模型 $M^c=<T, R_\alpha, L>$，有：

$T=\{s_V\mid V_s$是一个极大一致集$\}$，

$$L(s_V, p)=\begin{cases}\text{真} & \text{如果 } p\in V,\\ \text{假} & \text{如果 } p\notin V,\end{cases}$$

$R_\alpha=\{(s_V, t_V)\mid V/[\alpha]\subseteq W\}$；

易知这个模型是 LTS 的典范模型，此时有如下引理：

引理 1.3.3 典范模型 $M^c=<T, R_\alpha, L>$是一个 LTS 逻辑的模型。

证明：给定的模型 $M^c=<T, R_\alpha, L>$各项定义符合 LTS 的模型的各项定义。

引理 1.3.4 在 LTS 逻辑的典范模型中，如果 $\varphi\in V$，那么

① J. Y. Halpern, Y. Moses, *A guide to the modal logics of knowledge and belief* [J]. Artificial Intelligence, 1992, Vol. 54, pp. 311—379.

$(M^c, s_V) \vDash_{LTS} \varphi$。

证明：

施归纳于公式 φ 的结构。

情况一：φ 是原子命题，由典范模型中对原子命题的赋值定义直接可得，$(M^c, s_V) \vDash_{LTS} p$，当且仅当 $p \in V$。

情况二：$\varphi = \neg\psi$，此时有归纳假设 $(M^c, s_V) \vDash_{LTS} \psi$，当且仅当 $\psi \in V$。则假设 $\varphi \in V$，由引理 1.3.2（2a），$\psi \notin V$。由归纳假设，$(M^c, s_V) \vDash_{LTS} \psi$ 不能成立，根据语义定义，有 $(M^c, s_V) \vDash_{LTS} \neg\psi$，即有 $(M^c, s_V) \vDash_{LTS} \varphi$。

情况三：$\varphi = \psi \rightarrow \chi$，此时有归纳假设 $(M^c, s_V) \vDash_{LTS} \psi$，当且仅当 $\psi \in V$，或者有归纳假设 $(M^c, s_V) \vDash_{LTS} \chi$，当且仅当 $\chi \in V$。假设有 $\psi \rightarrow \chi \in V$，由引理 1.3.2（2c），此时或者 $\psi \notin V$，或者 $\chi \in V$，由归纳假设，或者 $(M^c, s_V) \vDash_{LTS} \psi$ 不成立，或者 $(M^c, s_V) \vDash_{LTS} \chi$ 成立。根据语义定义，则有 $(M^c, s_V) \vDash_{LTS} \psi \rightarrow \chi$。

情况四：$\varphi = [\alpha]\psi$。此时有归纳假设 $(M^c, s_V) \vDash_{LTS} \psi$，当且仅当 $\psi \in V$。假设有 $[\alpha]\psi \in V$，则 $[\alpha]\psi \in V/[\alpha]$。根据典范模型中 R 关系的定义，如果 $(s_V, t_V) \in R$，则 $\psi \in V_t$，根据归纳假设，则对于所有满足 $(s_V, t_V) \in R$ 的可能世界 t_V，都有 $(M^c, t_V) \vDash_{LTS} \psi$，根据 $[\alpha]\varphi$ 的语义定义，可得 $(M^c, s_V) \vDash_{LTS} [\alpha]\psi$。

证毕。

有了以上的定理和引理之后，可以证明 LTS 的完全性。

定理 1.3.5　LTS 的公理系统相对于其语义是完全的，即：如果 $\vDash_{LTS} \varphi$，则 $\vdash_{LTS} \varphi$。

证明：

假设 $\vdash_{LTS} \varphi$ 不成立，则 $\{\neg\varphi\}$ 是一致的。因此存在一个极大一致集 Γ，使得 $\neg\varphi \in \Gamma$。那么在典范模型 M^c 中，$(M^c, s_V) \vDash_{LTS} \neg\varphi$，则 $\vDash_{LTS} \varphi$ 不成立。

证毕。

小结

加标转换系统 LTS 是一个简单的动态逻辑，实质上是一个将必然算子解释为行动算子的 K 系统，而关系 R_α 可以解释为现在—未来的二元时间转换关系。换言之，如果主体在当前时间上做了一个行动，那么在以后的某个时间点上会有这个动作的结果出现。这两个时间点的关系既可以解释为输入—输出的关系，也可以解释为现在—未来的时间关系。鉴于这样的直观思想，可以将 LTS 有机地融合到时间逻辑 PTL 中，从而建立一个可以表达行动的时间逻辑。

第二章　实践推理的结构与逻辑范例

第一节　实践推理的基本结构

实践推理的思维过程是非常复杂的，涉及各种意向性要素的作用，诸如记忆、信念、愿望、意图、偏好、热爱、讨厌以及悔恨，等等。这些要素有些被认为在实践推理中具有核心作用，例如，意图。有些要素被认为仅仅只是在特定情况下发挥作用（尽管在特定情况下可能发挥关键作用），例如，偏好、悔恨，等等。

鉴于实践推理要素在推理过程中的作用和地位不同，在讨论实践推理时可以以某几个要素为核心建构实践推理的基本结构，以此为框架来分析和说明实践推理的实际过程。实践推理的基本结构主要存在着两种争论。以戴维森和塞尔为代表的实践推理结构是围绕“信念—愿望”展开的，以布莱特曼为代表的实践推理结构是围绕“信念—愿望—意图”来建构的。他们争论的焦点在于意图是否是一个独立的要素，由此展开的讨论在哲学上的成果非常丰富。本书主要采用布莱特曼的观点进行分析。

布莱特曼在1987发表的著作《意图、规划与实践推理》（*Intention, Plans, and Practical Reason*）以及在他随后的研究中，提出了他的对主体的心理状态要素——主要是信念、愿望、意图等意向态度——的哲学分析，其目的是建立一个模拟理性主体的理智态度（mental attitude）及其推理关系的人工智能框架。他的思想对人工智能主体的实践推理框架的研究起到了巨大的推动作用。

一 信念、愿望、意图

布莱特曼认为①，人们能够理解自己和他人的思想和行为是缘于一般意义上的心理框架，其中意图是这个心理框架的核心元素。人是理性的主体，人的理性行为是主体基于对现实世界的认识和对自己想要达到的目标而产生的系列行动。这就要求一个理性人至少要具备两种能力：其一是有目的地行动的能力；其二是有形成规划和执行规划的能力。这就是说，一方面，我们在行动之前需要思考我们要做什么；另一方面，为了达到目的，特别是那些复合的目的，需要对当前的行动和今后的行动进行设计，并且要考虑这些行动如何协调的问题。

这种涉及理性主体的行动的理智态度至少包括三个要素：信念、愿望和意图，并且三者是不能相互归约的。或者说，一个主体的理性行动可以用信念、愿望、意图这三个因素进行解释。例如，伊芙开了空调。如果开空调这个行动是伊芙有意图的行动，那么可以这样解释：伊芙希望温度降低一些，并且她相信开启空调能够降低温度。布莱特曼认为这是解释一个智能主体的理性行为的最简单结构，这一结构被称为 BDI 结构。

信念可以看作是比知识范围更广的概念（知识一般被认为是客观上为真的信念），它被认为是主体关于客观世界的描述。在 BDI 结构中，之所以用信念而不是知识来表达主体掌握的关于客观世界的信息，是由于主体实际上常常是根据自己的信念而不仅仅是知识来调整自己的思维和行动，因为事实上无法肯定这些信息实际上是否为真。用信念来表达对世界的描述，实际上说明了主体对客观世界的信息了解是不充分的。主体的理性行动是受到该主体的信念约束的，例如，如果伊芙不相信开启空调能够降低温度，那么她

---

① M. E. Bratman, *Intention, Plans, and Practical Reason* [M]. Cambridge, MA: Harvard University Press, 1987, pp. 1—16.

就不会去开空调。

愿望是主体希望实现的状态。例如，希望今天晚上去打篮球，希望今晚能够去图书馆，希望今晚完成这一篇文章，等等。主体的愿望可以是多个，而且这些愿望之间甚至可以是相互冲突的。对主体来说，相互冲突的愿望不可能都实现，只能从中作出选择。有些学者直接用目的（goal）来表示一致的愿望以避免解释相互冲突的愿望对行为会产生什么样影响的问题。这样做的好处是降低了逻辑处理的难度，坏处是使得这个逻辑中的主体比现实主体要理想化一些。愿望研究中需要考虑的问题主要包括：是否有一个或一些主要的愿望，愿望和信念的关系是怎样的，愿望、偏好和意图的关系是怎样的，等等。

意图是直接影响行动的心理因素，也是 BDI 结构中作为核心分析的因素。一般地，意图有三个方面的内容：第一，意图是已经确定的愿望，对以后的意图具有限制作用；第二，意图是为实现愿望而形成的规划（plan），表现为一个有穷的行为序列，即规划有引导并协调主体在时间进程中的行为序列的性质；第三，意图具有执行力，即一旦确定意图，就会承诺（commitment）去实现这个意图。因此，意图、规划和承诺是密切联系的。需要注意的是，规划是局部的，不可能对一个意图制定一个完全的规划。规划的局部性至少表现在两个方面：一是时间上的局部性，主体不可能将全部时间用以制定规划；二是结构上的局部性，结构上的局部性使得我们可以将意图分解成更小的子意图。分解可能会不停地进行，以至于规划的内容不可能完全，尤其是在动态环境和资源有限的情况下。承诺是对意图的稳定性的表达，它需要说明，对意图的执行在什么样的情况下进行，是否一直进行，何时放弃等问题。同时，就意图本身来说，需要考虑的问题还包括：意图对未来行动的影响、意图对未来意图的影响，等等。

布莱特曼认为，信念是行动的依据，但对行动没有直接作用；愿望对行动有直接作用，但是影响是潜在的；而意图对行动具有直接的明显的影响，是对行动具有直接控制作用的因素［Bratman，1987］[①]。例如，我相信乘坐1路车可以到图书馆去，这作为我的信息资源在记忆中储存起来，不过这个信息不会导致我直接行动；我希望今天下午去图书馆，这会对我在下午之前的行动安排有所制约，例如，我可能推掉一个约会。但是，由于具有可选择的其他愿望，我可能在下午之前不会有实际的行动，因此这个影响是潜在的。而我有下午去图书馆的意图，那么我就会有一个行为规划并要求执行这个规划，例如，我会去联系出租车，等等。这就是说，这个意图会促使我进行规划和执行相应的行动。因此这个意图对我的行为具有一定的控制性因素，会要求我执行规划以实现意图。

因此，布莱特曼强调说，信念、愿望和意图是三个独立的心理态度，不可相互归约，即不能将意图解释为信念与愿望的综合。但是这三个要素之间又有着相互制约关系，这种相互制约最终通过主体的理性行动表现出来［Bratman，1987］[②]。例如，我不相信有上帝，那么我就不会希望上帝赐福于我；我没有想到月球旅游的愿望，那么我也就不会有这个意图，不会有详细规划去实现这个愿望，等等。

当然，对于信念、愿望和意图各自的性质以及相互之间具体有什么关系，可以有很多不同的看法，例如，普遍被接受的有：信念有无矛盾性、正内省性、负内省性，等等；愿望和意图有无矛盾性，等等。相应地也就有不同的对具体的实践推理结构的逻辑描述。

二　意图和信念的关系问题

意图和信念的关系问题是一个重要的问题。要处理意图和信念

① M. E. Bratman, *Intention*, *Plans*, *and Practical Reason*［M］. Cambridge, MA: Harvard University Press, 1987, pp. 14—16.

② Ibid., pp. 10—20.

的关系首先要面临如下两个问题：如果主体有一个意图，那么该主体能否有一个与意图相矛盾的信念？同时，主体有一个意图，是否会有一个相应的信念？

例如，院子有一根木材需要搬动，我不相信我能够搬动它，此时我是否有一个搬动木材的意图？就直观来说，我不应该有一个搬动它的意图（当然可以有其他替代性的意图），这被布莱特曼称为“意图—信念的一致关系”，即一个意图和与之匹配的信念不应该是相互矛盾的。

如果有一个营救的意图——例如，某个人处于危险的境地，可能我们需要有一个规划，其中很多行为执行起来都是很困难的，假定我们在每一步都竭尽全力，但是，我们仍然会怀疑是否能够成功实现我们的意图：将这个处于危险境地的人营救出来。我们没有其他与规划不一致的信念，我们不相信实际上我们会失败，但是我们也不相信我们就会成功。这种情况被布莱特曼称为“意图—信念的不完全关系”，即一个意图不能肯定一定有一个相应的信念。这就表明，信念对意图有明显的限制关系，而反过来则不一定。

仍然用搬动木材的例子作进一步分析。可以看到，上述说明都涉及当意图失败时，需要更改意图和相应的规划的问题。就第一个问题而言，由于我意图搬动木材但是相信我无法执行，那么我应该重新研究以产生适合在这个条件下执行的新的意图，例如，请搬运公司搬运。而如果是我怀疑自己能否搬动这根木材，那么我可能需要制定两个规划：如果我相信能够搬动木材，那么继续执行原来的意图；如果我已经不相信自己能够搬动木材，那么可以请搬运公司。因此，这两种可能情况下一个理性主体都需要产生一个复杂的规划以面对未来的行动。

再考虑这样一个例子：我要打开我的电脑，而我相信打开电脑会使房间温度上升；我不希望房间的温度上升，而我相信打开空调会降低房间的温度，那么在打开空调的情况下即使打开了电脑也不会导致房间的温度上升；但是现在我并没有打开空调的意图。显然，这里的三个意图是不可能同时得到执行的，否则就会导致信念和意图的不一致。这实际上是说意图和信念的相互影响可以是多重复合的，这使得在增加新的意图时必须考虑到是否与先前的意图和信念一致。要解决这样的问题可以有多个方案，例如，调整相应的信念以保持当前的意图。在上例中，我们可以“对打开电脑会使房间温度上升”这样的信念作出调整，例如，在某个时间会放弃这一信念。

意图的副作用问题也是一个重要问题。所谓副作用问题，是说一个有意图行动所产生的结果除了实现该意图之外，还会产生其他的结果，而这些结果是否也是主体的意图呢？最著名的例子是拔牙与牙痛：主体有一个拔牙的意图，但拔牙会导致牙痛，那么牙痛是不是主体的意图？通常，一个主体在执行行动以实现他的意图时，往往只希望得到自己想要的结果。但是这并非总能够如愿，因为由通过主体意图规划而执行的行动带来的结果往往不是单一的，其中有些结果并不是主体所希望的，甚至是希望能够避免的。从直观上看，一个主体有意图行动的后果并不一定也是他的意图。一个好的意图理论应该对这一问题作出合理的解释。

例如，出于打击敌军的需要，我们制定了一个轰炸敌军军工厂的意图规划。但是，由于敌军的军工厂旁边紧挨着居民区，对敌军军工厂的轰炸在摧毁这个军工厂的同时势必也会造成平民伤亡。那么，造成这些平民伤亡是否是打击敌军这一意图的组成部分呢？

如果有轰炸敌军军工厂的意图，那么我们就有一系列的行为规划以实现这个意图，同时，由于相信摧毁敌军军工厂的同时势必也会造成邻近居民区的平民伤亡，那么当摧毁敌军军工厂的意图实现时，平民伤亡也会出现。因此，实现摧毁敌军军工厂意图的行动规划同时也导致了平民伤亡。而平民伤亡并不是我们愿意看到的。现在的问题是，由于平民伤亡是由这个规划造成的，那么看起来平民伤亡似乎也是规划的一部分？

主体有一个意图，就意味着该主体对此有一个行为规划，并且要执行这个行为规划。在这个例子中，主体并没有造成平民伤亡的行为规划，也不会有要求执行造成平民伤亡的规划，并且可能制定一些规划来避免平民伤亡。例如，可以在轰炸前通告这次轰炸以提醒邻近居民区的平民躲避，即补充新的避免平民伤亡的意图。这说明轰炸敌军的军工厂和不伤害邻近居民区的平民在意图上是不矛盾的。因此，轰炸平民区造成平民伤亡不是主体的意图。

对意图和信念的深入研究还可以考虑其他的因素对他们的影响，例如，时间的变化，外部环境的变化，信息有效期的变化，等等。

三 保持意图的策略问题

保持意图的策略问题是指一个意图需要在什么条件下保持或放弃的问题。一个意图意味着承诺执行一系列的行为，但是，这个承诺是否一直有效呢？例如，如果意图已经实现或者无法实现，是否还要执行这个意图？

一般来说，对这个问题的基本回答可以归纳为三种关于意图执行的策略，即盲目执行（blindly commit）的策略、诚实执行（single minded commit）的策略和宽松执行（open minded commit）的策略。

盲目执行的策略，是指主体会一直保持自己的意图，直到他实际上相信已经实现意图为止。这是一个非常强的策略，它的问题在于，如果该意图实际上是无法实现的，那么主体将会一直执行实现该意图，不会放弃。而由于意图又是不能实现的，那么该策略实际上会导致主体的意图陷入一个死循环之中。

诚实执行的策略，是指如果主体执行意图 A，那么主体会保持执行意图 A，直到主体相信 A 已经实现，或者不相信 A 将来会实现时为止。这一策略较之盲目执行的策略显得要宽松一些，它要求主体在信念没有改变之前一直执行该意图，而如果信念改变，就会放弃执行该意图。

宽松执行的策略是指，主体保持他的意图A，直到相信A已经实现或者不再将A作为自己的愿望为止。这一策略是最为宽松的，主体随时可以放弃自己的意图，只要他不再将其作为自己的愿望。

保持意图的策略问题和时间是密切联系的，不管是执行规划、改变信念还是放弃愿望，都是需要时间的。

一个“信念—愿望—意图”的实践推理框架在描述上是复杂的，它涉及多个因素。就内部来说，要分析信念、愿望、意图的基本性质和相互关系，还可能涉及其他的一些心理态度，例如，目的、兴趣爱好、权衡、规划、承诺，等等；就外部来说，涉及时间、行动、环境状态的限制及其变化，等等。

第二节 实践推理逻辑的两个范例

实践推理逻辑研究最初是直接为人工智能研究服务的。Cohen和 Levesque 在 1990 年发表的论文被认为是最早将关于实践推理的思想形式化的论文[①]，Rao 和 Georgeff 差不多同时也给出了一个形式化的公理系统[②]。尽管他们的理论分析和语言形式是不同的，但是作为早期的实践推理逻辑的著名成果，可以说是奠定了实践推理逻辑的形式基础。本节主要介绍这两个范例，结合其他理论，对实践推理逻辑的早期基本理论做一个简要的梳理。

一 Cohen 和 Levesque 的逻辑

Cohen 和 Levesque 强调了他们的理论关注的是关于信念、目

---

① P. R. Cohen, H. J. Levesque, *Intention Is Choice with Commitment* [J]. Artificial Intelligence, 1990, Vol. 42, pp. 213—261.

② A. S. Rao, M. P. Georgeff, *Modeling Rational Agents Within a BDI - Architcture* [A]. Proceedings of the Second International Conference on Principles of Knowledge Representation and Reasoning [C]. San Mateo, CA: Morgan Kaufmann Publishers, 1991, pp. 473—484.

的、规划、意图、承诺以及自主行动的主体的“理性平衡”，其核心是揭示意图在保持这种平衡中的关系。这样的意图理论强调它应该能够描述意图的下列性质：

（1）意图的形成通常在于主体所提出的问题，而主体需要判定一种方法去实现这个意图。这要求主体制定相应的行动规划。

（2）已经出现的意图限制了随后其他可能产生的其他意图。

（3）主体通过一系列成功的尝试以实现他的意图。这不仅是说主体需要关心他的尝试是否实现，而且当他先前的尝试失败的时候，他会重新规划以实现他的意图。

（4）主体相信 p 是可能实现的；

（5）主体不相信他不能实现 p；

（6）在某些确定的条件下，主体相信他会实现 p；

（7）主体不能将他的意图的副作用也当作意图。

［Cohen，Levesque，1990］给出的逻辑分析主要包括三个方面：时态部分、行动部分和“信念—愿望—意图”结构部分。该论文的核心是对“理性行动（rational action）”所进行的形式刻画，并通过行动部分把信念、目的、行动三者之间的关系协调起来，在这个基础上定义出意图。

［Cohen，Levesque，1990］给出的形式刻画描述了如下的重要性质：

1. 信念和目的本身要满足一致性要求，这实际上要求以下公式在这个模型中是有效式：

$Bel(\varphi) \rightarrow \neg Bel(\neg\varphi)$；

$Goal(\varphi) \rightarrow \neg Goal(\neg\varphi)$；

2. 现实性的要求：它要求一个主体的目的一定要和他的信念一致，换言之，如果主体将一个公式作为他的目的，那么这个公式一定是他的信念，这需要将与当前世界有 G 关系的可能世界限制在有 B 关系的可能世界内，即 $G \subseteq B$，这个限制用公式 $Bel(\varphi) \rightarrow Goal(\varphi)$ 来表达；

3. 关于目的的保持问题：目的不会永远保持，最后总会被放弃。公式表达为：

$\Diamond\neg(Goal\ (\neg\varphi\ \wedge\Diamond\varphi\ ))$

提出这条性质的目的是避免出现如下的无穷循环：一个主体可能永远不能实现他的某个目的 φ，但是他相信他会实现，因而一直将 φ 作为目的。

［Cohen，Levesque，1990］提出了一个有趣的例子作为“目的保持问题”的反例：有些目的是主体希望一直保持的，例如，“我永远想要比现在拥有更多的钱”。不过，Cohen 和 Levesque 分析认为，这样的反例并不是说有一个目的需要一直保持下去，而是说在每一个时间点都有一个新的目的需要实现，而这个目的与先前的目的在表述上相同。

4. 副作用问题：如果有目的 φ，并且相信 φ →ψ，那么有目的ψ。公式表示为：

$(Goal\ (\varphi)\ \wedge Bel\ (\varphi\ \rightarrow\psi\ ))\rightarrow Goal\ (\psi)$

副作用问题是布莱特曼希望能够避免的，因为它显然不是一个好的性质。关于拔牙和牙痛的著名例子就是说的这个问题：一个人需要拔牙，尽管他相信拔牙一定会有牙痛，但是他显然不会将牙痛作为他的目的。

［Cohen，Levesque，1990］用“稳定的目的”来定义意图。稳定的目的记为 P－Goal。P－Goal 在［Cohen，Levesque，1990］中是一个核心概念，其直观意义是，主体的目的是稳定的，放弃这个目的的条件是，或者主体认为这个目的已经实现，或者这个目的已经无法实现，这也是关于目的的一个重要性质。

［Cohen，Levesque，1990］通过如下建立定义来最终定义 P－Goal：

定义　$Later\ (\varphi\ ) =_{df}(\neg\varphi\ \wedge\Diamond\varphi\ )$

公式 Later (φ)表达的直观意思是：在当前点上 φ 不为真，而在今后一定有在某个点上 φ 为真。

定义　$(Before(\varphi\ \psi)) =_{df} (Happen(e_1;\ \psi?) \to ((e_1 \le e_2) \wedge Happen(e_2;\varphi?)))$

公式 Before (φ ψ)的直观意思是说 φ 在 ψ 之前为真。

定义　$\Box\varphi =_{df} \neg\Diamond\neg\varphi$

□是◊的对偶算子。□φ 的意思是说将来都有 φ 为真。

一个可实现的目的，记为 A－Goal (φ)，定义如下：

定义　$(A-Goal(\varphi)) =_{df} G(Later(\varphi) \wedge B(\neg\varphi))$

公式 A－Goal (φ)的直观意思是，一个可实现的目的 A－Goal (φ)，是指在当前点主体相信 φ 是假的，而在和当前世界具有 G 关系的可能世界里存在一个在当前时间点之后的时间点，φ 在这个时间点上为真。

定义　$P-Goal(\varphi) =_{df} (G(Later(\varphi)) \wedge B(\neg\varphi) \wedge (Before((B\varphi \vee B(\Box\neg\varphi))) \wedge (\neg G(Later(\varphi)))$

其直观意思是，一个稳定的目的是：尽管目前主体相信 φ 为假，然而 φ 是一个将来可实现的目的，并且，在主体放弃该目的 φ 之前，主体相信 φ 会实现或者相信 φ 不能够实现。

［Cohen，Levesque，1990］给出了两个不同的意图的定义：

1. $Intend(a) =_{df} (P-Goal(Done(Bel(Happen(a))?;\ a)))$;

2. $Intend(\varphi) =_{df}$

$P-Goal(Done(Bel(Happen(e_2;\ \varphi?))) \wedge \neg(Goal\ \neg(Happen(e_1;\ \varphi?)))?;\ e_1;\ \varphi?)$

这两个关于意图的定义的共同点是，意图都是一种稳定的目的。这实际上是认为可以将意图还原到目的，以行动算子和目的算子来刻画意图。这和 Bratman 坚持认为意图是不可归约的思想是不同的。而这两个定义的不同点是，第一个关于意图的定义是一个行动 a，即这一定义关注的是行动本身；第二个关于意图的定义是一个命题公式 φ，关注的是行动的后果。

［Cohen，Levesque，1990］给出了一些相对于其语义有效的公式，其中：

（1）关于信念的有效公式：

$Bel(\varphi)\wedge Bel(\varphi\rightarrow\psi)\rightarrow Bel(\psi)$；

$Bel(\varphi)\rightarrow\neg(Bel(\neg\varphi))$；

$Bel(\varphi)\rightarrow Bel(Bel(\varphi))$；

$\neg Bel(\varphi)\rightarrow Bel(\neg Bel(\varphi))$；

（2）关于目的的有效公式：

$Goal(\varphi)\wedge Goal(\varphi\rightarrow\psi)\rightarrow Goal(\psi)$；

$Goal(\varphi)\rightarrow\neg(Goal(\neg\varphi))$；

容易证明这些公式在［Cohen，Levesque，1990］中确实是有效式。但是另外一些在［Cohen，Levesque，1990］中被认为是有效的公式，例如，表达现实性的公式，实际上还不是有效式。

二　Rao 和 Georgeff 的逻辑

Rao 和 Georgeff 给出了一系列的逻辑，其核心是描述信念、愿望和意图三者的性质以及三者之间的相互关系。

在［Rao，Georgeff，1995］[①] 给出的逻辑中，希望用分支时态逻辑来表达主体选择不同的行动所产生的不同后果，因此将计算树逻辑 CTL 纳入了他们的逻辑系统。在［Rao，Georgeff，1991］还希望能够区分没有行动、行动失败了和行动成功了三者的区别，这使行动公式有一个三值的语义。不过这个思想并没有在［Rao，Georgeff，1995］的逻辑系统中体现出来。

［Rao，Georgeff，1995］给出的公理系统由两个部分构成：时间树逻辑 CTL 的部分和关于 BDI 结构的部分。基本的 BDI 逻辑是在标准的信念逻辑系统 KD45 上的扩张，首先将信念的 K 公理扩张到愿望和意图，即有以下公理：

---

① A. S. Rao, M. P. Georgeff, *Formal Models and Decision Procedures for Multi-Agent Systems* [J]. in Proceedings of the First International Conference on Multi—Agent Systems, San Francisco, CA: MIT Press, 1995.

(K_D) $D\varphi \wedge D(\varphi \rightarrow \psi) \rightarrow D\psi$；

(K_I) $I\varphi \wedge I(\varphi \rightarrow \psi) \rightarrow I\psi$；

K_D是说，如果 φ 和 φ→ψ 是主体的愿望，那么 ψ 也是主体的愿望；K_I是说，如果 φ 和 φ→ψ 是主体的意图，那么 ψ 也是他的意图。

将信念的必然化规则扩展到愿望和意图：

(N_B) φ / $L\varphi$；

(N_D) φ / $D\varphi$；

(N_I) φ / $I\varphi$。

D 公理表示的是主体的理性，或者说是一致性，而愿望和意图也有一致性要求，因此可以将 D 公理扩展到愿望和意图：

(D_D) $\neg D(\varphi \wedge \neg\varphi)$；

(D_I) $\neg I(\varphi \wedge \neg\varphi)$。

用以上的公理加上 CTL 的公理，就是 BDI 结构的基本的逻辑系统。如果只加上 K 公理，就成为了 $(B^K D^K I^K)_{CTL}$；如果是在 KD45 上的扩张，就有 $(B^{KD45} D^{KD} I^{KD})_{CTL}$。上述逻辑并没有表达信念、愿望和意图的相互关系，因此这样的逻辑还不能表达一个理性主体的意识行为推理的完整过程。

愿望与信念是协调的。用下列公式表示愿望与信念的这一性质：

(AI_1) $B\varphi \rightarrow D\varphi$

AI_1被称为信念—愿望公理。[Rao, Georgeff, 1995] 要求公式 φ 是一个时间路径上的特称量词公式，即 $\varphi = E\psi$。这是因为，如果 $\varphi = A\psi$，即是说在所有的通路上都有 ψ 为真，那么这是一个必然的公式，这就意味着主体不需要采取任何行动就可以实现，主体不需要将这样的公式作为愿望。

因此，AI_1是说，如果在主体的所有愿望可达世界中，如果存在一个可及世界，其中 φ 是真的，那么必然地在主体所有的信念可达世界中至少存在一个可及世界，在其中 φ 是真的。这可以用

如下的表达式表示 AI_1 的这一语义条件：

（CI_1）任给时间点 s，如果（w_s，w'_s）$\in B$，且存在 w″使得（w_s，w''_s）$\in D_s$，则 $w' \subseteq w''$。

由于愿望和信念的一致性，信念可及关系 B 和愿望可及关系 D 是持续的，即是说，对于任何一个可能世界来说，都至少存在一个信念可及世界和至少一个愿望可及世界，这保证了 CI_1 要求的一个愿望可及世界至少要有一个与之对应的信念可及世界，在这里愿望可及世界是信念可及世界的子世界。

类似地，愿望与意图也是协调的，用下列公式表示愿望与意图的这一性质：

（AI_2）$D\varphi \rightarrow I\varphi$

AI_2 称为愿望—意图公理，它意味着，如果主体将 φ 作为意图的话，那么他相信 φ 是可以实现的。类似于信念—愿望公理的语义条件 CI_1，愿望—意图公理有如下的语义条件：

（CI_2）任给时间点 s，如果（w_s，w'_s）$\in D$，并且存在 w″使得（w_s，w''_s）$\in I$，则 $w' \subseteq w''$。

CI_2 是说，一个意图可及世界对应于一个愿望可及世界，使得意图可及世界是愿望可及世界的子世界。这要求愿望可及关系 D 和意图可及关系 I 也要是持续的，即对于每一可能世界来说，都至少应该有一个愿望可及世界和一个意图可及世界。

AI_1 和 AI_2 表达了信念、愿望和意图之间的基本的限制关系。

由（$B^{KD45}D^{KD}I^{KD}$）$_{CTL}$ 加上公理 AI_1 和 AI_2 所构成的系统，Rao 和 Georgeff 称之为基本的意图逻辑。在［Rao，Georgeff，1995］中，证明了它们的可靠性和完全性。

Cohen 和 Levesque 的工作对 Rao 和 Georgeff 有着很大的影响，但是区别同样是很大的，首先，Rao 和 Georgeff 坚持了 Bratman 的关于意图不可归约到愿望和信念的思想；其次，Rao 和 Georgeff 不再以行动逻辑作为核心，而将行动逻辑承担的大部分任务转移到时态逻辑上，同时在行动上还考虑了行动失败对意图的影响；最后，

Rao 和 Georgeff 使用分支时态逻辑来表示一个可能世界，这样的逻辑表达更能够表达现实主体的行为选择。

前述两个关于实践推理的逻辑刻画可以看作是对实践推理的形式化开端。之后，尤其是自 20 世纪 90 年代以来，以 BDI 结构为基础的关于实践推理的人工智能研究得到了长足的发展，在各个应用领域产生了很多有影响的成果，可以说成为了智能主体实践推理模型的主流。

第三章　意图的逻辑

意图或者意向（intention）是心灵哲学、行动哲学中的一个重要概念[①]。本章对意图的哲学性质进行简单的梳理分析，在此基础上给出刻画意图这一实践推理要素的逻辑性质的意图逻辑基本公理系统。

第一节　意图的逻辑分析

维特根斯坦对语言、行动与意向状态之间的关系做了非常深刻的分析，对随后的安斯康姆、戴维森等分析哲学家的意向性理论产生了很大的影响。

在《哲学研究》中，维特根斯坦讨论了若干种意向状态，例如，记忆、愿望、期待、信念、意图，等等。维特根斯坦认为，思想、语言与行动是不可分割的，思想、语言与行动的整体构成了“语言游戏”。

关于行动与思想，他提出了这样的著名问题：“如果我从我举起我的手臂这一事实中减去我的手臂抬起了这一事实，那还剩下什么呢?”[②] 这个问题首先是在追问人的行为的特殊之处在哪里。人

① 在翻译中，“intention”有时候译为意向，有时候译为意图。“意向”更多地强调其指向性，而“意图”更多地强调其与行动的联系。

② 维特根斯坦：《哲学研究》，李步楼译，商务印书馆 1996 年版，第 244 页。

的行为不同于其他的动态画面的描述，例如，一片树叶的随风飘落。这片树叶的飘落不应该这样来描述："现在我想这样走，现在我想那样走。"在维特根斯坦看来，人的行为必然伴随着某种心理状态，例如，意愿、期待，等等。意愿就涉及行动，"它不应在行动面前止步不前"。[①] 要描述一个行动，也就是在描述关于这个行动的意向状态，也就是在说明行动与思想的联系。维特根斯坦提到，一个意图的自然表示就是类似于一只猫偷偷走近一只鸟或者是一只野兽要逃跑时的情况。根据这样的分析，我们就可以通过行动来推测一个人作出这一行动的相关思想，例如，他的动机与目的。同时也可以通过他的思想来推测其行为。

安斯康姆（G. E. M. Anscombe）的《意向》（*Intention*）是关于意图分析的经典著作。她认为，意图主要分为三类：关于未来行动表达（"我打算做……"）的意图表示、"有意图地行动"中的意图和"已实施的行动具有意图"中的意图。安斯康姆认为，一个人的意图本身只能由他本人才能给出一个权威的解释。安斯康姆将主体的意图与他的行动紧密联系在一起进行分析，这出于以下直观：一个人的意图通常不会表达出来，然而可以体现在他的行动之中。

安斯康姆的意图强调了两个特征，其一是一个意图总是要涉及关于未来的行为；其二是一个意图不是单一的而是一个意图序列，即意图是可以分解的。她给出"水塔抽水"的例子来说明意图的序列[②]：一个人挥动手臂、操作抽水机、补充水、毒害居民，这是四个行动还是一个行动呢？一个行动总是可以有多种描述，或者说一个行动总是可以通过描述被分解为很多个行动的组合，意图同样如此。安斯康姆认为，通过对行动细节的补充，我们可以将相应的意图与行动对应起来，而在序列最后的那个行动就是整个行动描述

---

① 维特根斯坦：《哲学研究》，李步楼译，商务印书馆1996年版，第242页。

② 安斯康姆：《意向》，张留华译，中国人民大学出版社2008年版，第48—50页。

所带有的意图，最后的一项就是整个行动的目的。在这个行动序列中，对每一个处于序列中的行动，如果被问到“为什么”，对它的回答就表明了一个意图。而如果一个行动被表述到该序列中，那么对该行动的“为什么”的回答就出现在相应的意图序列中。安思康姆的这个分析无疑对布莱特曼有着深刻影响。

戴维森对意图分析的特点是将意图还原为“信念—愿望”的结构，一个意图总可以通过“信念—愿望”结构进行解释。一个行动是带有意图的行动，那么行动者认为行动的某个方面是他想要的（desirable），并且他相信他做了这个行动之后就可以实现他的愿望，因此他就会去做那个行动。[①] 这一个解释意图的结构实际上消除了“意图”这一意向状态的独立地位。有趣的是戴维森还提出了一个异常因果链的案例来作为将意图解释为“信念—愿望”的反例[②]：一个登山者在他的同伴遇险时竭力抓住拴着同伴的绳子，但是他可能由于疲乏而渐渐地不能坚持着抓住这根绳子，还可能由于力量的消耗而被他的同伴拖下悬崖。他可以通过放开绳子来消除自身的危险，而且他知道能够通过放开绳子来消除这一危险。但是极有可能是这样，他最终放开了绳子只是由于无法控制而放开了绳子而不是有“放手”这个意图而放开了绳子。

塞尔在对意图的分析上和戴维森的观点基本一致。他认为实践推理就在于主体对冲突的愿望进行选择，意图来自于信念和愿望的推理：“我有一整套的信念及愿望，并通过主动对这些信念和愿望进行推理而得到一个意图。”[③] 塞尔将意图分为在先的意图与行动中的意图，在先意图是一个对有意图行动的思考过程，通过这个过程得到行动选择，而行动中的意图则是实施行动时所具有的意图，行动中意图促使身体进行动作。

---

① Davidson, *Actions*, *Reasons*, *and Causes* [A]. Essays on Actions and Events [C]. Clarendon Press, 1980, pp. 3—19.

② Davidson, *Problems of Rationality* [M]. Clarendon Press, 2004, pp. 106—107.

③ John. R. Searle, *Rationality in Action* [M]. MIT Press, 2003, p. 44.

塞尔的意向性理论强调网络和背景的作用。塞尔的网络是指一个主体的种种意向状态之间的各种关系的总和，这些意向状态间的网络关系通常是由该主体关于某个对象或事态的感知经验或意向内容构成。例如，我想要去图书馆，那么，我相信会有这个图书馆，我知道应该乘坐 2 路汽车到这一图书馆，我了解该图书馆的开馆时间使得我清楚在什么时候去合适，等等。塞尔将背景定义为“能够形成表征的非表征性心理能力的集合”[①]。所谓非表征性心理能力，是指为了能够实现意向状态所需要的满足条件，主体应该具备的各种技能的集合。塞尔举例说，假设我想要喝一杯啤酒，那么如下是必需的：站立、开门、关门、拿杯子、开冰箱、开啤酒、将啤酒倒入杯子，等等。背景主要是指主体的各种能力，包括思维能力和行动能力。这样实践推理就涉及宽广的范围。

布莱特曼反对将意图还原到“信念—愿望”的解释模型，强调意图是一个独立的意向状态。布莱特曼提出了关于意图的规划理论。根据［Bratman，1987］[②] 以及［Bratman，1988］[③] 等的分析，指向未来的意图是一种面向实际行动的意向态度，它在关于未来的规划中起着关键性作用。意图的一个本质特征是它导致理性主体为实现意图而规划了一系列的行动，并且该主体承诺执行这个行动规划。

就直观来说，一个主体有一个意图 φ，那么显然会认为 φ 在将来是能够实现的。这里的“会实现”可以有两种理解，其一是必然会实现，即在每个可能状态下都会实现；其二是可能会实现，即存在一个可能状态，在这个可能状态下该意图会实现。前者可以称为稳妥的意图，后者可以称为冒险的意图。由此可以用必然和可能两个对偶算子来表示意图，而对偶算子是可以相互定义的，到底采

---

① John. R. Searle, *Intentinality* [M]. Cambridge University Press, 1983, p. 143.

② M. E. Bratman, *Intention, Plans, and Practical Reason* [M]. Cambridge, MA: Harvard University Press, 1987.

③ M. E. Bratman, *Plans and resource - bounded practical reasoning* [J]. Computational Intelligence, 1988, Vol. 4, pp. 349—355.

用哪种观点可以依自己的理解而定。

本书主要从布莱特曼的观点来刻画意图的逻辑性质，从“必然会实现”这种理解来表达主体的意图。主体的意图并非是当下立即执行的，而是主体倾向于执行的，即主体承诺他会执行所规划的行动以实现意图。因此，主体有一个意图 φ，其意思就可以理解为，在所有的可能世界上如果执行规划的一系列行动，那么都会实现 φ。同时，主体有一个意图，则会制定一个相应的行动规划并付诸实施。实施这个规划应该是在现实世界上实施，这要求在模型上有自返性关系。

意图的实现是完成一个行动序列而不可能只需要一个行动，用（α_1；α_2；…；α_n）表示主体会执行一个规划的行动系列α_1，α_2，…，α_n，即主体先执行α_1，再执行α_2，……直到执行完最后一个规划行动α_n。一个行动α的递归定义已经能够表示意图所规划的行动序列。

第二节　时间行动逻辑 APTL

在建立刻画意图性质的逻辑之前，本节提出一个将加标转换系统 LTS 和时间命题逻辑 PTL 相融合的逻辑 APTL，建立一个具有动态表达性质的时间行动逻辑 APTL。

一　APTL 的语言和语义

时间行动逻辑 APTL 要表达的主要的思想是：在一个向上线序的时间进程中，主体的行为改变了当前时间点的认知状态，从而进入到以后的时间点状态之中。

主体的行为α可能是简单的原子行为，也可能是非常复杂的行动，因而不同的行为所涉及的时间终点可能是不一样的，假定一个行为α（也可以看作是一个程序）的起点是 t_i，那么终点不一定是 t_{i+1}。假定该主体的行为是可控制的，则其行为结果影响到的时间终点是可测的，那么假定其终点是 t_{i+n} 就是合乎直观的。这样一个行为α及其结果 φ 用符号 $[\alpha]^n\varphi$ 来表达，其直观意思是如果主体执行了行动α，那么在之后的 n 个时间点上会有结果 φ 出现。

复杂的行为由原子行为进行递归定义，这使关于行动的逻辑表达和推理关系变得容易处理。一个直接的途径是引进行动逻辑中的行动算子"；"和"∪"。用 e 表示主体能够执行的最简单的行为——原子行为，用α表示一个独立的行为，而一个独立的复杂行动α总可以表示为一个简单行为序列 $\alpha = e_1; e_2; \cdots; e_n$。下面定义时间行动逻辑 APTL 的语言。

定义 3.2.1　给定一个原子命题变元集 P 和一个行为变元集 E，时间行动逻辑 APTL 的语言递归定义如下：

$\varphi ::= p \mid \neg\varphi \mid \varphi \to \psi \mid X\varphi \mid \varphi U\psi \mid [\alpha]^n\varphi$

$\alpha ::= e \mid (\alpha_1; \alpha_2) \mid (\alpha_1 \cup \alpha_2)$

其中，$p \in P$，$e \in E$，e 是主体的原子行为；$(\alpha_1; \alpha_2)$ 称为持续行动，表示主体先执行行动 α_1，再执行行动 α_2；$(\alpha_1 \cup \alpha_2)$ 称为选择行动，表示主体或者执行 α_1，或者执行 α_2。其他公式的解释如前，定义 $[\alpha]^n\varphi$ 的对偶公式为 $\langle\alpha\rangle^n\varphi =_{df} \neg[\alpha]^n\neg\varphi$。

由定义 3.2.1，$[\alpha_1; \alpha_2]^n\varphi$ 和 $[\alpha_1 \cup \alpha_2]^n\varphi$ 都是 APTL 逻辑的公式，其中每一个公式中的行为α都是独立的行动。$[\alpha_1; \alpha_2]^n\varphi$ 的意思是在先执行行动 α_1 再执行行动 α_2 之后，在之后的 n 个时间点上会出现命题 φ，n 表示执行行动 α_1 和 α_2 一共需要的时间点数。如果执行行动 α_1 需要经过 i 个时间点，执行行动 α_2 需要经过 j 个时间点，那么 $[\alpha_1; \alpha_2]^n\varphi$ 就记为 $[\alpha_1; \alpha_2]^{i+j}\varphi$。

公式 $[\alpha_1 \cup \alpha_2]^n\varphi$ 表达的意思是或者执行行动 α_1，或者执行行动 α_2 后，在之后的 n 个时间点上会出现命题 φ。如果两个行动 α_1 和 α_2 需要的时间点是不一样的，例如，行动 α_1 需要 i 个时间点，行动 α_2 需要 j 个时间点，那么就有或者 $n = i$，或者 $n = j$，此时将公式 $[\alpha_1; \alpha_2]^n\varphi$ 记为 $[\alpha_1 \cup \alpha_2]^{i/j}\varphi$。

定义 3.2.2 时间行动逻辑 APTL 的模型是一个四元组 $M = < T, \leqslant, R_\alpha, V >$；其中：

（1）T 是一个非空的时间点集；

（2）≤是定义在时间点集 T 上满足如下条件的二元关系：

（a）自返性：对于所有的 $t_i \in T$，都有 $t_i \leqslant t_i$；

（b）持续性和离散性：对于所有的 $t_i \in T$，都存在一个 $t_j \neq t_i$，使得 $t_i \leqslant t_j$，并且不存在 $t_k \in T$ 使得 $t_i \leqslant t_k$ 并且 $t_k \leqslant t_j$；

（c）传递性：对于所有的 t_i，t_j，$t_k \in T$，如果 $t_i \leqslant t_j$ 并且 $t_j \leqslant t_k$，那么 $t_i \leqslant t_k$；

（d）向上线性：对于所有的 t_i，t_j，$t_k \in T$，如果都有 $t_i \leqslant t_j$ 并且 $t_i \leqslant t_k$，那么或者 $t_j \leqslant t_k$，或者 $t_k \leqslant t_j$。

（3）$R_\alpha = \{ R_e \mid e \in E \}$，是定义在时间点间的二元行动关系集；

（4）V 是对每一时间点上的原子命题变元的赋值函数。

定义 3.2.3 给定一个时间行动逻辑 APTL 的模型 M 和一个时间点 $t_i \in T$，一个公式 φ 在 t_i 中是真的，记为 $(M, t_i) \vDash_{APTL} \varphi$，对语句 φ 的真有如下的递归定义：

（1）$(M, t_i) \vDash_{APTL} p$，当且仅当 $t_i \in V(p)$；

（2）$(M, t_i) \vDash_{APTL} \neg\varphi$，当且仅当并非 $(M, t_i) \vDash_{APTL} \varphi$；

（3）$(M, t_i) \vDash_{APTL} \varphi \rightarrow \psi$，当且仅当或者并非 $(M, t_i) \vDash_{APTL} \varphi$，或者 $(M, t_i) \vDash_{APTL} \psi$；

（4）$(M, t_i) \vDash_{APTL} X\varphi$，当且仅当存在 $t_{i+1} \in T$，$(M, t_{i+1}) \vDash_{APTL} \varphi$；

（5）$(M, t_i) \vDash_{APTL} \varphi U \psi$，当且仅当存在 t_k 使得 $t_i \leqslant t_k$，$(M, t_k) \vDash_{APTL} \psi$，并且对于所有的 $t_i \leqslant t_j < t_k$ 都有 $(M, t_j) \vDash_{APTL} \varphi$；

（6）$(M, t_i) \vDash_{APTL} [\alpha]^n \varphi$，有如下的递归定义[①]：

① 对这个递归定义的相应证明参见郭美云《带有群体知识的动态认知逻辑》，博士学位论文，北京大学，2006 年，第 71 页。

（a）α是原子行为 e，（M，t_i）$\models_{APTL}$ $[e]^n\varphi$，当且仅当如果 $t_iR_\alpha t_{i+n}$，那么（M，t_{i+1}）$\models_{APTL}\varphi$；

（b）α是持续行动（α_1；α_2），（M，t_i）$\models_{APTL}$ $[\alpha_1;\alpha_2]^{j+k}\varphi$，当且仅当（M，$t_i$）$\models_{APTL}$ $[\alpha_1]^j$（$[\alpha_2]^k\varphi$）；

（c）α是选择行动（$\alpha_1\cup\alpha_2$），（M，t_i）$\models_{APTL}$ $[\alpha_1\cup\alpha_2]^{j/k}\varphi$，当且仅当（M，$t_i$）$\models_{APTL}$ $[\alpha_1]^j\varphi$；并且（M，t_i）$\models_{APTL}$ $[\alpha_2]^k\varphi$；

由于 $[\alpha]^n\varphi$ 的结果是体现在行动之后的 n 个时间点上，其相应的公式是 n 个 X 算子的叠加，记为 X_1（…（$X_n\varphi$）），为简便起见，定义 $X^n\varphi =_{df} X_1$（…（$X_n\varphi$）），这样（M，t_{i+n}）$\models\varphi$ 也可以等值地表示为（M，t_i）$\models X^n\varphi$。 55

如果存在一个可能世界中的一个时间点使得公式 φ 是真的，则称 φ 是可满足的，如果公式 φ 在所有的可能世界中的所有时间点上都是真的，则称 φ 是相对于 M 有效的。φ 相对于时间行动逻辑 APTL 的语义有效，记为 M $\models_{APTL}\varphi$，在不引起歧义时简记为 $\models_{APTL}\varphi$。

命题 3.2.1　下列公式是相对于时间行动逻辑 APTL 的语义有效的：

（1）$(G\varphi\wedge G(\varphi\rightarrow\psi))\rightarrow G\psi$；

（2）$G\varphi\rightarrow\varphi\wedge XG\varphi$；

（3）$G(\varphi\rightarrow X\varphi)\rightarrow(\varphi\rightarrow G\varphi)$；

（4）$(X\varphi\wedge X(\varphi\rightarrow\psi))\rightarrow X\psi$；

（5）$X\neg\varphi\equiv\neg X\varphi$；

（6）$X(\varphi\vee\neg\varphi)$；

（7）$\varphi U\psi\equiv\psi\vee(\varphi\wedge X(\varphi U\psi))$。

证明：根据定义 3.2.1 和定义 3.2.2 易证，略。

命题 3.2.2　下列公式是相对于 APTL 的语义有效的：

（1）$\langle\alpha\rangle^n\varphi\rightarrow X^n\varphi$；

（2）$[\alpha]^n(\varphi\rightarrow\psi)\wedge[\alpha]^n\varphi\rightarrow[\alpha]^n\psi$。

证明：(1) 任给 (M, t_i)，

$(M, t_i) \vDash_{APTL} <\alpha>^n\varphi$，当且仅当

并非（如果 $t_i R_\alpha t_{i+n}$，t_i，$t_{i+n} \in T$，则 $(M, t_{i+n}) \vDash_{APTL} \neg\varphi$）；当且仅当

有 $t_i R_\alpha t_{i+n}$，t_i，$t_{i+n} \in T$ 但是并非 $(M, t_{i+n}) \vDash_{APTL} \neg\varphi$，则

并非 $(M, t_{i+n}) \vDash_{APTL} \neg\varphi$，则

$(M, t_{i+n}) \vDash_{APTL} \varphi$，则

$(M, t_i) \vDash_{APTL} X^n\varphi$。

(2) 任给 (M, t_i)，

$(M, t_i) \vDash_{APTL} [\alpha]^n(\varphi \rightarrow \psi) \wedge [\alpha]^n\varphi$，当且仅当

如果 $t_i R_\alpha t_{i+n}$，t_i，$t_{i+n} \in T$，则 $(M, t_{i+n}) \vDash_{APTL} (\varphi \rightarrow \psi)$ 且 $(M, t_{i+n}) \vDash_{APTL} \varphi$，当且仅当

如果 $t_i R_\alpha t_{i+n}$，t_i，$t_{i+n} \in T$，则 $(M, t_{i+n}) \vDash_{APTL} \psi$，当且仅当

$(M, t_i) \vDash_{APTL} [\alpha]^n\psi$。

证毕。

由命题 3.2.2 (1) 的证明，还可得到如下公式

$<\alpha>^n\varphi \rightarrow [\alpha]^n\varphi$

也是对于时间行动逻辑 APTL 的语义有效的。

命题 3.2.3 如下公式是相对于时间行动逻辑 APTL 的语义有效的：

(1) $[\alpha_1; \alpha_2]^{j+k}\varphi \equiv [\alpha_1]^j([\alpha_2]^k\varphi)$；

(2) $[\alpha_1 \cup \alpha_2]^{j/k}\varphi \equiv [\alpha_1]^j\varphi \wedge [\alpha_2]^k\varphi$。

证明：由定义 3.2.3 (6) 直接可得。

命题 3.2.4 (1) 如果 $\vDash_{APTL} \varphi$ 并且 $\vDash_{APTL} \varphi \rightarrow \psi$，那么 $\vDash_{APTL} \psi$；

(2) 如果 $\vDash_{APTL} \varphi$，那么 $\vDash_{APTL} G\varphi$；

(3) 如果 $\vDash_{APTL} \varphi$，那么 $\vDash_{APTL} [\alpha]^n\varphi$。

证明：(1) (2) 显然，略。(3) 由定义 3.2.3 (6) 直接可得。

二　APTL 的公理系统

定义 3.2.4　时间行动逻辑 APTL 的公理系统由以下公式和推理规则构成：

(1) 所有命题逻辑的重言式；

(2) $(G\varphi \wedge G(\varphi \rightarrow \psi)) \rightarrow G\psi$；

(3) $G\varphi \rightarrow \varphi \wedge XG\varphi$；

(4) $G(\varphi \rightarrow X\varphi) \rightarrow (\varphi \rightarrow G\varphi)$；

(5) $G\varphi \rightarrow GG\varphi$；

(6) $(X\varphi \wedge X(\varphi \rightarrow \psi)) \rightarrow X\psi$；

(7) $X\neg\varphi \equiv \neg X\varphi$；

(8) $X(\varphi \vee \neg\varphi)$；

(9) $\varphi U\psi \equiv \psi \vee (\varphi \wedge X(\varphi U\psi))$；

(10) $[\alpha]^n(\varphi \rightarrow \psi) \wedge [\alpha]^n\varphi \rightarrow [\alpha]^n\psi$；

(11) $<\alpha>^n\varphi \rightarrow X^n\varphi$；

(12) $<\alpha>^n\varphi \rightarrow [\alpha]^n\varphi$；

(13) $[\alpha_1;\alpha_2]^{j+k}\varphi \equiv [\alpha_1]^j([\alpha_2]^k\varphi)$；

(14) $[\alpha_1 \cup \alpha_2]^{j/k}\varphi \equiv [\alpha_1]^j\varphi \wedge [\alpha_2]^k\varphi$。

MP 规则：从 φ 和 $\varphi \rightarrow \psi$，可以得到 ψ；

N 规则 1：从 φ 可以得到 $G\varphi$；

N 规则 2：从 φ 可以得到 $[\alpha]^n\varphi$。

命题 3.2.5　下列公式是系统的内定理：

(1) $[\alpha_1;\cdots\alpha_n]^{r+\cdots+s}\varphi \equiv \neg<\alpha_1;\ldots\alpha_n>^{r+\cdots+s}\neg\varphi$；

(2) $<\alpha_1;\cdots\alpha_n>^{r+\cdots+s}\varphi \rightarrow X^{r+\cdots+s}\varphi$；

证明：易证，略。

定理 3.2.1　APTL 的公理系统相对于其语义是可靠的，即有：如果 $\vdash_{APTL}\varphi$，那么 $\vDash_{APTL}\varphi$。

证明：由命题 3.2.1、3.2.2、3.2.3 和命题 3.2.4 可得。

APTL 的完全性证明采用与前述证明 PTL 的完全性相类似的方

法进行证明。首先给出如下的定义和引理。

引理 3.2.2 （Lindenbaum 引理）任何一个一致的公式集都可以扩张成一个极大一致的公式集。

证明：参考前述 PTL 的证明，略。

引理 3.2.3 Γ是一个极大一致的公式集，任给公式 φ 和 ψ，都有：

（1）$\varphi \in \Gamma$当且仅当$\neg\varphi \notin \Gamma$；

（2）$\varphi \rightarrow \psi \in \Gamma$，当且仅当或者 $\varphi \notin \Gamma$，或者 $\psi \in \Gamma$；

（3）$\varphi \wedge \psi \in \Gamma$当且仅当 $\varphi \in \Gamma$并且 $\psi \in \Gamma$；

（4）$\varphi \vee \psi \in \Gamma$当且仅当或者 $\varphi \in \Gamma$或者 $\psi \in \Gamma$；

（5）如果 $G\varphi \in \Gamma$，则 $\varphi \in \Gamma$、$XG\varphi \in \Gamma$并且 $GG\varphi \in \Gamma$；

（6）$\neg X\varphi \in \Gamma_i$当且仅当 $X \neg\varphi \in \Gamma_i$；

（7）如果 $X\varphi \in \Gamma$并且 $X(\varphi \rightarrow \psi) \in \Gamma$，那么 $X\psi \in \Gamma$；

（8）如果 $\varphi U\psi \in \Gamma$，则如果 $\psi \notin \Gamma$，那么 $\varphi \in \Gamma$并且 $X(\varphi U\psi) \in \Gamma$；

（9）如果 $<\alpha>^n \in \Gamma$，那么 $[\alpha]^n\varphi \in \Gamma$，且 $X^n\varphi \in \Gamma$；

（10）如果 $[\alpha]^n(\varphi \rightarrow \psi) \in \Gamma$，那么或者 $[\alpha]^n\varphi \notin \Gamma$，或者 $[\alpha]^n\psi \in \Gamma$；

（11）$[\alpha_1; \alpha_2]^{j+k}\varphi \in \Gamma$当且仅当 $[\alpha_1]^j([\alpha_2]^k\varphi) \in \Gamma$；

（12）$[\alpha_1 \cup \alpha_2]^{j/k}\varphi \in \Gamma$当且仅当 $[\alpha_1]^j\varphi \wedge [\alpha_2]^k\varphi \in \Gamma$。

证明：（1）—（8）略，（9）由公理（11）和公理（12）直接可得；（10）由公理（10）直接可得；（11）由公理（13）可得；（12）由公理（14）可得。

一个极大一致的公式集可以看做是对一个可能世界某一个时间点上的信息的完全描述。如果一个极大一致公式集的集合记为 S_{MCS}，那么一个可能世界 T 上的时间点 t_i和 S_{MCS}的元素Γ_i可以一一对应。如果能够找到一个和可能世界 $T = t_0, t_1, t_2, \cdots\cdots$相对应的极大一致集序列$\pi = \Gamma_0, \Gamma_1, \Gamma_2, \cdots\cdots$使得与系统一致的公式 $\varphi \in \Gamma_i$当且仅当 $(M, t_i) \models \varphi$，那么就证明了系统具有完全性。对此需要建立如下的定义和引理。

定义 3.2.5　对于任意Γ_i，$\Gamma_j \in S_{MCS}$，有

（1）Γ_i，Γ_j有 R_+关系，记为（Γ_i，Γ_j）$\in R_+$，当且仅当 $\{\varphi \mid X\varphi \in \Gamma_i\} \subseteq \Gamma_j$；

（2）Γ_i，Γ_j有 $R_<$ 关系，记为（Γ_i，Γ_j）$\in R_<$，当且仅当 $\{\varphi \mid XG\varphi \in \Gamma_i\} \subseteq \Gamma_j$；

（3）Γ_i，Γ_j有 R_α 关系，记为（Γ_i，Γ_j）$\in R_\alpha$，当且仅当 $\{\varphi \mid [\alpha]^n\varphi \in \Gamma_i\} \subseteq \Gamma_j$。

引理 3.2.4　对于任意$\Gamma_i \in S_{MCS}$，满足（Γ_i，Γ_j）$\in R_+$的Γ_j是唯一确定的。

证明：如果与Γ_i有 R_+关系的Γ_j不是唯一确定的，假设有Γ_j和Γ'_j，则存在一个公式 φ，使得 $\varphi \in \Gamma_j$且 $\varphi \notin \Gamma'_j$，则有$\neg\varphi \in \Gamma'_j$，则有 $X\varphi \in \Gamma_i$且 $X\neg\varphi \in \Gamma_i$，由引理 3.2.3（6），有 $X\varphi \in \Gamma_i$且$\neg X\varphi \in \Gamma_i$，这产生矛盾。

由于Γ_j是唯一确定的，此时 $j = i + 1$

引理 3.2.5　对于任意$\Gamma_i \in S_{MCS}$，$X\varphi \in \Gamma_i$当且仅当存在Γ_j，使得（Γ_i，Γ_j）$\in R_+$，$\varphi \in \Gamma_j$。

证明：由定义 3.2.5（1）直接可得。

引理 3.2.6　对于任意$\Gamma_i \in S_{MCS}$，$XG\varphi \in \Gamma_i$当且仅当对于所有的Γ_j使得（Γ_i，Γ_j）$\in R_<$，$\varphi \in \Gamma_j$。

证明：由定义 3.2.5（2）直接可得。

引理 3.2.7　对于任意$\Gamma_i \in S_{MCS}$，$[\alpha]^n\varphi \in \Gamma_i$当且仅当对于所有的$\Gamma_{i+n}$使得（$\Gamma_i$，$\Gamma_{i+n}$）$\in R_\alpha$，$\varphi \in \Gamma_{i+n}$。

证明：由定义 3.2.5（3）直接可得。

引理 3.2.8　对于任意Γ_i，$\Gamma_j \in S_{MCS}$，如果（Γ_i，Γ_j）$\in R_+$，那么（Γ_i，Γ_j）$\in R_<$。

证明：由引理 3.2.3（5）和定义 3.2.5 可得证。

引理 3.2.9　$R_<$是基于 R_+传递封闭的。即假设有一个极大一致集的序列记为$\pi = \Gamma_0$，Γ_1，Γ_2，……其中$\Gamma_i \in \pi \subseteq S_{MCS}$，$i \geq 0$，如果对

于任意$\Gamma_i \in \pi$，都有（Γ_i，Γ_{i+1}）$\in R_+$，那么对于任意Γ_i，Γ_j，$\Gamma_k \in \pi$，如果有（Γ_i，Γ_j）$\in R_<$且（Γ_j，Γ_k）$\in R_<$，那么（Γ_i，Γ_k）$\in R_<$。

证明：

对于任意Γ_i，Γ_j，$\Gamma_k \in \pi$，如果有（Γ_i，Γ_j）$\in R_<$且（Γ_j，Γ_k）$\in R_<$，那么存在序列Γ_i，Γ_{i+1}，$\cdots \Gamma_j$，Γ_{j+1}，$\cdots \Gamma_k$，使得相邻的两个极大一致集都有关系R_+，则由引理3.2.3（5），引理3.2.5、引理3.2.6和定义3.2.5可得。

定义3.2.6 一条路径是指满足如下条件的一个极大一致的有序集，记为$\pi = \Gamma_0$，Γ_1，Γ_2，$\cdots$其中$\Gamma_i \in \pi \subseteq S_{MCS}$，$i \geqslant 0$，每一个$\Gamma_i$称为$\pi$上的点：

（1）任给$\Gamma_i \in \pi$，都有$\Gamma_{i+1} \in \pi$，使得（Γ_i，Γ_{i+1}）$\in R_+$；

（2）任给$\Gamma_i \in \pi$，如果$\Gamma_j \in \pi$，那么或者（Γ_i，Γ_j）$\in R_<$，或者（Γ_j，Γ_i）$\in R_<$；

（3）任给$\Gamma_i \in \pi$，如果$<\alpha>^n \varphi \in \Gamma_i$，那么存在$\Gamma_{i+n} \in \pi$，$\varphi \in \Gamma_{i+n}$，使得（$\Gamma_i$，$\Gamma_{i+n}$）$\in R_\alpha$。

定义3.2.6是说路径π上的点是由满足R_+、$R_<$和R_α的极大一致公式集构造起来的，如果能够证明所定义的路径是存在的，那么就可以将路径和可能世界一一对应起来。这就是说需要证明如下引理：

引理3.2.10 满足定义3.2.6的路径$\pi = \Gamma_0$，Γ_1，Γ_2，$\cdots$是存在的。

证明：

首先证明满足定义3.2.6的条件（1）是能够满足的：

由引理3.2.3（1），对于任意一个$\Gamma_i \in \pi$，则或者$\neg X\varphi \in \Gamma_i$或者$X\varphi \in \Gamma_i$；假设$X\varphi \in \Gamma_i$，则由引理3.2.5，$X\varphi \in \Gamma_i$当且仅当存在$\Gamma_{i+1}$，$\varphi \in \Gamma_{i+1}$，使得（$\Gamma_i$，$\Gamma_{i+1}$）$\in R_+$；假设$\neg X\varphi \in \Gamma_i$，则由引理3.2.3（6），有$X \neg\varphi \in \Gamma_i$，则由引理3.2.5，存在$\Gamma_{i+1}$，$\neg\varphi \in \Gamma_{i+1}$，使得（$\Gamma_i$，$\Gamma_{i+1}$）$\in R_+$。则定义3.2.6（1）总是能满足的。

其次证明条件（2）是能够满足的：

如果$\Gamma_j \in \pi$，由条件（1），那么或者有Γ_i，Γ_{i+1}，$\cdots\Gamma_j$，或者有Γ_j，Γ_{j+1}，$\cdots\Gamma_i$，使得相邻两点间有R_+关系，那么由引理3.2.5、3.2.6和3.2.8，可得或者有（Γ_i，Γ_j）$\in R_<$，或者有（Γ_j，Γ_i）$\in R_<$。

再次证明条件（3）是可满足的：

由引理3.2.7，引理3.2.3（9）和对条件（1）的证明可证。

证毕。

由引理3.2.10，则如下的推论显然是成立的：

推论3.2.11　（1）Γ_i是π上的点，总存在Γ_{i+1}，使得（Γ_i，Γ_i+1）$\in R_+$；

（2）Γ_i，Γ_k，Γ_j是π上的点，如果（Γ_i，Γ_k）$\in R_<$并且（Γ_i，Γ_j）$\in R_<$，$\Gamma_k \neq \Gamma_j$，那么或者（Γ_k，Γ_j）$\in R_<$，或者（Γ_j，Γ_k）$\in R_<$。

推论3.2.12　任给Γ_i是π上的点，都有

（1）X（$\varphi \vee \neg\varphi$）$\in \Gamma_i$；

（2）$G\varphi \rightarrow \varphi \in \Gamma_i$。

自然地，由引理3.2.10和这两个推论，能够得到如下引理：

引理3.2.13　路径π上的关系就是定义3.2.2（2）的关系≤。

证明：由引理3.2.9以及推论3.2.11和推论3.2.12可得。

引理3.2.14　Γ_i是π上的点，公式$\varphi U\psi \in \Gamma_i$，当且仅当或者$\psi \in \Gamma_i$，或者存在$\Gamma_j$，（$\Gamma_i$，$\Gamma_j$）$\in R_<$使得$\psi \in \Gamma_j$并且对于任意$\Gamma_k$，（$\Gamma_i$，$\Gamma_k$）$\in R_<$并且（$\Gamma_k$，$\Gamma_j$）$\in R_<$，都有$\varphi \in \Gamma_k$。

证明：

如果公式$\varphi U\psi \in \Gamma_i$，由引理3.2.3（8），或者有$\psi \in \Gamma_i$，或者有$\varphi \in \Gamma_i$并且X（$\varphi U\psi$）$\in \Gamma_i$。假设有$\varphi \in \Gamma_i$并且X（$\varphi U\psi$）$\in \Gamma_i$，由引理3.2.5、引理3.2.6和引理3.2.3（8）可得存在Γ_{i+1}，（Γ_i，Γ_{i+1}）$\in R_+$使得或者$\psi \in \Gamma_{i+1}$，此时有$\Gamma_{i+1} = \Gamma_j$，使得$\psi \in \Gamma_j$并且对于任意Γ_k，（Γ_i，Γ_k）$\in R_<$并且（Γ_k，Γ_j）$\in R_<$，都有$\varphi \in \Gamma_k$；或者有$\varphi \in \Gamma_{i+1}$并且X（$\varphi U\psi$）$\in \Gamma_{i+1}$。

此时由引理3.2.5、3.2.6和3.2.3（8）可得，存在Γ_{i+2}，使

得或者 $\psi\in\Gamma_{i+2}$，此时有 $\Gamma_{i+2}=\Gamma_j$，使得 $\psi\in\Gamma_j$ 并且对于任意 Γ_k，$(\Gamma_i,\Gamma_k)\in R_<$ 并且 $(\Gamma_k,\Gamma_j)\in R_<$，都有 $\varphi\in\Gamma_k$；或者有 $\varphi\in\Gamma_{i+2}$ 并且 $X(\varphi U\psi)\in\Gamma_{i2+1}\cdots$；依次类推，可得 Γ_i 是 π 上的点，公式 $\varphi U\psi\in\Gamma_i$，当且仅当或者 $\psi\in\Gamma_i$，或者存在 Γ_j，$(\Gamma_i,\Gamma_j)\in R_<$ 使得 $\psi\in\Gamma_j$ 并且对于任意 Γ_k，$(\Gamma_i,\Gamma_k)\in R_<$ 并且 $(\Gamma_k,\Gamma_j)\in R_<$，都有 $\varphi\in\Gamma_k$。

证毕。

引理 3.2.15　π 是一条路径，Γ_i 是 π 上的点，如果公式 $<\alpha>^n\varphi\in\Gamma_i$，那么存在一个点 $\Gamma_{i+n}\in\pi$，$\varphi\in\Gamma_{i+n}$，$(\Gamma_i,\Gamma_{i+n})\in R_\alpha$。

证明：

Γ_i 是 π 上的点，如果公式 $<\alpha>^n\varphi\in\Gamma_i$，由引理 3.2.3（9），则有 $X^n\varphi\in\Gamma_i$ 且 $[\alpha]^n\varphi\in\Gamma_i$，由 $X^n\varphi\in\Gamma_i$ 和引理 3.2.10，则存在一个点 $\Gamma_{i+n}\in\pi$ 使得有 $\varphi\in\Gamma_{i+n}$，则由定义 3.2.5（3），可得 $(\Gamma_i,\Gamma_{i+n})\in R_\alpha$。

证毕。

引理 3.2.15 证明了满足 $\leqslant$ 关系的路径 π 是存在的，这使得可以将路径 π 和可能世界 T 一一对应起来，从而使得如下定义的模型恰好就是时间行动逻辑 APTL 的模型。

定义 3.2.7 一个模型 $M=<T,\leqslant,R_\alpha,V>$ 使得：

（1）定义一个函数 F，使得 $F(\Gamma_i)=t_i$，其中 $\Gamma_i\in\pi\subseteq S_{MCS}$，$t_i\in T$；

（2）如果 Γ_i，$\Gamma_j\in\pi$，或者 $\Gamma_i=\Gamma_j$，或者有 $(\Gamma_i,\Gamma_j)\in R_<$，则有 $t_i\leqslant_t t_j$；

（3）如果 Γ_i，$\Gamma_j\in\pi$，$(\Gamma_i,\Gamma_j)\in R_\alpha$ 则有 $t_iR_\alpha t_j$；

（4）对每一原子命题 $p\in P$ 的真值有如下定义：$p\in\Gamma_i$，$\Gamma_i\in\pi\subseteq S_{MCS}$ 当且仅当 $t_i\in T$，$t_i\in V(p)$。

直观地说，每一路径 π 上的点 Γ_i 对应一个 T 上的时间点 t_i，极大一致公式集 Γ_i 是对可能世界 T 上的时间点 t_i 的完全描述，路径 π 上的极大一致集之间的关系与时间点 t_i 上的关系是相同的，都满足线序。可以看到定义 3.2.7 所定义的模型恰好就是时间行动逻辑 APTL 的模型，即有：

引理 3.2.16　模型 $M = \langle T, \leqslant, R_\alpha, V \rangle$ 就是时间行动逻辑 APTL 的模型。

证明：

模型 $M = \langle T, \leqslant, R_\alpha, V \rangle$ 的各项定义符合 APTL 模型的各项定义。引理 3.2.10 证明了可能世界集 T 是非空的，引理 3.2.13 证明了关系 $\leqslant$ 是满足的，引理 3.2.15 证明了关系 R_α 是满足的。

由以上的定义和引理，可以证明如下引理成立：

引理 3.2.17　如果 $\varphi \in \Gamma_i$，那么 $(M, t_i) \vDash_{APTL} \varphi$。

证明：

施归纳于公式 φ 的结构：

情况 1：φ 是一个原子命题，此时 $p \in \Gamma_i$ 当且仅当 $t_i \in V(p)$，当且仅当 $(M, t_i) \vDash_{APTL} p$；

情况 2：φ 是 $\neg\psi$，此时有 $\neg\psi \in \Gamma_i$ 当且仅当 $\psi \notin \Gamma_i$，由归纳假设，此时没有 $(M, t_i) \vDash_{APTL} \psi$，则 $(M, t_i) \vDash_{APTL} \neg\psi$；

情况 3：φ 是 $\psi \to \chi$，此时有 $\psi \to \chi \in \Gamma_i$ 当且仅当或者有 $\chi \in \Gamma_i$ 或者 $\psi \notin \Gamma_i$，由归纳假设，此时或者有 $(M, t_i) \vDash_{APTL} \chi$，或者没有 $(M, t_i) \vDash_{APTL} \psi$，即有 $(M, t_i) \vDash_{APTL} \psi \to \chi$；

情况 4：φ 是 $X\psi$，则有 $X\psi \in \Gamma_i$ 当且仅当 $\psi \in \Gamma_{i+1}$，由归纳假设 $(M, t_{i+1}) \vDash_{APTL} \psi$，则有 $(M, t_i) \vDash_{APTL} X\psi$；

情况 5：φ 是 $G\psi$，则由引理 3.2.3（5）和引理 3.2.6，有 $G\psi \in \Gamma_i$ 当且仅当对于所有 $j \geqslant i$，都有 $\psi \in \Gamma_j$，由归纳假设，则有对于所有 $j \geqslant i$，都有 $(M, t_j) \vDash_{APTL} \psi$，则有 $(M, t_i) \vDash_{APTL} G\psi$；

情况 6：φ 是 $\psi U \chi$，$\pi = \Gamma_0, \Gamma_1, \cdots$ 是一个路径，由引理 3.2.14 和归纳假设，或者有 $(M, t_i) \vDash_{APTL} \chi$，或者存在 j，k 有 $j > k \geqslant i$，使得 $(M, t_j) \vDash_{APTL} \chi$ 并且 $(M, t_k) \vDash_{APTL} \psi$，那么由定义 3.2.3（5），$(M, t_i) \vDash_{APTL} \psi U \chi$。

情况 7：φ 是 $<\alpha>^n\varphi$，$\pi=\Gamma_0, \Gamma_1, \cdots$ 是一个路径，由引理 3.2.15，则存在一个点 $\Gamma_{i+n}\in\pi$，$\varphi\in\Gamma_{i+n}$，$(\Gamma_i, \Gamma_{i+n})\in R_\alpha$，由定义 3.2.7，此时有 $(t_i, t_{i+n})\in R_\alpha$，且由归纳假设，有 $(M, t_{i+n})\vDash_{APTL}\varphi$，则没有 $(M, t_{i+n})\vDash_{APTL}\neg\varphi$，则没有 $(M, t_i)\vDash_{APTL}[\alpha]^n\neg\varphi$，则有 $(M, t_i)\vDash_{APTL}\neg[\alpha]^n\neg\varphi$，则有 $(M, t_i)\vDash_{APTL}<\alpha>^n\varphi$。

情况 8：φ 是 $[\alpha_1;\alpha_2]^{j+k}\psi$，由引理 3.2.3（11）、命题 3.2.5 和归纳假设可证 $(M, t_i)\vDash_{APTL}[\alpha_1;\alpha_2]^{j+k}\psi$；

情况 9：φ 是 $[\alpha_1\cup\alpha_2]^{j/k}\psi$，由引理 3.2.3（12）、命题 3.2.5 和归纳假设可证 $(M, t_i)\vDash_{APTL}[\alpha_1\cup\alpha_2]^{j/k}\psi$；

证毕。

定理 3.2.18 所有相对于 APTL 的语义有效的公式都是时间行动逻辑 APTL 的定理，即有：如果 $\vDash_{APTL}\varphi$，则 $\vdash_{APTL}\varphi$。

证明：

假设 $\vdash_{APTL}\varphi$ 不成立，则 $\{\neg\varphi\}$ 是一致的。因此，存在一个极大一致集 Γ_i，使得 $\neg\varphi\in\Gamma_i$。那么由引理 3.2.17，有 $(M, t_i)\vDash_{APTL}\neg\varphi$，则 $\vDash_{APTL}\varphi$ 不成立。

证毕。

讨论和小结

本章给出了一个时态行动逻辑 APTL。与通常的动态逻辑不同的是，这里行动作用的结果是出现在同一可能世界的往后的时间点上。因此，主体的行动不会对不同的可能世界产生影响，也不会对当前时间点产生影响。

在命题 3.2.4（2），我们证明了公式 $[\alpha]^n(\varphi\rightarrow\psi)\wedge[\alpha]^n\varphi\rightarrow[\alpha]^n\psi$ 是相对于 APTL 有效的，但是应该注意到，这个公式的有效是有条件的，即它要求行动α所需要的时间是相同的，即使是不同的行动，只要所需要的时间是相同的就可以了，例如，如下的公式相对于 APTL 也是有效的：

$[\alpha]^n(\varphi\rightarrow\psi)\wedge[\beta]^n\varphi\rightarrow[\lambda]^n\psi$

由对命题 3.2.4（2）相类似的证明可以证明这个公式是有效的。

同时，有一些看起来似乎是比较直观的公式在 APTL 里不是有效的，例如，公式 $((X[\alpha]^n\varphi)\rightarrow([\alpha]^nX\varphi))$ 和公式 $(([\alpha]^nX\varphi)\rightarrow((X[\alpha]^n\varphi)))$ 都不是有效的，尽管就行动的结果来说，最后都会在相同的时间点上出现 φ，但是，由于 $X[\alpha]^n\varphi$ 和 $[\alpha]^nX\varphi$ 对行动关系 R_α 的要求是不同的，因此二者之间没有蕴涵关系。

这一节所建立的时态行动逻辑 APTL 是为表达意图的特征作准备的逻辑。

第三节　意图的逻辑

前面我们给出了一个有行动表达的时间行动逻辑 APTL，由此可以更细致地刻画理性主体所具有意图的基本特征。本节在前面的基础上，建立一个基于时间和行动规划的意图逻辑 I_{APTL}。

一　意图的语义分析

根据布莱特曼的分析，意图的一个本质特征是主体为实现意图而规划了一系列的行动，并且该主体承诺要执行这个行动规划。

一个主体有一个意图 φ，那么显然会认为 φ 在将来是能够实现的。这里的“会实现”有两种理解，其一是必然会实现，即在每个可能状态下如果执行了意图所规划的行动则这个意图就会实现。其二是可能会实现，即存在一个可能状态，在这个可能状态下执行了意图所规划的行动该意图就会实现。前者称为稳妥的意图；后者称为冒险的意图。

本文从“必然会实现”这种理解来表达主体的意图。主体的意图并非是当下立即执行的，而是主体承诺要执行的，或者说是主体倾向于执行这一意图所规划的系列行动。因此，主体有一个意图 φ，其意思就可以理解为，在所有的可能世界上如果执行为了实现意图 φ 所规划的一系列行动，那么都会实现 φ。同时，主体有一个意图，则会制定一个相应的行动规划并付诸实施。实施这个规划应该是在这个主体所在的现实世界上实施，这要求在模型上有自返性关系。

由以上的分析，意图的语义涉及两类可及关系：其一是可能世界间的关系；其二是可能世界内部时间点上的两种关系：时间点的顺序关系和行动关系。

二 I_{APTL}的语言和语义

首先给出基于时间和行动规划的意图逻辑 I_{APTL}的语言。

定义 3.3.1　给定一个原子命题集 P 和一个主体原子行为集 E，I_{APTL}的语言有如下的递归定义：

$\varphi :\,= p \mid \neg\varphi \mid \varphi \rightarrow \psi \mid X\varphi \mid \varphi U \psi \mid [\alpha]^n\varphi \mid I\varphi$

$\alpha :\,= e \mid (\alpha_1 ; \alpha_2) \mid (\alpha_1 \cup \alpha_2)$

其中，$p \in P$，$e \in E$，e 是主体的原子行为；Iφ 表示主体有意图 φ；其他公式的解释如前。与上一节相同，记 n 个 X 算子的叠加为 X^n，即有定义 $X^n\varphi =_{df} X_1(\cdots(X_n\varphi))$。

定义 3.3.2　I_{APTL}的模型是一个多元组 $M = \langle W_T, \leqslant, R_\alpha, R_I, V \rangle$；其中：

(1) W_T是非空的时间点集 T 的集合；

(2) ≤是定义在 T 上的满足如下条件的二元关系：

(a) 自返性：对于所有的 $t_i \in T$，都有 $t_i \leqslant t_i$；

(b) 持续性和离散性：对于所有的 $t_i \in T$，都存在一个 $t_j \neq t_i$，使得 $t_i \leqslant t_j$，并且不存在 $t_k \in T$ 使得 $t_i \leqslant t_k$并且 $t_k \leqslant t_j$；

(c) 传递性：对于所有的 t_i，t_j，$t_k \in T$，如果 $t_i \leqslant t_j$并且 $t_j \leqslant t_k$，那么 $t_i \leqslant t_k$；

(d) 向上线性：对于所有的 t_i，t_j，$t_k \in T$，如果都有 $t_i \leqslant t_j$并且

$t_i \leq t_k$，那么或者 $t_j \leq t_k$，或者 $t_k \leq t_j$。

(3) $R_\alpha = \{R_e \mid e \in E\}$，是定义在时间点间的二元行动关系集；

(4) R_I是定义在 W_T上的满足自返性的二元关系；

(5) V 是对每一时间点上的原子命题变元的赋值函数。

在前面所定义的模型中，都只定义了可能世界中时间点之间的关系，没有涉及可能世界间的关系。定义 3.3.2 的 I_{APTL}模型给出了可能世界间的关系，这使得所涉及的可及关系变得复杂了。

定义 3.3.3　给定一个 I_{APTL}模型 M 和一个时间点 $t_i \in T$，$T \in W_T$，一个公式 φ 在 t_i中是真的，记为（M，T，t_i）$\models_{IAPTL} \varphi$，对语句 φ 的真有如下的递归定义：

(1)（M，T，t_i）$\models_{IAPTL} p$，当且仅当 $t_i \in V(p)$，$t_i \in T$；

(2)（M，T，t_i）$\models_{IAPTL} \neg\varphi$，当且仅当并非（M，T，$t_i$）$\models_{IAPTL} \varphi$；

(3)（M，T，t_i）$\models_{IAPTL} \varphi \rightarrow \psi$，当且仅当，或者没有（M，T，$t_i$）$\models_{IAPTL} \varphi$，或者有（M，T，$t_i$）$\models_{IAPTL} \psi$；

(4)（M，T，t_i）$\models_{IAPTL} X\varphi$，当且仅当，存在 $t_{i+1} \in T$，（M，T，t_{i+1}）$\models_{IAPTL} \varphi$；

(5)（M，T，t_i）$\models_{IAPTL} \varphi U \psi$，当且仅当存在 t_k使得 $t_i \leq t_k$，（M，T，t_k）$\models_{APTL} \psi$，并且对于所有的 $t_i \leq t_j < t_k$都有（M，T，t_j）$\models_{APTL} \varphi$；

(6)（M，T，t_i）$\models_{IAPTL} [\alpha]^n \varphi$，有如下的递归定义：

(a) α是原子行为 e，（M，T，t_i）$\models_{IAPTL} [e]^n \varphi$，当且仅当如果 $t_i R_\alpha t_{i+n}$，那么（M，T，t_{i+1}）$\models_{IAPTL} \varphi$；

(b) α是持续行动（α_1；α_2），（M，T，t_i）$\models_{IAPTL} [\alpha_1; \alpha_2]^{j+k} \varphi$，当且仅当（M，T，$t_i$）$\models_{IAPTL} [\alpha_1]^j([\alpha_2]^k \varphi)$；

(c) α是选择行动（$\alpha_1 \cup \alpha_2$），（M，T，t_i）$\models_{IAPTL} [\alpha_1 \cup \alpha_2]^{j/k} \varphi$，当且仅当（M，T，$t_i$）$\models_{IAPTL} [\alpha_1]^j \varphi$；并且（M，T，$t_i$）$\models_{IAPTL} [\alpha_2]^k \varphi$；

（7）（M，T，t_i）$\vDash_{IAPTL}$ Iφ，当且仅当，如果有（T，t_i）R_I（T′，t_i），T，T′∈W_T，那么有（M，T′，t_i）$\vDash_{IAPTL}$ $[\alpha]^n\varphi$；

如果存在一个可能世界中的一个时间点使得公式 φ 是真的，则称 φ 是可满足的，如果公式 φ 在所有的可能世界中的所有时间点上都是真的，则称 φ 是有效的。公式 φ 是相对于 I_{APTL} 的语义有效的，记为 M $\vDash_{IAPTL}$ φ，在不引起歧义时简记为 $\vDash_{IAPTL}$ φ。

命题 3.3.1 公式 $I\varphi \to [\alpha]^n\varphi$ 是相对于 I_{APTL} 的语义有效的：

证明：

任给（M，T）和 t_i∈T，（M，T，t_i）$\vDash_{IAPTL}$ Iφ，当且仅当，

如果有（T，t_i）R_I（T′，t_i），T，T′∈W_T，那么有（M，T′，t_i）$\vDash_{IAPTL}$ $[\alpha]^n\varphi$，

由 R_I 有自返性，则有（T，t_i）R_I（T，t_i），则有

（M，T，t_i）$\vDash_{IAPTL}$ $[\alpha]^n\varphi$，则有

如果（M，T，t_i）$\vDash_{IAPTL}$ Iφ，那么（M，T，t_i）$\vDash_{IAPTL}$ $[\alpha]^n\varphi$，则有

（M，T，t_i）$\vDash_{IAPTL}$ $I\varphi \to [\alpha]^n\varphi$。

证毕。

命题 3.3.1 表达了这样的直观思想：主体如果有一个意图 φ，那么主体如果执行为实现意图而制定的行动规划α后会实现 φ。

命题 3.3.2 公式 $\neg I(\varphi \wedge \neg\varphi)$ 是相对于 I_{APTL} 的语义有效的：

证明：易证，略。

命题 3.3.2 是说意图的无矛盾公理是成立的。但是与一般模态逻辑不同的是，公式 $I\varphi \to \neg I\neg\varphi$ 不是有效的，即 $\neg I(\varphi \wedge \neg\varphi)$ 和 $I\varphi \to \neg I\neg\varphi$ 不是等值的。即如下命题成立：

命题 3.3.3 公式 $I\varphi \to \neg I\neg\varphi$ 不是 I_{APTL} 的语义有效的。

证明：

只需要证明 $I\varphi \wedge I\neg\varphi$ 是可满足的就可以了。如果有（T，t_i）R_I（T′，t_i），假设有

（M，T′，t_i）$\vDash_{IAPTL}$ $[\alpha]^n\varphi$；并且有（M，T′，t_i）$\vDash_{IAPTL}$

$[\alpha]^{n+m}\neg\varphi$；则有

(M，T，t_i) $\models_{I_{APTL}}$ $I\varphi$，并且有 (M，T，t_i) $\models_{I_{APTL}}$ $I\neg\varphi$，则有

(M，T，t_i) $\models_{I_{APTL}}$ $I\varphi\wedge I\neg\varphi$。

证毕。

命题 3.3.3 是说在 I_{APTL} 中主体可以有矛盾的意图，这在直观上也是可以理解的，因为在不同的时间点上可能需要实现相反的命题。类似地，公式 $IX\varphi\equiv XI\varphi$ 也不是 I_{APTL} 语义有效的，其原因在于时间点上的行动关系 R_α 是不同的。这就是说，主体有意图在下一点实现 φ 和在下一点上主体有意图 φ 是不一样的。

命题 3.3.4　(1) 如果 $\models_{I_{APTL}}\varphi$，那么 $\models_{I_{APTL}}G\varphi$；

(2) 如果 $\models_{I_{APTL}}\varphi$，那么 $\models_{I_{APTL}}[\alpha]^n\varphi$；

(3) 如果 $\models_{I_{APTL}}\varphi$，那么 $\models_{I_{APTL}}I\varphi$；

(4) 如果 $\models_{I_{APTL}}G\varphi$，那么 $\models_{I_{APTL}}I\varphi$。

证明：

(1) 和 (2) 的证明略，只给出 (3) 和 (4) 的证明。

证明 (3)：如果 $\models_{I_{APTL}}\varphi$，则有任给 (M，T) 和 t_i，$t_{i+j}\in T$，都有 (M，T，t_{i+j}) $\models_{I_{APTL}}\varphi$，则由 (2) 得 $\models_{I_{APTL}}[\alpha]^n\varphi$，则有任给 (T，$t_i$) 和 (T′，$t_i$)，T，$T'\in W_T$，如果有 (T，$t_i$) R_I (T′，t_i)，那么都有 (M，T′，t_i) $\models_{I_{APTL}}[\alpha]^n\varphi$；则对于任意 $t_i\in T$，$T\in W_T$ (M，T，t_i) $\models_{I_{APTL}}I\varphi$，则 $\models_{I_{APTL}}I\varphi$。

证明 (4)：如果 $\models_{I_{APTL}}G\varphi$，则由 $F\varphi =_{df} trueU\varphi$ 和 $G\varphi =_{df}\neg F\neg\varphi$，有 $\models_{I_{APTL}}\varphi$，由证明 (3)，可得 $\models_{I_{APTL}}I\varphi$。

证毕。

三　I_{APTL}的公理系统

由前述的分析，这里给出 I_{APTL} 的公理系统。

定义 3.3.4　I_{APTL} 的公理系统由以下的公理和推理规则构成：

(1) 所有命题逻辑的重言式；

(2) $(G\varphi \wedge G(\varphi \rightarrow \psi)) \rightarrow G\psi$;

(3) $G\varphi \rightarrow \varphi \wedge XG\varphi$;

(4) $G(\varphi \rightarrow X\varphi) \rightarrow (\varphi \rightarrow G\varphi)$;

(5) $G\varphi \rightarrow GG\varphi$;

(6) $(X\varphi \wedge X(\varphi \rightarrow \psi)) \rightarrow X\psi$;

(7) $X\neg\varphi \equiv \neg X\varphi$;

(8) $X(\varphi \vee \neg\varphi)$;

(9) $\varphi U\psi \equiv \psi \vee (\varphi \wedge X(\varphi U\psi))$;

(10) $<\alpha>^n\varphi \rightarrow X^n\varphi \wedge [\alpha]^n\varphi$;

(11) $[\alpha]^n(\varphi \rightarrow \psi) \wedge [\alpha]^n\varphi \rightarrow [\alpha]^n\psi$;

(12) $[\alpha_1; \alpha_2]^{j+k}\varphi \equiv [\alpha_1]^j([\alpha_2]^k\varphi)$;

(13) $[\alpha_1 \cup \alpha_2]^{j/k}\varphi \equiv [\alpha_1]^j\varphi \wedge [\alpha_2]^k\varphi$;

(14) $I\varphi \rightarrow [\alpha]^n\varphi$;

(15) $\neg I(\varphi \wedge \neg\varphi)$;

MP 规则：从 φ 和 $(\varphi \rightarrow \psi)$，可以得到 ψ；

N 规则 1：从 φ 可以得到 $G\varphi$；

N 规则 2：从 φ 可以得到 $[\alpha]^n\varphi$；

N 规则 3：从 φ 可以得到 $I\varphi$。

如果一个公式 φ 有一个由定义 3.3.4 给出的公理和推理规则建立的证明，则称公式 φ 在 I_{APTL} 系统内可证，φ 称为 I_{APTL} 的内定理，记为 $\vdash_{IAPTL}\varphi$。

命题 3.3.5 公式 $<\alpha>^n\varphi \rightarrow \neg I\neg\varphi$ 是 I_{APTL} 的内定理。

证明：略。

这一命题的直观含义是，如果一个主体有一个意图 $\neg\varphi$，那么他就不会去做实现 φ 的事情。

命题 3.3.6 如果 $\vdash G\varphi$，那么 $\vdash I\varphi$ 是 I_{APTL} 的导出规则。

证明：略。

引理 3.3.1 所有 APTL 的有效式在 I_{APTL} 也是有效的，即有如果 $\models_{APTL}\varphi$，那么 $\models_{IAPTL}\varphi$。

证明：I_{APTL}保持了APTL的全部语义和公理，证毕。

定理3.3.2　I_{APTL}的公理化系统相对于其语义是可靠的，即有如果$\vdash_{IAPTL}\varphi$，那么$\models_{IAPTL}\varphi$。

证明：由命题3.3.1、3.3.2、3.3.3和引理3.3.1可证。

四　I_{APTL}的完全性

要证明I_{APTL}的完全性，首先要给出如下的定义和引理。

引理3.3.3　（Lindenbaum引理）任何一个一致集都可以扩张成一个极大一致集。

证明：略。

引理3.3.4　Γ是一个极大一致的公式集，任给公式φ和ψ，都有：

（1）$\varphi\in\Gamma$当且仅当$\neg\varphi\notin\Gamma$；

（2）$\varphi\rightarrow\psi\in\Gamma$，当且仅当或者$\varphi\notin\Gamma$，或者$\psi\in\Gamma$；

（3）$\varphi\wedge\psi\in\Gamma$当且仅当$\varphi\in\Gamma$并且$\psi\in\Gamma$；

（4）$\varphi\vee\psi\in\Gamma$当且仅当或者$\varphi\in\Gamma$或者$\psi\in\Gamma$；

（5）如果$G\varphi\in\Gamma$，则$\varphi\in\Gamma$、$XG\varphi\in\Gamma$并且$GG\varphi\in\Gamma$；

（6）$\neg X\varphi\in\Gamma_i$当且仅当$X\neg\varphi\in\Gamma_i$；

（7）如果$X\varphi\in\Gamma$并且$X(\varphi\rightarrow\psi)\in\Gamma$，那么$X\psi\in\Gamma$；

（8）如果$\varphi U\psi\in\Gamma$，则如果$\psi\notin\Gamma$，那么$\varphi\in\Gamma$并且$X(\varphi U\psi)\in\Gamma$；

（9）如果$<\alpha>^n\in\Gamma$，那么$[\alpha]^n\varphi\in\Gamma$，且$X^n\varphi\in\Gamma$；

（10）如果$[\alpha]^n(\varphi\rightarrow\psi)\in\Gamma$，那么或者$[\alpha]^n\varphi\notin\Gamma$，或者$[\alpha]^n\psi\in\Gamma$；

（11）$[\alpha_1;\alpha_2]^{j+k}\varphi\in\Gamma$当且仅当$[\alpha_1]^j([\alpha_2]^k\varphi)\in\Gamma$；

（12）$[\alpha_1\cup\alpha_2]^{j/k}\varphi\in\Gamma$当且仅当$[\alpha_1]^j\varphi\wedge[\alpha_2]^k\varphi\in\Gamma$；

（13）如果$I\varphi\in\Gamma$，那么$[\alpha]^n\varphi\in\Gamma$。

证明：

（1）—（10）略，（11）由公理（12）直接可得，（12）由公

理（13）直接可得，（13）由公理（14）直接可得。

要证明系统具有完全性，只需要证明与系统一致的公式 $\varphi \in \Gamma_i$ 当且仅当（M，T，t_i）$\models \varphi$。对此需要建立如下的定义和引理。

定义 3.3.5 对于任意Γ_i，$\Gamma_j \in S_{MCS}$，有

（1）Γ_i，Γ_j有 R_+关系，记为（Γ_i，Γ_j）$\in R_+$，当且仅当 $\{\varphi \mid X\varphi \in \Gamma_i\} \subseteq \Gamma_j$；

（2）Γ_i，Γ_j有 $R_<$ 关系，记为（Γ_i，Γ_j）$\in R_<$，当且仅当 $\{\varphi \mid XG\varphi \in \Gamma_i\} \subseteq \Gamma_j$；

（3）Γ_i，Γ_j有 R_α 关系，记为（Γ_i，Γ_j）$\in R_\alpha$，当且仅当 $\{\varphi \mid [\alpha]^n \varphi \in \Gamma_i\} \subseteq \Gamma_j$；

（4）Γ_i，Γ_j有 R_I 关系，记为（Γ_i，Γ_j）$\in R_I$，当且仅当 $\{[\alpha]^n \varphi \mid I\varphi \in \Gamma_i\} \subseteq \Gamma_j$。

引理 3.3.5 对于任意$\Gamma_i \in S_{MCS}$，满足（Γ_i，Γ_j）$\in R_+$的Γ_j是唯一确定的。

证明：

如果与Γ_i有 R_+关系的Γ_j不是唯一确定的，假设有Γ_j和Γ'_j，则存在一个公式 φ，使得 $\varphi \in \Gamma_j$且 $\varphi \notin \Gamma'_j$，则有$\neg\varphi \in \Gamma'_j$，则有 $X\varphi \in \Gamma_i$且 $X\neg\varphi \in \Gamma_i$，由引理 3.3.4（6），有 $X\varphi \in \Gamma_i$且$\neg X\varphi \in \Gamma_i$，这产生矛盾。

证毕。

由于Γ_j是唯一确定的，此时 $j = i+1$。

引理 3.3.6 对于任意$\Gamma_i \in S_{MCS}$，$X\varphi \in \Gamma_i$当且仅当存在Γ_j，使得（Γ_i，Γ_j）$\in R_+$，$\varphi \in \Gamma_j$。

证明：由定义 3.3.5（1）直接可得。

引理 3.3.7 对于任意$\Gamma_i \in S_{MCS}$，$XG\varphi \in \Gamma_i$当且仅当对于所有的Γ_j使得（Γ_i，Γ_j）$\in R_<$，$\varphi \in \Gamma_j$。

证明：由定义 3.3.5（2）直接可得。

引理 3.3.8 对于任意$\Gamma_i \in S_{MCS}$，$[\alpha]^n \varphi \in \Gamma_i$当且仅当对于所有的$\Gamma_{i+n}$使得（$\Gamma_i$，$\Gamma_{i+n}$）$\in R_\alpha$，$\varphi \in \Gamma_{i+n}$。

证明：由定义 3.3.5（3）直接可得。

引理 3.3.9　对于任意Γ_i，$\Gamma_j \in S_{MCS}$，如果（Γ_i，Γ_j）$\in R_+$，那么（Γ_i，Γ_j）$\in R_<$。

证明：由引理 3.3.4（5）和定义 3.3.5 得证。

引理 3.3.10　$R_<$ 是基于 R_+ 传递封闭的。即假设有一个极大一致集的序列记为$\pi = \Gamma_0$，Γ_1，Γ_2，…其中$\Gamma_i \in \pi \subseteq S_{MCS}$，$i \geqslant 0$，如果对于任意$\Gamma_i \in \pi$，都有（$\Gamma_i$，$\Gamma_{i+1}$）$\in R_+$，那么对于任意$\Gamma_i$，$\Gamma_j$，$\Gamma_k \in \pi$，如果有（$\Gamma_i$，$\Gamma_j$）$\in R_<$ 且（Γ_j，Γ_k）$\in R_<$，那么（Γ_i，Γ_k）$\in R_<$。

证明：

对于任意Γ_i，Γ_j，$\Gamma_k \in \pi$，如果有（Γ_i，Γ_j）$\in R_<$ 且（Γ_j，Γ_k）$\in R_<$，那么存在序列Γ_i，Γ_{i+1}，…Γ_j，Γ_{j+1}，…Γ_k，使得相邻的两个极大一致集都有关系 R_+，则由引理 3.3.4（5），引理 3.3.6 和定义 3.3.5 可得。

定义 3.3.6　一条路径是指满足如下条件的一个极大一致集的有序集，记为$\pi = \Gamma_0$，Γ_1，Γ_2，…其中$\Gamma_i \in \pi \subseteq S_{MCS}$，$i \geqslant 0$，每一个$\Gamma_i$称为$\pi$ 上的点：

（1）任给$\Gamma_i \in \pi$，都有$\Gamma_{i+1} \in \pi$，使得（Γ_i，Γ_{i+1}）$\in R_+$；

（2）任给$\Gamma_i \in \pi$，如果$\Gamma_j \in \pi$，那么或者有（Γ_i，Γ_j）$\in R_<$，或者有（Γ_j，Γ_i）$\in R_<$；

（3）任给$\Gamma_i \in \pi$，如果$<\alpha>^n \varphi \in \Gamma_i$，那么存在$\Gamma_{i+n} \in \pi$，$\varphi \in \Gamma_{i+n}$，使得（$\Gamma_i$，$\Gamma_{i+n}$）$\in R_\alpha$。

定义 3.3.6 是说路径π 上的点是由满足关系 R_+、$R_<$ 和 R_α 的极大一致集构造起来的，如果能够证明所定义的路径是存在的，那么就可以将路径和可能世界一一对应起来。这就是说需要证明如下引理：

引理 3.3.11　满足定义 3.3.6 的路径$\pi = \Gamma_0$，Γ_1，Γ_2，…是存在的。

证明：

首先证明满足定义 3.3.6 的条件（1）是能够满足的。由引理 3.3.4（1），对于任意一个$\Gamma_i \in \pi$，则或者$\neg X\varphi \in \Gamma_i$或者 $X\varphi \in \Gamma_i$；假设 $X\varphi \in \Gamma_i$，则由引理 3.3.4（6），$X\varphi \in \Gamma_i$当且仅当存在Γ_{i+1}，$\varphi \in \Gamma_{i+1}$，使得（Γ_i，Γ_{i+1}）$\in R_+$；假设$\neg X\varphi \in \Gamma_i$，则由引理 3.3.5，有 $X\neg\varphi \in \Gamma_i$，则由引理 3.6 存在$\Gamma_{i+1}$，$\neg\varphi \in \Gamma_{i+1}$，使得（$\Gamma_i$，$\Gamma_{i+1}$）$\in R_+$。则定义 3.3.6（1）总是能满足的。

其次证明条件（2）是能够满足的。如果$\Gamma_j \in \pi$，由条件（1），那么或者有Γ_i，Γ_{i+1}，…Γ_j，或者有Γ_j，Γ_{j+1}，…Γ_i，使得相邻两点间有 R_+关系，那么由引理 3.3.6、3.3.7 和 3.3.9，可得或者有（Γ_i，Γ_j）$\in R_<$，或者有（Γ_j，Γ_i）$\in R_<$。

最后，证明条件（3）是可满足的。由引理 3.3.8，引理 3.3.4（9）和对条件（1）的证明可证。

证毕。

由引理 3.3.11，如下的推论是成立的：

推论 3.3.12　（1）Γ_i是π 上的点，总存在Γ_{i+1}，使得（Γ_i，Γ_{i+1}）$\in R_+$；

（2）Γ_i，Γ_k，Γ_j是π 上的点，如果（Γ_i，Γ_k）$\in R_<$并且（Γ_i，Γ_j）$\in R_<$，$\Gamma_k \neq \Gamma_j$，那么或者（Γ_k，Γ_j）$\in R_<$，或者（Γ_j，Γ_k）$\in R_<$。

推论 3.3.13　任给Γ_i是π 上的点，都有

（1）$X(\varphi \vee \neg\varphi) \in \Gamma_i$；

（2）$G\varphi \rightarrow \varphi \in \Gamma_i$。

自然地，由引理 3.3.10 和这两个推论，能够得到如下引理：

引理 3.3.14　路径π 上的点之间的关系就是定义 3.3.2（2）的≤关系。

证明：由引理 3.3.10、推论 3.3.14 和 3.3.13 可得。

引理 3.3.15　Γ_i是π 上的点，公式 $\varphi U\psi \in \Gamma_i$，当且仅当或者 $\psi \in \Gamma_i$，或者存在Γ_j，（Γ_i，Γ_j）$\in R_<$使得 $\psi \in \Gamma_j$并且对于任意Γ_k，（Γ_i，Γ_k）$\in R_<$并且（Γ_k，Γ_j）$\in R_<$，都有 $\varphi \in \Gamma_k$。

证明：如果公式 $\varphi U\psi \in \Gamma_i$，由引理 3.3.4（8），或者有 $\psi \in \Gamma_i$，

或者有 $\varphi \in \Gamma_i$ 并且 X（$\varphi U \psi$）$\in \Gamma_i$。假设有 $\varphi \in \Gamma_i$ 并且 X（$\varphi U \psi$）$\in \Gamma_i$，由引理 3.3.6、3.3.7 和 3.3.4（8）可得存在 Γ_{i+1}，（Γ_i，Γ_{i+1}）$\in R_+$ 使得或者 $\psi \in \Gamma_{i+1}$，此时有 $\Gamma_{i+1} = \Gamma_j$，使得 $\psi \in \Gamma_j$ 并且对于任意 Γ_k，（Γ_i，Γ_k）$\in R_<$ 并且（Γ_k，Γ_j）$\in R_<$，都有 $\varphi \in \Gamma_k$；或者有 $\varphi \in \Gamma_{i+1}$ 并且 X（$\varphi U \psi$）$\in \Gamma_{i+1}$，此时由引理 3.3.6、3.3.7 和 3.3.4（8）可得存在 Γ_{i+2}，使得或者 $\psi \in \Gamma_{i+2}$，此时有 $\Gamma_{i+2} = \Gamma_j$，使得 $\psi \in \Gamma_j$ 并且对于任意 Γ_k，（Γ_i，Γ_k）$\in R_<$ 并且（Γ_k，Γ_j）$\in R_<$，都有 $\varphi \in \Gamma_k$；或者有 $\varphi \in \Gamma_{i+2}$ 并且 X（$\varphi U \psi$）$\in \Gamma_{i+2}$，…

依次类推，可得 Γ_i 是 π 上的点，公式 $\varphi U \psi \in \Gamma_i$，当且仅当或者 $\psi \in \Gamma_i$，或者存在 Γ_j，（Γ_i，Γ_j）$\in R_<$ 使得 $\psi \in \Gamma_j$ 并且对于任意 Γ_k，（Γ_i，Γ_k）$\in R_<$ 并且（Γ_k，Γ_j）$\in R_<$，都有 $\varphi \in \Gamma_k$。

引理 3.3.16　π 是一条路径，Γ_i 是 π 上的点，如果公式 $<\alpha>^n\varphi \in \Gamma_i$，那么存在一个点 $\Gamma_{i+n} \in \pi$，$\varphi \in \Gamma_{i+n}$，（Γ_i，Γ_{i+n}）$\in R_\alpha$。

证明：Γ_i 是 π 上的点，如果公式 $<\alpha>^n\varphi \in \Gamma_i$，由引理 3.3.4（9）则有 $X^n\varphi \in \Gamma_i$ 且 $[\alpha]^n\varphi \in \Gamma_i$，由 $X^n\varphi \in \Gamma_i$ 和引理 3.3.8，存在一个点 $\Gamma_{i+n} \in \pi$ 使得有 $\varphi \in \Gamma_{i+n}$，则由定义 3.3.5（3），有（Γ_i，Γ_{i+n}）$\in R_\alpha$。

定义 3.3.7　π 和 π' 是不同的路径，如果有 $\Gamma_i \in \pi$，$\Gamma_j \in \pi'$，使得（Γ_i，Γ_j）$\in R_I$，则称 π 和 π' 有关系 R_I，记为（π，Γ_i）R_I（π'，Γ_j）。

引理 3.3.17　π 和 π' 是不同的路径，$\Gamma_i \in \pi$，$\Gamma'_i \in \pi'$，（π，Γ_i）R_I（π'，Γ'_i）当且仅当满足条件 $\{[\alpha]^n\varphi \mid I\varphi \in \Gamma_i\} \subseteq \Gamma'_i$。

证明：由定义 3.3.7 和定义 3.3.5（4）可证。

引理 3.3.11 证明了满足关系 $\leqslant$ 的路径 π 是存在的，这使得可以将路径 π 和可能世界 T 一一对应，使得如下定义的模型恰好就是 I_{APTL} 的模型。

定义 3.3.8　一个模型 M = < W_T，$\leqslant$，R_α，R_I，V >使得：

（1）定义一个函数 F，使得 F（Γ_i）= t_i，其中 $\Gamma_i \in \pi \subseteq S_{MCS}$，$t_i \in T$，定义一个函数 G，使得 G（$\pi$）= T，T $\in W_T$；

（2）如果 Γ_i，$\Gamma_j \in \pi$，或者 $\Gamma_i = \Gamma_j$，或者有（Γ_i，Γ_j）$\in R_<$，则

有 $t_i \leqslant t_j$；

（3）如果Γ_i，$\Gamma_j \in \pi$，（Γ_i，Γ_j）$\in R_\alpha$ 则有 $t_i R_\alpha t_j$；

（4）如果有$\Gamma_i \in \pi$，$\Gamma'_i \in \pi'$，使得（π，Γ_i）R_I（π'，Γ'_i），则有（T，t_i）R_I（T′，t_i）；

（5）对每一原子命题 $p \in P$ 的真值有如下定义：$p \in \Gamma_i$，$\Gamma_i \in \pi \subseteq S_{MCS}$当且仅当 $t_i \in T$，$T \in W_T$，（T，t_i）$\in V$（p）。

直观地说，每一路径π 上的点Γ_i对应一个可能世界 T 上的时间点 t_i，路径π 上的点即极大一致公式集Γ_i是对可能世界 T 上的时间点 t_i的完全描述，路径π 上的极大一致集间的关系与时间点 t_i上的关系是相同的，都满足≤。

可以看到定义 3.3.8 所定义的模型恰好就是 I_{APTL}的模型，即有如下引理：

引理 3.3.18 模型 $M = < W_T, \leqslant, R_\alpha, R_I, V >$就是 I_{APTL}的模型。

证明：模型 $M = < W_T, \leqslant, R_\alpha, R_I, V >$的各项定义符合 I_{APTL}模型的各项定义。引理 3.3.11 证明了可能世界集 W_T是非空的，引理 3.3.14 证明了关系≤是满足的，引理 3.3.16 证明了关系 R_α 是满足的，引理 3.3.17 和引理 3.3.4（12）证明了关系 R_I是满足的。

由以上的定义和引理，可以证明如下引理成立：

引理 3.3.19 如果 $\varphi \in \Gamma_i$，那么（M，T，t_i）$\models_{I APTL} \varphi$。

证明：施归纳于公式 φ 的结构：

情况 1：φ 是一个原子命题，此时 $p \in \Gamma_i$当且仅当 $t_i \in V$（p），当且仅当（M，T，t_i）$\models_{I APTL} p$；

情况 2：φ 是$\neg\psi$，此时有$\neg\psi \in \Gamma_i$当且仅当 $\psi \notin \Gamma_i$，由归纳假设，此时没有（M，T，t_i）$\models_{I APTL} \psi$，则（M，T，t_i）$\models_{I APTL} \neg\psi$；

情况 3：φ 是 $\psi \to \chi$，此时有 $\psi \to \chi \in \Gamma_i$当且仅当或者有$\chi \in \Gamma_i$或者 $\psi \notin \Gamma_i$，由归纳假设，此时或者有（M，T，t_i）$\models_{I APTL} \chi$，或者没有（M，T，t_i）$\models_{I APTL} \psi$，即有（M，T，t_i）$\models_{I APTL} \psi \to \chi$；

情况4：φ 是 $X\psi$，则有 $X\psi\in\Gamma_i$ 当且仅当 $\psi\in\Gamma_{i+1}$，由归纳假设 $(M,T,t_{i+1})\models_{IAPTL}\psi$，则有 $(M,T,t_i)\models_{IAPTL}X\psi$；

情况5：φ 是 $G\psi$，则由引理3.3.4（5）和引理3.3.7，有 $G\psi\in\Gamma_i$ 当且仅当对于所有 $j\geqslant i$，都有 $\psi\in\Gamma_j$，由归纳假设，则有对于所有 $j\geqslant i$，都有 $(M,T,t_j)\models_{IAPTL}\psi$，则有 $(M,T,t_i)\models_{IAPTL}G\psi$；

情况6：φ 是 $\psi U\chi$，$\pi=\Gamma_0,\Gamma_1,\cdots$ 是一个路径，由引理3.3.15和归纳假设，或者有 $(M,T,t_i)\models_{IAPTL}\chi$，或者存在 j，k 有 $j>k\geqslant i$，使得 $(M,T,t_j)\models_{IAPTL}\chi$ 并且 $(M,T,t_k)\models_{IAPTL}\psi$，那么由定义3.3.3（5），$(M,T,t_i)\models_{IAPTL}\psi U\chi$。

情况7：φ 是 $<\alpha>^n\psi$，$\pi=\Gamma_0,\Gamma_1,\cdots$ 是一个路径，由引理3.3.16，则存在一个点 $\Gamma_{i+n}\in\pi$，$\psi\in\Gamma_{i+n}$，$(\Gamma_i,\Gamma_{i+n})\in R_\alpha$，此时由定义3.3.8，有 $(t_i,t_{i+n})\in R_\alpha$，且由归纳假设，有 $(M,T,t_{i+n})\models_{IAPTL}\psi$，则没有 $(M,T,t_{i+n})\models_{IAPTL}\neg\psi$，则没有 $(M,T,t_i)\models_{IAPTL}[\alpha]^n\neg\psi$，则有 $(M,T,t_i)\models_{IAPTL}\neg[\alpha]^n\neg\psi$，则有 $(M,T,t_i)\models_{IAPTL}<\alpha>^n\psi$；

情况8：φ 是 $[\alpha_1;\alpha_2]^{j+k}\psi$，由引理3.3.4（12）、命题3.3.1和归纳假设可证 $(M,T,t_i)\models_{IAPTL}[\alpha_1;\alpha_2]^{j+k}\psi$；

情况9：φ 是 $[\alpha_1\cup\alpha_2]^{j/k}\psi$，由引理3.3.4（13）、命题3.3.1和归纳假设可证 $(M,T,t_i)\models_{IAPTL}[\alpha_1\cup\alpha_2]^{j/k}\psi$；

情况10：φ 是 $I\psi$，由引理3.3.17，则有对于所有满足的 $(\pi,\Gamma_i)R_I(\pi',\Gamma_j)$ 极大一致集 $\Gamma'_i\in\pi'$，都有 $[\alpha]^n\psi\in\Gamma'_i$。此时由定义3.3.8，有 $(T,t_i)R_I(T',t_i)$；由归纳假设，有 $(M,T',t_i)\models_{IAPTL}[\alpha]^n\psi$，由定义3.3.3（7），有 $(M,T,t_i)\models_{IAPTL}I\psi$。

定理3.3.20　所有相对于 I_{APTL} 的语义有效的公式都是 I_{APTL} 的内定理，即有：如果 $\models_{IAPTL}\varphi$，则 $\vdash_{IAPTL}\varphi$。

证明：假设 $\vdash_{IAPTL}\varphi$ 不成立，则 $\{\neg\varphi\}$ 是一致的。因此，存在一个极大一致集 Γ_i，使得 $\neg\varphi\in\Gamma_i$。那么由引理3.3.19，有

(M, T, t_i) $\models_{IAPTL}\neg\varphi$，则 $\models_{IAPTL}\varphi$ 不成立。

讨论和小结

智能主体意图的基本特征如何形式化的问题是 BDI 逻辑的核心问题，也是 BDI 逻辑中的一个难点。在对意图的哲学分析中，一般都认为意图既是与时间和行动相关的，又是与知识或信念相关的。本章给出了一个关于意图的逻辑 I_{APTL}，可以在这个框架内将上述三者结合起来，这也是本文所要达到的主要目标之一。

本章所给出的逻辑 I_{APTL} 中，首先刻画了意图的基本特征：主体有一个意图，则有一个相应的行动规划以实现这个意图。公理 $I\varphi\rightarrow[\alpha]^n\varphi$ 是对这一意图基本特征的逻辑描述，它使得意图算子和动态算子能够相互作用，而动态算子和时态算子也是可以相互作用的，这样一来，这个公理将时态、动态和可能世界间的关系三个要素有机地结合起来了。

由命题 3.3.3，公式 $<\alpha>^n\varphi\rightarrow\neg I\neg\varphi$ 是 I_{APTL} 的语义有效的，它的意思是说，如果经过行动证实能够实现命题 φ，那么不会有意图¬φ。这就是说，在 I_{APTL} 中不会有盲目的意图。这显然是理性主体应该具有的一个好的性质。

由于意图的语义涉及两类不同的可及关系，这使得一些通常表达模型性质的公式在这里是无效公式。其中最有意思的是意图的 k 公理不是 I_{APTL} 的有效式。

命题 3.3.7 公式 $(I(\varphi\rightarrow\psi)\wedge I\varphi)\rightarrow I\psi$ 不是相对于 I_{APTL} 的语义有效的。

证明：只需要证明 $I(\varphi\rightarrow\psi)\wedge I\varphi\wedge\neg I\psi$ 是相对于 I_{APTL} 的语义可满足即可。

假设存在 $T'\in W_T$，有 (T, t_i) R_I (T′, t_i)，使得

(M, T, t_i) $\models_{IAPTL} I(\varphi\rightarrow\psi)\wedge I\varphi$，并且 (M, T′, t_i) $\models_{IAPTL}\neg[\alpha]^n\psi$，则有

(M, T, t_i) $\models_{IAPTL} I(\varphi\rightarrow\psi)\wedge I\varphi\wedge\neg I\psi$。

命题 3.3.7 是说，意图的后承并非都是意图，这是一个非常有意义的结果，它使我们可以避免掉一些冗余的意图。这个结果是用意图的语义定义的方式得到的，也就是说，意图的语义定义不是通常的模态算子，而是涉及时间模态算子和一般的模态算子两种因素，这也是由意图本身的复杂性所产生的结果。

由于命题 3.3.7 的结果，如下命题也是成立的：

命题 3.3.8　“如果（$\varphi \rightarrow \psi$）则可以得到 $I\varphi \rightarrow I\psi$”和“如果 ⊢（$\varphi \equiv \psi$）则可以得到 $I\varphi \equiv I\psi$”不是 I_{APTL} 中的规则。

证明：略。

由此，在 I_{APTL} 中全部解决了关于主体意图的后承问题。而且这个解决方案较之其他解决方案显得简洁而直观。这也是本章的一个积极结果。

由于意图本身是很复杂的，对意图的逻辑描述很难全面细致地表达意图本身的特征。在本章给出的逻辑中，只刻画了关于意图具有行动规划和意图有执行力的基本特征，而说明意图是已经确定的愿望这一特征还没有得到表达。同时，意图的另外一些重要性质，例如，当下意图与将来意图间的限制关系，意图的承诺、意图的修正等，都没有得到表达。

第四章　知识—意图的逻辑

第一节　知识和意图的逻辑联系

一个理性主体在形成他的意图时，会受到他的知识、信念、愿望、目的等多种因素的限制。在人工智能研究中，关于理性主体的实践推理一般需要描述主体意图、愿望和信念三者之间的关系。本章所建立的逻辑中，只描述知识与意图之间的关系。这里把知识看作是真信念，即这里不考虑主体的信念为假的情况。

主体意图的产生是受到其知识的限制的，这种限制被称为现实性。依据这种限制的强弱程度，可以分为现实性、弱现实性和强现实性。

现实性表达了主体的意图和主体拥有的知识要具有一致性的要求，即主体的知识是主体形成意图的前提条件。由于本文采用前面第三章给出的意图的语义，一个意图 φ 为真并不是在与当前点有意图关系的那个时间点上 φ 为真，而是在与当前点有意图关系的可能世界的那个时间点执行行动，执行过后在未来的一个时间点上 φ 为真，如果将“φ 会实现”理解为“将来会实现”，那么有：

如果主体知道在他执行了规划的行动序列组合［α］后 φ 会实现，那么主体就有意图 φ。这样理解的现实性可以用公式表达为：

$$L\ [\alpha]^{n}\varphi \rightarrow I\varphi$$

这里的现实性所给出的知识对意图的条件限制比［Rao,

Georgeff，1991]① 的条件限制要严格。它要求与当前世界有意图可及关系的可能世界和有知识可及关系的可能世界要有联系，并且是与实现 φ 的行动有关的知识背景相联系。当然，这种现实性的理解本身仍然显得不够细腻。因为它是说，有这样的知识就会形成这样的意图。而现实情况是，我们可能有很多关于这样的知识，但是我们不会形成这样的意图。不过这里只是给出一种表达方式，更好的表达也就会刻画得更复杂，这需要进行进一步讨论。

弱现实性是说：如果主体知道在他执行了规划的行动序列组合 [α] 后命题 φ 会实现，那么主体不会形成意图¬φ。用公式表示为：

$$L\ [\alpha]^{n}\varphi \rightarrow \neg I\neg\varphi$$

这个限制条件只是限制了主体在相应的知识背景下不会形成什么样的意图，而没有说明会产生哪些意图，因而比现实性的限制要弱。

强现实性是说，如果主体有意图 φ，那么主体知道在他执行了规划的行动序列组合 [α] 后 φ 会实现。用公式表示为：

$$I\varphi \rightarrow L\ [\alpha]^{n}\varphi$$

强现实性中，强调的是意图对知识的限制而不是知识对意图的限制，或者说相应的知识没有对意图形成限制，这显然不够直观。

当然，这里的主体知识对意图的限制性表达有着非常明显的局限性，因为这里的知识只是指与意图有关的行动序列的知识，而没有表达出与之有关的其他信息对意图形成的影响。

本文采用现实性的关于知识和意图的限制关系的理解。

---

① A. S. Rao, M. P. Georgeff, *Modeling Rational Agents Within a BDI – Architcture* [A]. Proceedings of the Second International Conference on Principles of Knowledge Representation and Reasoning [C]. San Mateo, Morgan Kaufmann Publishers, 1991, pp. 473—484.

第二节 基于时间和行动规划的知识—意图逻辑 LI_{APTL}

在上述关于知识与意图的逻辑关系分析的基础上，本节建立一个基于时间和行动规划的知识—意图逻辑 LI_{APTL}。

一 LI_{APTL}的语言和语义

首先给出基于时间和行动规划的知识—意图逻辑 LI_{APTL} 的语言和语义。

定义 4.1 给定一个原子命题集 P 和一个主体行为集 E，基于时间和行动规划的知识—意图逻辑 LI_{APTL} 的语言有如下的递归定义：

$\varphi := p \mid \neg\varphi \mid \varphi \to \psi \mid X\varphi \mid \varphi U\psi \mid [\alpha]^n\varphi \mid I\varphi \mid L\varphi$

$\alpha := e \mid (\alpha_1; \alpha_2) \mid (\alpha_1 \cup \alpha_2)$

其中，$p \in P$，$\alpha \in E$，α是主体的行为；$L\varphi$ 表示主体知道 φ；其他公式的解释如前。

定义 4.2 基于时间和行动规划的知识—意图逻辑 LI_{APTL} 的模型是一个多元组 $M = \langle W_T, \leqslant, R_\alpha, R_I, R_L, V \rangle$；其中：

（1）W_T是一个非空的时间点集 T 的集合；

（2）$\leqslant$是定义在 T 上的满足如下条件的二元关系：

（a）自返性：对于所有的 $t_i \in T$，都有 $t_i \leqslant t_i$；

（b）持续性和离散性：对于所有的 $t_i \in T$，都存在一个 $t_j \neq t_i$ 使得 $t_i \leqslant t_j$，并且不存在 $t_k \in T$ 使得 $t_i \leqslant t_k$ 并且 $t_k \leqslant t_j$；

（c）传递性：对于所有的 t_i，t_j，$t_k \in T$，如果 $t_i \leqslant t_j$ 并且 $t_j \leqslant t_k$，那么 $t_i \leqslant t_k$；

（d）向上线性：对于所有的 t_i，t_j，$t_k \in T$，如果都有 $t_i \leqslant t_j$ 并且 $t_i \leqslant t_k$，那么或者 $t_j \leqslant t_k$，或者 $t_k \leqslant t_j$。

（3）$R_\alpha = \{ R_e \mid e \in E \}$，是定义在时间点间的二元行动关

系集；

（4）R_I是定义在可能世界集 W_T上的满足自返性的二元关系；

（5）R_L是定义在可能世界集 W_T上的满足自返性、传递性和对称性的二元关系；

（6）给定一个 $T \in W_T$，$t_i \in T$，任给 $T' \in W_T$，$t_i \in T'$，如果有（T，t_i）R_I（T′，t_i），那么有（T，t_i）R_L（T′，t_i）；

（7）V 是对每一时间点上的原子命题变元的赋值函数。

定义 4.2（6）的意思是说，和当前世界有 R_I关系的可能世界是与当前世界有 R_L关系的可能世界的一部分。因此，只要是与当前世界有 R_I关系的可能世界，一定是与当前世界有 R_L关系的可能世界。这个限制表达了两类可能世界间的相互联系。有了这个限制，可以表达主体的意图是受其认知背景限制这一思想。

定义 4.3　给定一个 LI_{APTL}模型 M 和一个时间点 $t_i \in T$，$T \in W_T$，一个公式 φ 在 t_i中是真的，记为（M，T，t_i）$\vDash_{LIAPTL} \varphi$，对语句 φ 的真有如下的递归定义：

（1）（M，T，t_i）$\vDash_{LIAPTL} p$，当且仅当 $t_i \in V(p)$，$t_i \in T$；

（2）（M，T，t_i）$\vDash_{LIAPTL} \neg\varphi$，当且仅当并非（M，T，$t_i$）$\vDash_{LIAPTL} \varphi$；

（3）（M，T，t_i）$\vDash_{LIAPTL} \varphi \to \psi$，当且仅当或者并非（M，T，$t_i$）$\vDash_{LIAPTL} \varphi$，或者（M，T，$t_i$）$\vDash_{LIAPTL} \psi$；

（4）（M，T，t_i）$\vDash_{LIAPTL} X\varphi$，当且仅当，存在 $t_{i+1} \in T$ 使得（M，T，t_{i+1}）$\vDash_{LIAPTL} \varphi$；

（5）（M，T，t_i）$\vDash_{LIAPTL} \varphi U \psi$，当且仅当存在 t_k使得 $t_i \leqslant t_k$，（M，T，t_k）$\vDash_{LIAPTL} \psi$，并且对于所有的 $t_i \leqslant t_j < t_k$都有（M，T，t_j）$\vDash_{LIAPTL} \varphi$；

（6）（M，T，t_i）$\vDash_{LIAPTL} [\alpha]^n \varphi$，有如下的递归定义：

（a）α是原子行为 e，（M，T，t_i）$\vDash_{LIAPTL} [e]^n \varphi$，当且仅当如果 $t_i R_\alpha t_{i+n}$，那么（M，T，t_{i+1}）$\vDash_{LIAPTL} \varphi$；

（b）α是持续行动（α_1；α_2），（M，T，t_i）$\vDash_{LIAPTL}$ [α_1；

$\alpha_2]^{j+k}\varphi$，当且仅当（M，T，t_i）$\vDash_{LIAPTL}$ $[\alpha_1]^j$（$[\alpha_2]^k\varphi$）；

（c）α是选择行动（$\alpha_1 \cup \alpha_2$），（M，T，t_i）$\vDash_{LIAPTL}$ $[\alpha_1 \cup \alpha_2]^{j/k}\varphi$，当且仅当（M，T，$t_i$）$\vDash_{LIAPTL}$ $[\alpha_1]^j\varphi$；并且（M，T，t_i）$\vDash_{LIAPTL}$ $[\alpha_2]^k\varphi$；

（7）（M，T，t_i）$\vDash_{LIAPTL}$ Iφ，当且仅当如果（T，t_i）R_I（T′，t_i），T′∈W_T，那么（M，T′，t_i）$\vDash_{LIAPTL}$ $[\alpha]^n\varphi$；

（8）（M，T，t_i）$\vDash_{LIAPTL}$ Lφ，当且仅当如果（T，t_i）R_L（T′，t_i），T′∈W_T，那么（M，T′，t_i）$\vDash_{LIAPTL}$φ；

如果存在一个可能世界中的一个时间点 t_i 使得公式 φ 是真的，则称 φ 是可满足的，如果公式 φ 在所有的可能世界中的所有时间点上都是真的，则称 φ 是有效的。φ 是相对于 LI_{APTL} 的语义有效的，记为 M $\vDash_{LIAPTL}$φ，在不引起歧义时简记为 $\vDash_{LIAPTL}$φ。

命题 4.1 下列公式是相对于 LI_{APTL} 的语义有效的：

（1）L（φ → ψ）∧Lφ → Lψ；

（2）Lφ → ¬L ¬φ；

（3）Lφ → LLφ；

（4）¬Lφ → L ¬Lφ；

（5）Lφ → φ。

证明：易证，略。

命题 4.1 是说表达知识的几个性质的公式都是知识—意图逻辑的有效式，这就是说 LI_{APTL} 保持了基本认知逻辑的全部语义。

命题 4.2 公式 L（$[\alpha]^n\varphi$）→Iφ 是相对于 LI_{APTL} 的语义有效的：

证明：用反证法，任给（M，T）和 t_i∈T，

如果没有（M，T，t_i）$\vDash_{LIAPTL}$ Iφ，则

存在一个 T′∈W_T 使得有（T，t_i）R_I（T′，t_i），且没有（M，T′，t_i）$\vDash_{LIAPTL}$ $[\alpha]^n\varphi$；则

由定义 4.2（6），有（T，t_i）R_L（T′，t_i）且没有（M，T′，t_i）$\vDash_{LIAPTL}$ $[\alpha]^n\varphi$；则

没有（如果（T，t_i）R_L（T′，t_i），那么（M，T′，t_i）$\vDash_{LIAPTL}$［α］^{n}φ）；则

没有（M，T′，t_i）$\vDash_{LIAPTL}$ L（［α］^{n}φ）。

公式 L（［α］^{n}φ）→Iφ 表达知识对意图的现实性限制条件。命题 4.2 是说，表达知识对意图的现实性限制条件的公式是相对于 LI_{APTL}的语义有效的。

命题 4.3 （1）如果 $\vDash_{LIAPTL}$φ，那么 $\vDash_{LIAPTL}$ Gφ；

（2）如果 $\vDash_{LIAPTL}$φ，那么 $\vDash_{LIAPTL}$［α］^{n}φ；

（3）如果 $\vDash_{LIAPTL}$φ，那么 $\vDash_{LIAPTL}$ Iφ；

（4）如果 $\vDash_{LIAPTL}$φ，那么 $\vDash_{LIAPTL}$ Lφ。

证明：证明（1）、（2）、（3）略，只证明（4），

如果 $\vDash_{LIAPTL}$φ，则对于所有的可能世界 T′和时间点 t_i∈T′，都有（M，T′，t_i）$\vDash_{LIAPTL}$φ，则

任给 T∈W_T和时间点 t_i∈T，如果（T，t_i）R_L（T′，t_i），那么（M，T′，t_i）$\vDash_{LIAPTL}$ φ；则

任给 T∈W_T和时间点 t_i∈T，（M，T，t_i）$\vDash_{LIAPTL}$ Lφ；则

$\vDash_{LIAPTL}$ Lφ。

需要注意的是，由于这里定义的 R_L关系实际上是对应到每一个可能世界的每一个时间点上的，因此，随着时间点的变化，其可及关系也随之发生了变化，即主体的知识在时间上具有动态性质。这使得一些看起来合乎直观的公式并不是相对于语义有效的，例如：

$$LX\varphi \rightarrow XL\varphi;$$

这个公式是说，如果知道下一点上有命题 φ，那么在下一点上会知道有命题 φ。但是由于在当前点和下一点的关系 R_L不保证是相同的，即有（T，t_i）R_L（T′，t_i）并不能保证有（T，t_{i+1}）R_L（T′，t_{i+1}），因此 LXφ → XLφ 在 LI_{APTL}中是无效的公式。要使得公式 LXφ → XLφ 在 LI_{APTL}中有效就必须加入新的限制条件。

这个公式所描述的性质对于人工智能机器来说是一个好的性质，它表示该智能机器接收到的信息越来越多，而且不会遗忘。但是对于现实人主体来说，这个性质并不适合，因为现实人主体总是会遗忘的。例如，昨天知道的关于今天的信息，今天或许已经遗忘，不知道了。

二　LI_{APTL}的公理系统

本节给出基于时间和行动规划的知识—意图逻辑 LI_{APTL} 的公理系统。

定义 4.4　LI_{APTL}的公理系统由以下的公理和推理规则构成：

(1) 所有命题逻辑的重言式；

(2) $(G\varphi \wedge G(\varphi \to \psi)) \to G\psi$；

(3) $G\varphi \to \varphi \wedge XG\varphi$；

(4) $G(\varphi \to X\varphi) \to (\varphi \to G\varphi)$；

(5) $G\varphi \to GG\varphi$；

(6) $(X\varphi \wedge X(\varphi \to \psi)) \to X\psi$；

(7) $X\neg\varphi \equiv \neg X\varphi$；

(8) $X(\varphi \vee \neg\varphi)$；

(9) $\varphi U\psi \equiv \psi \vee (\varphi \wedge X(\varphi U\psi))$；

(10) $<\alpha>^n\varphi \to X^n\varphi$；

(11) $[\alpha]^n(\varphi \to \psi) \wedge [\alpha]^n\varphi \to [\alpha]^n\psi$；

(12) $<\alpha>^n\varphi \to [\alpha]^n\varphi$；

(13) $[\alpha_1; \alpha_2]^{j+k}\varphi \equiv [\alpha_1]^j([\alpha_2]^k\varphi)$；

(14) $[\alpha_1 \cup \alpha_2]^{j/k}\varphi \equiv [\alpha_1]^j\varphi \wedge [\alpha_2]^k\varphi$；

(15) $I\varphi \to [\alpha]^n\varphi$；

(16) $\neg I(\varphi \wedge \neg\varphi)$；

(17) $L(\varphi \to \psi) \wedge L\varphi \to L\psi$；

(18) $L\varphi \to \neg L\neg\varphi$；

(19) $L\varphi \to LL\varphi$；

（20）$\neg L\varphi \rightarrow L\neg L\varphi$；

（21）$L\varphi \rightarrow \varphi$；

（22）$L[\alpha]^n\varphi \rightarrow I\varphi$；

MP 规则：从 φ 和（φ→ψ），可以得到 ψ；

N 规则 1：从 φ 可以得到 Gφ；

N 规则 2：从 φ 可以得到 $[\alpha]^n\varphi$；

N 规则 3：从 φ 可以得到 Iφ；

N 规则 4：从 φ 可以得到 Lφ。

命题 4.4　下列公式是 LI_{APTL} 的内定理：

（1）$LG\neg\varphi \rightarrow \neg I\varphi$；

（2）$L[\alpha]^n\varphi \equiv LX^n\varphi$；

（3）$<\alpha>^n L\varphi \rightarrow <\alpha>^n I\varphi$。

证明：略。

引理 4.1　所有 I_{APTL} 中的有效式在 LI_{APTL} 中都是有效的，既有如果 $\models_{IAPTL}\varphi$，那么 $\models_{LIAPTL}\varphi$。

证明：LI_{APTL} 保持了 I_{APTL} 的全部语义。

定理 4.2　基于时间和行动规划的知识—意图逻辑 LI_{APTL} 的公理系统相对于其语义是可靠的，即有：如果 $\vdash_{LIAPTL}\varphi$，那么 $\models_{LIAPTL}\varphi$。

证明：由命题 4.1、4.2、4.3 以及引理 4.1 可证，略。

本节证明基于时间和行动规划的知识—意图逻辑 LI_{APTL} 的完全性，首先给出如下的定义和引理。

引理 4.3　（Lindenbaum 引理）任何一个一致集都可以扩张成一个极大一致集。

证明：略。

引理 4.4　Γ是一个极大一致的公式集，任给公式 φ 和 ψ，都有：

（1）$\varphi \in \Gamma$ 当且仅当 $\neg\varphi \notin \Gamma$；

（2）$\varphi \rightarrow \psi \in \Gamma$，当且仅当或者 $\varphi \notin \Gamma$，或者 $\psi \in \Gamma$；

（3）$\varphi \wedge \psi \in \Gamma$ 当且仅当 $\varphi \in \Gamma$ 并且 $\psi \in \Gamma$；

(4) $\varphi \vee \psi \in \Gamma$当且仅当或者 $\varphi \in \Gamma$或者 $\psi \in \Gamma$;

(5) 如果 $G\varphi \in \Gamma$, 则 $\varphi \in \Gamma$、$XG\varphi \in \Gamma$并且 $GG\varphi \in \Gamma$;

(6) $\neg X\varphi \in \Gamma_i$当且仅当 $X \neg \varphi \in \Gamma_i$;

(7) 如果 $X\varphi \in \Gamma$并且 $X(\varphi \rightarrow \psi) \in \Gamma$, 那么 $X\psi \in \Gamma$;

(8) 如果 $\varphi U\psi \in \Gamma$, 则如果 $\psi \notin \Gamma$, 那么 $\varphi \in \Gamma$并且 $X(\varphi U\psi) \in \Gamma$;

(9) 如果 $<\alpha>^n \in \Gamma$, 那么 $[\alpha]^n\varphi \in \Gamma$, 且 $X^n\varphi \in \Gamma$;

(10) 如果 $[\alpha]^n(\varphi \rightarrow \psi) \in \Gamma$, 那么或者 $[\alpha]^n\varphi \notin \Gamma$, 或者 $[\alpha]^n\psi \in \Gamma$;

(11) $[\alpha_1; \alpha_2]^{j+k}\varphi \in \Gamma$当且仅当 $[\alpha_1]^j([\alpha_2]^k\varphi) \in \Gamma$;

(12) $[\alpha_1 \cup \alpha_2]^{j/k}\varphi \in \Gamma$当且仅当 $[\alpha_1]^j\varphi \wedge [\alpha_2]^k\varphi \in \Gamma$;

(13) 如果 $L(\varphi \rightarrow \psi) \in \Gamma$并且 $L\varphi \in \Gamma$, 那么 $L\psi \in \Gamma$;

(14) 如果 $L\varphi \in \Gamma$, 那么 $\varphi \in \Gamma$;

(15) 如果 $L\varphi \in \Gamma$, 那么 $LL\varphi \in \Gamma$;

(16) 如果 $L \neg \varphi \in \Gamma$, 那么 $L \neg L\varphi \in \Gamma$;

(17) 如果 $L[\alpha]^n\varphi \in \Gamma$, 那么 $I\varphi \in \Gamma$;

(18) 如果 $I\varphi \in \Gamma$, 那么 $[\alpha]^n\varphi \in \Gamma$。

证明:(1)—(12)略,(13)由公理(16)直接可得;公理(14)由公理(17)直接可得;公理(15)由公理(18)直接可得;公理(16)由公理(19)直接可得;公理(17)由公理(22)直接可得;公理(18)由公理(15)直接可得。

要证明系统具有完全性,只需要证明与系统一致的公式 $\varphi \in \Gamma_i$ 当且仅当 $(M, T, t_i) \models \varphi$。对此需要建立如下的定义和引理。

定义 4.5 对于任意Γ_i, $\Gamma_j \in S_{MCS}$, 有

(1) Γ_i, Γ_j有 R_+关系, 记为 $(\Gamma_i, \Gamma_j) \in R_+$, 当且仅当 $\{\varphi \mid X\varphi \in \Gamma_i\} \subseteq \Gamma_j$;

(2) Γ_i, Γ_j有 $R_<$关系, 记为 $(\Gamma_i, \Gamma_j) \in R_<$, 当且仅当 $\{\varphi \mid XG\varphi \in \Gamma_i\} \subseteq \Gamma_j$;

(3) Γ_i, Γ_j有 R_α 关系, 记为 $(\Gamma_i, \Gamma_j) \in R_\alpha$, 当且仅当

$\{\varphi \mid [\alpha]^n\varphi \in \Gamma_i\} \subseteq \Gamma_j$；

（4）Γ_i，Γ_j有 R_I 关系，记为（Γ_i，Γ_j）$\in R_I$，当且仅当 $\{[\alpha]^n\varphi \mid I\varphi \in \Gamma_i\} \subseteq \Gamma_j$；

（5）Γ_i，Γ_j有 R_L 关系，记为（Γ_i，Γ_j）$\in R_L$，当且仅当 $\{\varphi \mid L\varphi \in \Gamma_i\} \subseteq \Gamma_j$。

引理 4.6　对于任意$\Gamma_i \in S_{MCS}$，满足（Γ_i，Γ_j）$\in R_+$的Γ_j是唯一确定的。

证明：如果与Γ_i有 R_+ 关系的Γ_j不是唯一确定的，假设有Γ_j和Γ'_j，则存在一个公式 φ，使得 $\varphi \in \Gamma_j$且 $\varphi \notin \Gamma'_j$，则有$\neg\varphi \in \Gamma'_j$，则有 $X\varphi \in \Gamma_i$且 $X\neg\varphi \in \Gamma_i$，由引理 4.5（6），有 $X\varphi \in \Gamma_i$且$\neg X\varphi \in \Gamma_i$，这产生矛盾。

由于Γ_j是唯一确定的，此时 $j = i+1$。

引理 4.7　对于任意$\Gamma_i \in S_{MCS}$，$X\varphi \in \Gamma_i$当且仅当存在Γ_j，使得（Γ_i，Γ_j）$\in R_+$，$\varphi \in \Gamma_j$。

证明：由定义 4.5（1）直接可得。

引理 4.8　对于任意$\Gamma_i \in S_{MCS}$，$XG\varphi \in \Gamma_i$当且仅当对于所有的Γ_j使得（Γ_i，Γ_j）$\in R_<$，$\varphi \in \Gamma_j$。

证明：由定义 4.5（2）直接可得。

引理 4.9　对于任意$\Gamma_i \in S_{MCS}$，$[\alpha]^n\varphi \in \Gamma_i$当且仅当对于所有的$\Gamma_{i+n}$使得（$\Gamma_i$，$\Gamma_{i+n}$）$\in R_\alpha$，$\varphi \in \Gamma_{i+n}$。

证明：由定义 4.5（3）直接可得。

引理 4.10　对于任意Γ_i，$\Gamma_j \in S_{MCS}$，如果（Γ_i，Γ_j）$\in R_+$，那么（Γ_i，Γ_j）$\in R_<$。

证明：由引理 4.4（5）和定义 4.5 得证。

引理 4.11　$R_<$是基于 R_+传递封闭的。即假设有一个极大一致集的序列记为$\pi = \Gamma_0$，Γ_1，Γ_2，…其中$\Gamma_i \in \pi \subseteq S_{MCS}$，$i \geqslant 0$，如果对于任意$\Gamma_i \in \pi$，都有（$\Gamma_i$，$\Gamma_{i+1}$）$\in R_+$，那么对于任意$\Gamma_i$，$\Gamma_j$，$\Gamma_k \in \pi$，如果有（$\Gamma_i$，$\Gamma_j$）$\in R_<$ 且（Γ_j，Γ_k）$\in R_<$，那么（Γ_i，Γ_k）$\in R_<$。

证明：对于任意Γ_i，Γ_j，$\Gamma_k \in \pi$，如果有（Γ_i，Γ_j）$\in R_<$ 且

$(\Gamma_j,\ \Gamma_k)\in R_<$，那么存在序列$\Gamma_i$，$\Gamma_{i+1}$，$\cdots\Gamma_j$，$\Gamma_{j+1}$，$\cdots\Gamma_k$，使得相邻的两个极大一致集都有关系 R_+，则由引理 4.4（5），引理 4.7 和定义 4.5 可得。

定义 4.6　一条路径是指满足如下条件的一个极大一致集的有序集，记为$\pi=\Gamma_0$，Γ_1，Γ_2，$\cdots$其中$\Gamma_i\in\pi\subseteq S_{MCS}$，$i\geqslant 0$，每一个$\Gamma_i$称为$\pi$ 上的点：

（1）任给$\Gamma_i\in\pi$，都有$\Gamma_{i+1}\in\pi$，使得$(\Gamma_i,\ \Gamma_{i+1})\in R_+$；

（2）任给$\Gamma_i\in\pi$，如果$\Gamma_j\in\pi$，那么或者有$(\Gamma_i,\ \Gamma_j)\in R_<$，或者有$(\Gamma_j,\ \Gamma_i)\in R_<$；

（3）任给$\Gamma_i\in\pi$，如果$<\alpha>^n\varphi\in\Gamma_i$，那么存在$\Gamma_{i+n}\in\pi$，$\varphi\in\Gamma_{i+n}$，使得$(\Gamma_i,\ \Gamma_{i+n})\in R_\alpha$。

定义 4.6 是说路径π 上的点是由满足 R_+、$R_<$ 和 R_α 的极大一致集构造起来的，如果能够证明所定义的路径是存在的，那么就可以将路径和可能世界对应起来。这就是说需要证明如下引理：

引理 4.12　满足定义 4.6 的路径$\pi=\Gamma_0$，Γ_1，Γ_2，$\cdots$是存在的。

证明：首先，证明满足定义 4.6 的条件（1）是能够满足的。由引理 4.4（1），对于任意一个$\Gamma_i\in\pi$，则或者$\neg X\varphi\in\Gamma_i$或者$X\varphi\in\Gamma_i$；假设$X\varphi\in\Gamma_i$，则由引理 4.7，$X\varphi\in\Gamma_i$当且仅当存在Γ_{i+1}，$\varphi\in\Gamma_{i+1}$，使得$(\Gamma_i,\ \Gamma_{i+1})\in R_+$；假设$\neg X\varphi\in\Gamma_i$，则由引理 4.6，有$X\neg\varphi\in\Gamma_i$，则由引理 4.7 存在$\Gamma_{i+1}$，$\neg\varphi\in\Gamma_{i+1}$，使得$(\Gamma_i,\ \Gamma_{i+1})\in R_+$。则定义 4.6（1）总是能满足的。

其次，证明条件（2）是能够满足的。如果$\Gamma_j\in\pi$，由条件（1），那么或者有Γ_i，Γ_{i+1}，$\cdots\Gamma_j$，或者有Γ_j，Γ_{j+1}，$\cdots\Gamma_i$，使得相邻两点间有 R_+ 关系，那么由引理 4.7、4.8 和 4.10，可得或者有$(\Gamma_i,\Gamma_j)\in R_<$，或者有$(\Gamma_j,\ \Gamma_i)\in R_<$。

最后，证明条件（3）是可满足的。由引理 4.9，引理 4.4（9）和条件（1）的证明可证。

由引理 4.12，如下的推论是成立的：

推论 4.13　（1）Γ_i是π上的点，总存在Γ_{i+1}，使得（Γ_i，Γ_{i+1}）$\in R_+$；

（2）Γ_i，Γ_k，Γ_j是π上的点，如果（Γ_i，Γ_k）$\in R_<$并且（Γ_i，Γ_j）$\in R_<$，$\Gamma_k \neq \Gamma_j$，那么或者（Γ_k，Γ_j）$\in R_<$，或者（Γ_j，Γ_k）$\in R_<$。

推论 4.14　任给Γ_i是π上的点，都有

（1）X（$\varphi \vee \neg\varphi$）$\in \Gamma_i$；

（2）$G\varphi \rightarrow \varphi \in \Gamma_i$。

自然地，由引理 4.11 和这两个推论，能够得到如下引理：

引理 4.15　路径π上的点之间的关系是定义 4.2（2）的关系≤。

证明：由引理 4.11、推论 4.12 和 4.14 可得。

引理 4.16　Γ_i是π上的点，公式$\varphi U\psi \in \Gamma_i$，当且仅当或者$\psi \in \Gamma_i$，或者存在$\Gamma_j$，（$\Gamma_i$，$\Gamma_j$）$\in R_<$使得$\psi \in \Gamma_j$并且对于任意$\Gamma_k$，（$\Gamma_i$，$\Gamma_k$）$\in R_<$并且（$\Gamma_k$，$\Gamma_j$）$\in R_<$，都有$\varphi \in \Gamma_k$。

证明：如果公式$\varphi U\psi \in \Gamma_i$，由引理 4.4（8），或者有$\psi \in \Gamma_i$，或者有$\varphi \in \Gamma_i$并且 X（$\varphi U\psi$）$\in \Gamma_i$。假设有$\varphi \in \Gamma_i$并且 X（$\varphi U\psi$）$\in \Gamma_i$，由引理 4.7、4.8 和 4.4（8）可得存在Γ_{i+1}，（Γ_i，Γ_{i+1}）$\in R_+$使得或者$\psi \in \Gamma_{i+1}$，此时有$\Gamma_{i+1} = \Gamma_j$，使得$\psi \in \Gamma_j$并且对于任意Γ_k，（Γ_i，Γ_k）$\in R_<$并且（Γ_k，Γ_j）$\in R_<$，都有$\varphi \in \Gamma_k$；或者有$\varphi \in \Gamma_{i+1}$并且 X（$\varphi U\psi$）$\in \Gamma_{i+1}$，此时由引理 4.7、4.8 和 4.4（8）可得存在Γ_{i+2}，使得或者$\psi \in \Gamma_{i+2}$，此时有$\Gamma_{i+2} = \Gamma_j$，使得$\psi \in \Gamma_j$并且对于任意Γ_k，（Γ_i，Γ_k）$\in R_<$并且（Γ_k，Γ_j）$\in R_<$，都有$\varphi \in \Gamma_k$；或者此时$\varphi \in \Gamma_{i+2}$且 X（$\varphi U\psi$）$\in \Gamma_{i+2}$，……

依次类推，可得Γ_i是π上的点，公式$\varphi U\psi \in \Gamma_i$，当且仅当或者$\psi \in \Gamma_i$，或者存在$\Gamma_j$，（$\Gamma_i$，$\Gamma_j$）$\in R_<$使得$\psi \in \Gamma_j$并且对于任意$\Gamma_k$，（$\Gamma_i$，$\Gamma_k$）$\in R_<$并且（$\Gamma_k$，$\Gamma_j$）$\in R_<$，都有$\varphi \in \Gamma_k$。

引理 4.17　π是一条路径，Γ_i是π上的点，如果公式$<\alpha>^n\varphi \in \Gamma_i$，那么存在一个点$\Gamma_{i+n} \in \pi$，$\varphi \in \Gamma_{i+n}$，（$\Gamma_i$，$\Gamma_{i+n}$）$\in R_\alpha$。

证明：Γ_i是π上的点，如果公式$<\alpha>^n\varphi\in\Gamma_i$，由引理4.4（9）则有$X^n\varphi\in\Gamma_i$且$[\alpha]^n\varphi\in\Gamma_i$，由$X^n\varphi\in\Gamma_i$和引理4.9，存在一个点$\Gamma_{i+n}\in\pi$使得有$\varphi\in\Gamma_{i+n}$，则由定义4.5（3），有$(\Gamma_i,\Gamma_{i+n})\in R_\alpha$。

定义4.7 π和π'是不同的路径，如果有$\Gamma_i\in\pi$，$\Gamma_j\in\pi'$，使得$(\Gamma_i,\Gamma_j)\in R_I$，则称$\pi$和$\pi'$有关系$R_I$，记为$(\pi,\Gamma_i)R_I(\pi',\Gamma_j)$。

引理4.18 π和π'是不同的路径，$\Gamma_i\in\pi$，$\Gamma'_i\in\pi'$，$(\pi,\Gamma_i)R_I(\pi',\Gamma'_i)$当且仅当满足条件$\{[\alpha]^n\varphi\mid I\varphi\in\Gamma_i\}\subseteq\Gamma'_i$。

证明：由定义4.7和定义4.5（4）可证。

定义4.8 π和π'是不同的路径，如果有$\Gamma_i\in\pi$，$\Gamma_j\in\pi'$，使得$(\Gamma_i,\Gamma_j)\in R_L$，则称$\pi$和$\pi'$有关系$R_L$，记为$(\pi,\Gamma_i)R_L(\pi',\Gamma_j)$。

引理4.19 π和π'是不同的路径，$\Gamma_i\in\pi$，$\Gamma'_i\in\pi'$，$(\pi,\Gamma_i)R_L(\pi',\Gamma'_i)$当且仅当满足条件$\{\varphi\mid L\varphi\in\Gamma_i\}\subseteq\Gamma'_i$。

证明：由定义4.5（5）和定义4.8可得。

引理4.20 π和π'是不同的路径，如果$\Gamma_i\in\pi$，$\Gamma_j\in\pi'$，使得如果Γ_i，Γ_j有R_I关系，那么Γ_i，Γ_j有R_L关系。

证明：π和π'是不同的路径，$\Gamma_i\in\pi$，$\Gamma_j\in\pi'$，假设Γ_i，Γ_j有R_I关系，但是没有R_L关系，则有

（1）由Γ_i，Γ_j有R_I关系，则有如果$I\varphi\in\Gamma_i$，那么有$[\alpha]^n\varphi\in\Gamma_j$；

（2）Γ_i，Γ_j没有R_L关系，则有$L([\alpha]^n\varphi)\in\Gamma_i$但$[\alpha]^n\varphi\notin\Gamma_j$；

由（1）（2），假设不成立，原命题得证。

引理4.12证明了满足线序关系的路径π是存在的，这使得可以将π和可能世界T一一对应，使得如下定义的模型恰好就是LI_{APTL}的模型。

定义4.9 一个模型$M=<W_T,\leqslant,R_\alpha,R_I,R_L,V>$使得：

（1）定义一个函数F，使得$F(\Gamma_i)=t_i$，其中$\Gamma_i\in\pi\subseteq S_{MCS}$，$t_i\in T$,定义一个函数G，使得$G(\pi)=T$，$T\in W_T$；

（2）如果Γ_i，$\Gamma_j\in\pi$，或者$\Gamma_i=\Gamma_j$，或者有$(\Gamma_i,\Gamma_j)\in R_<$，则有$t_i\leqslant t_j$；

（3）如果Γ_i，$\Gamma_j \in \pi$，（Γ_i，Γ_j）$\in R_\alpha$ 则有 $t_i R_\alpha t_j$；

（4）如果有$\Gamma_i \in \pi$，$\Gamma'_i \in \pi'$，使得（π，Γ_i）R_I（π'，Γ'_i），则有（T，t_i）R_I（T′，t_i）；

（5）如果有$\Gamma_i \in \pi$，$\Gamma'_i \in \pi'$，使得（π，Γ_i）R_L（π'，Γ'_i），则有（T，t_i）R_L（T′，t_i）；

（6）对每一原子命题 $p \in P$ 的真值有如下定义：$p \in \Gamma_i$，$\Gamma_i \in \pi \subseteq S_{MCS}$当且仅当 $t_i \in T$，$T \in W_T$，（T，t_i）$\in V$（p）。

直观地说，每一π 上的点Γ_i对应一个 T 上的时间点 t_i，极大一致公式集Γ_i是对可能世界 T 上的时间点 t_i的完全描述，路径π 上的极大一致集间的关系与时间点 t_i上的关系是相同的，都满足$\leqslant$关系。可以看到定义 4.9 所定义的模型恰好就是 LI_{APTL}的模型，即有如下引理：

引理 4.21　模型 $M = < W_T, \leqslant, R_\alpha, R_I, R_L, V >$就是$LI_{APTL}$的模型。

证明：模型 $M = < W_T, \leqslant, R_\alpha, R_I, R_L, V >$的各项定义符合 LI_{APTL}模型的各项定义。引理 4.12 证明了可能世界集 W_T是非空的，引理 4.15 证明了关系$\leqslant$是满足的，引理 4.17 证明了关系 R_α 是满足的，引理 4.4（18）和引理 4.18 证明了关系 R_I是满足的，引理 4.4（14）和引理 4.19 证明了关系 R_L是满足的，引理 4.20 和定义 4.9 证明了定义 4.2（6）的条件是满足的。

由以上的定义和引理，可以证明如下引理成立：

引理 4.22　如果 $\varphi \in \Gamma_i$，那么（M，T，t_i）$\models_{LI\,APTL} \varphi$。

证明：施归纳于公式 φ 的结构：

情况 1：φ 是一个原子命题，此时由定义 4.9（6），$p \in \Gamma_i$当且仅当 $t_i \in V$（p），当且仅当（M，T，t_i）$\models_{LI\,APTL} p$；

情况 2：φ 是$\neg\psi$，此时有$\neg\psi \in \Gamma_i$当且仅当 $\psi \notin \Gamma_i$，由归纳假设，此时没有（M，T，t_i）$\models_{LI\,APTL} \psi$，则（M，T，t_i）$\models_{LI\,APTL} \neg\psi$；

情况 3：φ 是 $\psi \rightarrow \chi$，此时有 $\psi \rightarrow \chi \in \Gamma_i$当且仅当或者有$\chi \in \Gamma_i$，或者 $\psi \notin \Gamma_i$，由归纳假设，此时或者有（M，T，t_i）$\models_{LI\,APTL} \chi$，或

者没有（M，T，t_i）$\models_{LI APTL}\psi$，即有（M，T，t_i）$\models_{LI APTL}\psi\rightarrow\chi$；

情况4：φ是Xψ，则有$X\psi\in\Gamma_i$当且仅当$\psi\in\Gamma_{i+1}$，由归纳假设（M，T，t_{i+1}）$\models_{LI APTL}\psi$，则有（M，T，t_i）$\models_{LI APTL}X\psi$；

情况5：φ是Gψ，则由引理4.4（5）和引理4.8，有$G\psi\in\Gamma_i$当且仅当对于所有j>i，都有$\psi\in\Gamma_j$，由归纳假设，则有对于所有j>i，都有（M，T，t_j）$\models_{LI APTL}\psi$，则有（M，T，t_i）$\models_{LI APTL}G\psi$；

情况6：φ是ψUχ，π=Γ_0，Γ_1，…是一个路径，由引理4.16和归纳假设，或者有（M，T，t_i）$\models_{LI APTL}\chi$，或者存在j、k有j>k≥i，使得（M，T，t_j）$\models_{LI APTL}\chi$并且（M，T，t_k）$\models_{LI APTL}\psi$，那么由定义4.3（5），（M，T，t_i）$\models_{LI APTL}\psi U\chi$。

情况7：φ是$<\alpha>^n\psi$，π=Γ_0，Γ_1，…是一个路径，由引理4.17，则存在一个点$\Gamma_{i+n}\in\pi$，$\psi\in\Gamma_{i+n}$，（Γ_i，Γ_{i+n}）$\in R_\alpha$，此时由定义4.6，有（t_i，t_{i+n}）$\in R_\alpha$，且由归纳假设，有（M，T，t_{i+n}）$\models_{LI APTL}\psi$，则没有（M，T，t_{i+n}）$\models_{LI APTL}\neg\psi$，则没有（M，T，$t_i$）$\models_{LI APTL}[\alpha]^n\neg\psi$，则（M，T，$t_i$）$\models_{LI APTL}\neg[\alpha]^n\neg\psi$，则（M，T，$t_i$）$\models_{LI APTL}<\alpha>^n\psi$；

情况8：φ是$[\alpha_1;\alpha_2]^{j+k}\psi$，由引理4.4（12）、引理4.1和归纳假设可证（M，T，t_i）$\models_{LI APTL}[\alpha_1;\alpha_2]^{j+k}\psi$；

情况9：φ是$[\alpha_1\cup\alpha_2]^{j/k}\psi$，由引理4.4（13）、引理4.1和归纳假设可证（M，T，t_i）$\models_{LI APTL}[\alpha_1\cup\alpha_2]^{j/k}\psi$；

情况10：φ是Iψ，由引理4.18，则有对于所有满足（π，Γ_i）R_I（π′，Γ_j）的极大一致集$\Gamma'_i\in\pi'$，都有$[\alpha]^n\psi\in\Gamma'_i$。此时由定义4.9（4），有（T，$t_i$）$R_I$（T′，$t_i$）；由归纳假设，有（M，T′，$t_i$）$\models_{LI APTL}[\alpha]^n\psi$，由定义4.3（7），有（M，T，$t_i$）$\models_{LI APTL}I\psi$；

情况11：φ是Lψ，由引理4.19，则有对于所有满足的（π，Γ_i）R_L（π′，Γ_j）极大一致集$\Gamma'_i\in\pi'$，都有$\psi\in\Gamma'_i$。此时由定义4.6，有（T，t_i）R_L（T′，t_i）；由归纳假设，有（M，T′，t_i）$\models_{LI APTL}\psi$，由定义4.3（8），有（M，T，t_i）$\models_{LI APTL}L\psi$。

定理 4.23 所有相对于 LI_{APTL} 的语义有效的公式都是 LI_{APTL} 的定理，即有：如果 $\models_{LI\ APTL}\varphi$，那么 $\vdash_{LI\ APTL}\varphi$。

证明：假设 $\vdash_{LI\ APTL}\varphi$ 不成立，则 $\{\neg\varphi\}$ 是一致的。因此，存在一个极大一致集 Γ_i，使得 $\neg\varphi\in\Gamma_i$。那么由引理 4.22，有 $(M, T, t_i)\models_{LI\ APTL}\neg\varphi$，则 $\models_{LI\ APTL}\varphi$ 不成立。

讨论和小结

本章给出了一个基于时间和行动规划的知识—意图逻辑 LI_{APTL}，证明了它的公理系统的可靠性和完全性。

这个逻辑的一个特点是用知识来限制意图，这样的限制虽然比用信念来限制意图显得要严格一些，但是这样处理的结果是在逻辑上相对容易表达意图的特征以及主体的认知背景对意图的限制。

这个逻辑可以表达一些独特的性质。

前面已经提到，知识在时间逻辑中具有动态性，即每一个时间点上的可及关系 R_L 是不同的，因此在每一个时间点上，主体的知识是不同的，甚至在两个相邻的时间点上知识可能是完全不一样的。这样的结果使如下的一些看起来是成立的公式不是这个逻辑的有效式：

(1) $LX\varphi\rightarrow XL\varphi$;

(2) $XL\varphi\rightarrow LX\varphi$;

(3) $GL\varphi\rightarrow LG\varphi$;

(4) $LG\varphi\rightarrow GL\varphi$;

相应地，如果把时间算子换成行动算子 $[\alpha]$，得到的公式仍然不是 LI_{APTL} 的语义有效式。这与第 2 章提到的时间逻辑中对有效性的不同定义有关，如果把有效定义在当前时间点上，那么这些公式就都是有效的了。

如上的四个公式不是 LI_{APTL} 的定理，实际上表达了知识在时间中会遗忘的性质，这是符合现实人主体的客观实际的。但是，我们常常需要描述知识不会遗忘（这对于智能计算机器来说就是合适的），需要表达行动在时间中的影响，而目前的这个逻辑还无法刻画这样的性质。要表达这样的性质，需要新的逻辑方法。

LI_{APTL}逻辑还有一个好的性质，即在LI_{APTL}逻辑里，成功地解决了意图的副作用问题。意图的副作用问题用公式表示为：$I\varphi \wedge L(\varphi \rightarrow \psi) \rightarrow I\psi$。意图的副作用导致主体有多余的意图，例如，拔牙和牙痛的例子：主体知道拔牙会导致牙痛，但是主体有拔牙的意图并不意味着主体还有牙痛的意图。

在LI_{APTL}中，意图是定义在时间和行动上的，第三章证明了公式$I\varphi \wedge I(\varphi \rightarrow \psi) \rightarrow I\psi$不是$I_{APTL}$的有效式，容易证明$I\varphi \wedge L(\varphi \rightarrow \psi) \rightarrow I\psi$也不是$LI_{APTL}$的有效式。从直观上来说，当前点上主体知道$\varphi \rightarrow \psi$，但是将来不一定主体知道$\varphi \rightarrow \psi$，因此实际上主体不会将$\psi$也作为意图。

命题 4.5 $I\varphi \wedge L(\varphi \rightarrow \psi) \rightarrow I\psi$不是$LI_{APTL}$的有效式。

证明：只需要证明$I\varphi \wedge L(\varphi \rightarrow \psi) \wedge \neg I\psi$是可满足的即可。易证，略。

需要注意的是，在这个逻辑中，知识对意图的限制只考虑了主体的行动能力对该主体形成意图的限制，即这一逻辑对主体形成意图的认知背景要求是非常低的。进一步的应用研究可以考虑其他因素，例如，合法性、倾向性、道德性、利益性等对意图的影响。

第五章　记忆的基本逻辑

第一节　记忆的逻辑分析

记忆作为主体认知的基本要素，历来是心理学、哲学、语言学等认知学科的重要研究领域。亚里士多德认为记忆能够使思维更敏捷而且有益于学习，人从记忆积累经验[①]。Sven Bernecker 甚至认为，鉴于记忆在认知过程中所体现出来的作用，记忆是“人之为人的标志”[②]。记忆的哲学讨论主要是在认识论领域展开的。经典的认识论著作通常有专门的章节来讨论记忆在人的认知过程和知识形成中的作用。随着人工智能研究的发展，诸如认知逻辑和认知语言等学科也开始讨论记忆的性质、结构和形式化分析。

本章首先讨论记忆的概念；其次讨论记忆的逻辑结构；最后讨论记忆的逻辑性质。这里关于记忆的讨论主要是从认识论角度进行的。

一　记忆的概念分析

记忆这一概念正如诸多看起来普通而且常用的日常概念一样，似乎大家都能理解它的意义，但是一旦仔细思考，就会发现记忆实

---

① 亚里士多德：《形而上学》，吴寿彭译，商务印书馆 1959 年版，第 1 页。

② Sven Bernecker, *Memory: a philosophical Study* [M]. Oxford University Press, 2010. p. 1.

际上很难被清楚明白地解释出来。心理学家和哲学家们提出了多种观点，Sven Bernecker 在他的著作《记忆：一个哲学研究》中详细归纳梳理了关于记忆的各种概念。

心理学家至少从四个方面来说明记忆的性质[①]：记忆储存信息在人脑中停留时间的长度，主体对于所储存的信息察知的程度，主体重新获得所记忆信息的灵敏度，以及记忆所储存信息的种类。

根据信息记忆在人脑中停留的时间长度，通常可以把记忆分为长时记忆与短时记忆[②]。短时记忆一般持续几秒钟，然后或者转入长时记忆被主体储存起来，或者被遗忘。根据主体对记忆信息的察知程度，记忆又被分为如下四种：不会被主体察知的，可由某种线索被主体察知的，部分地被主体察知的以及完全能被察知的。根据回忆的灵敏度所做出的划分，主要是区别有明确要求而得到的记忆和由自然而然地触发而得到的记忆。自由回忆就是那种主体不需要外在的信息帮助就可以回忆起某个信息，而线索记忆或提示记忆就是主体在其他信息的提示帮助下而回忆起某个信息。记忆的察知度与回忆的灵敏度具有相关性。

根据信息内容来区别记忆以划分记忆的种类是最主要的划分方式。心理学家和哲学家对这种区分中的“内容”有着不同的理解。一个基本的划分是将记忆内容分为陈述性的和只能展示而不能陈述的两类，其中具有很大影响的是心理学家 Endel Tulving 将陈述性记忆又区分为语义记忆和情景记忆两个子类。语义记忆是用以储存关于世界、概念、规则和语言的那些一般性知识的记忆，其特征是它不需要提及记忆形成的初始事件，而情景记忆则附有记忆的经验或者是心灵回溯过去时间并对该事件的再体验过程。Jordi Fernández

---

① Sven Bernecker, *Memory: a philosophical Study* [M]. Oxford University Press, 2010. p. 11.

② 有的心理学著作将记忆分为长时记忆、短时记忆与瞬时记忆，但是从“当下起作用”这个角度来看，短时记忆和瞬时记忆的区分是不必要的。

认为[①]，情景记忆伴随着对过去事件发生时形成的经验，而语言记忆则是伴随着对过去事件发生时所形成的信念。

哲学家一般将记忆分为三类[②]：经验（或个人）的记忆，命题（或事实）的记忆，以及实践（或程序化）的记忆。经验记忆有两个特征：其一是，一个人能根据经验地记忆的只是那些他个人所经验过的内容；其二是，经验的记忆所描述的记忆内容是从第一人称视角或者说是从“内在”的视角以及定性经验和图像展开的，等等。

命题记忆的一个实例是形如“S 记得 p”（S remember that p）那样的句子，其中 p 通常是表示一个真命题（这一点有比较大的争议）。与经验记忆不同，命题记忆通常不要求记忆主体具有直接的或者个人的亲知，即命题记忆不要求那种定性经验或图像。

经验记忆与命题记忆在寻求表达世界方面有一些共通之处，而它们的内容从原则上说也有一些联结。而实践记忆不同，实践记忆是那种主体记得如何做什么的记忆，这样的记忆指向做事前所需要的前提以及记住动作技巧的特征。例如如何游泳、如何骑车等这样的记忆就是实践记忆。有意思的是，当问你“记得如何游泳吗?”，这时你可能不需要设想或描述应该如何游泳，只需要展示你如何游泳。实践记忆是一种技能记忆，这一点与经验记忆和命题记忆都不一样。

经验记忆与命题记忆的区别并不是必然两分的。例如说，我记得我上个暑假有几天时间在罗马，这属于经验的记忆还是命题的记忆呢？似乎二者都有。经验记忆和命题记忆的界线是模糊的，其主要的理由是区别这两者的标准是多种多样的。例如说，一个识别命题记忆的语法标准是记忆的内容必然能够形成一个“that”引导的

---

① Jordi Fernández, *Memory and time* [J]. Philosophy Study, Vol. 141: pp. 333—356, 2008.

② Sven Bernecker, *Memory: a philosophical Study* [M]. Oxford University Press, 2010. p. 14.

从句；而识别经验记忆的标准则是现象学的，即用诸如图像和定性经验这类的心灵的东西来显示自己，更进一步说，是与导致个人经验的那些事件联系起来。一些经验记忆依靠“记得”和某个动名词得以表达，而另一些则用从句来表达，此外还有其他一些语法表达方式。

有一些哲学家用罗素的“亲知的知识”与“描述的知识”这样的划分来区别经验记忆和命题记忆。经验记忆被看作是由记忆主体亲知而成的记忆，它的意向对象不是事实或命题，而是直接面向人、地点、事物、事件和状态。而命题记忆则被看作是类似于描述的知识。但 Sven Bernecker 认为这种类比不能帮助我们有效地区分经验的记忆与命题的记忆，他提出三个理由反驳这种区分①：首先，通过描述而被记住的自传之类的资料和客观命题实际上是亲知的；其次，在某一方面命题的记忆也类似于由亲知获得的知识，而且即使是罗素本人也不认为亲知的知识和描述的知识能够截然分开；最后，这种用亲知/描述的区分来解释经验/命题的区分会产生一些反直观的结果，严格地说，主体不能经验地记住 p。

事实上，如果能够将经验记忆的内容描述出来，那么经验记忆和命题记忆在逻辑上是相等的。目前可以将命题记忆看作是经验记忆的一个子集。

Sven Bernecker 提出②，根据“记忆”这一概念在用法上的若干语词的意义，可以将记忆分为主要的四类：关于对象（人与事物）的记忆、特征的记忆、事件的记忆和事实（命题）记忆。前三类记忆也可以称为非命题的记忆。Sven Bernecker 认为命题的记忆是核心，凡是可以用形式“S 记住 that - p”表达的都属于命题记忆，而不管 p 实际上指的是什么。他还认为，“记住”通常用于

---

① Sven Bernecker, *Memory: a philosophical Study* [M]. Oxford University Press, 2010, p. 18.

② Ibid, pp. 19—20.

"wh - 从句"，即 who、whom、what、where、when、why 所引导的从句，但是它们只不过是命题记忆的不完全表达方式，例如说，"我记得布鲁特斯刺杀了谁"（I remember whom Brutus stabbed）不过是"我记得布鲁特斯刺杀了如此这样的人"（I remember that Brutus stabbed so - and - so）的另外一种说法而已。这就是说，Sven Bernecker 认为 wh - 从句可以逻辑等值地改写为 that - 从句。

命题记忆的重要特征是它需要主体具有相关概念作为记忆前提。例如说，如果没有"刺杀"这一概念，那么就不会有"布鲁特斯刺杀恺撒"的记忆，尽管可能有布鲁特斯杀死了恺撒这一类的相关记忆。而非命题记忆则不需要这一前提，例如，一个儿童可以记住恺撒的月桂花环（作为特征记忆），但是他可能根本不知道这是月桂花环，他没有"月桂花环"这样的概念。这样命题记忆实际上强调了语言与记忆的相关性。命题记忆依赖于语言，正如思想依赖于语言一样。

有意思的是，我们用语法标准来给记忆分类，但是记忆本身却是可以不依赖语言的。记忆与语言是对象和描述之间的关系，记忆用语言来描述，而用什么样的语言来描述更多地可能在于不同主体间的分歧，包括个人与社会的、语言与文化的背景区别，等等。例如说，对同一记忆内容，不同的描述对象得出的描述很不一样，正如对同一事实所作出的不同描述一样。因而这种依赖不是本质的。极端情况下，不需要语言也能表明有记忆，例如说，狗用行动证明，它能够清楚地记得它将食物藏在了什么地方。

同时，尽管语言与记忆有很强的相关性，但是这种相关性也影响了或者说削弱了记忆在现实主体认知中的作用，例如说，我们完全可以用语言的方式来记载记忆内容，使得主体的认知不再需要记忆的参与，就像现代人工智能一样。计算机理论通常将资料的存储与调用看作是记忆，这样的记忆已经不需要主体的参与，成为纯粹客观的了。

哲学家还根据其他标准给出记忆的分类。常见的有诚实记忆与虚假记忆，推论的记忆与非推论的记忆，从言的记忆与从物的记忆，等等。诚实记忆或者称事实上的记忆，当我们说“S记得that－p”的时候，该语句暗示了p是一个事实。这里发生的事情成为记忆的条件，例如说，如果布鲁特斯没有刺杀恺撒，那么我们就不会记得这件事。与此相反，虚假记忆则是主体记住的事情中那些实际上没有发生而只是主观臆构的事情。通常我们会认为记忆是真实的，但是我们也承认记忆在内容上并不那么可靠，如果加上遗忘，那就更复杂了。

综上所述，记忆是现实主体对以往经验到的信息的贮存和调用，这种贮存和调用受到一些条件的限制。这些限制性条件主要包括：时间对记忆的影响，记忆内容的真假的影响条件，记忆内容相互之间的推理关系所起到的作用与影响，记忆与其他认知要素特别是信念的联系条件的影响，等等。对记忆的逻辑刻画应该能够表达这些条件限制。下面从记忆的结构和性质两个方面进一步分析这些限制条件。

二　记忆的逻辑结构

从前面对记忆概念的讨论中可以看出，尽管对记忆有着各种不同的认识，但基本都还是认为记忆有着自己的内部结构。下面从逻辑的角度对记忆的内部结构进行简要分析讨论，从而为能够更好地刻画记忆的逻辑性质奠定基础。

（一）长时记忆与短时记忆

记忆的一个基本结构是长时记忆（long－term memory）与短时记忆（short－term memory）。就现实主体来说，我们不可能同时记起所有我们所记得的东西，而只能记起其中的某一个子集。其中，短时记忆就是当下正在起作用的记忆，长时记忆就是主体当下没有起作用但是作为内容被存储在记忆中有可能被主体调用的记忆。当下正在被主体回忆的那些信息就属于短时记忆的内容，其他那些被储存在记忆中的信息就属于长时记忆的内容。显然，短时记忆的内容也是长时记忆的内容。

心理学研究表明，现实人的记忆能力是无限的，也就是说长时记忆还没有找到容量界限。但是短时记忆则有明显的容量限制，通常只有6个（根据不同的资料来源，容量限制的数据略有不同）有意义的单位，而且在时间上也有限制，通常只有几秒钟，最长不超过半分钟时间，短的甚至只有几毫秒。

将记忆区分为短时记忆与长时记忆对于哲学家来说是很有意义的。由于短时记忆是当下起作用的记忆，而长时记忆则是当下未起作用的记忆，那么，真正影响主体行动决策的就只是短时记忆。在史密斯被烧伤的著名案例中①，史密斯具有火柴能够点燃汽油的信念，也有火柴能够照明的信念。当史密斯点燃火柴去查看汽油桶里是否还有汽油的时候，这两种信念并没有被史密斯同时记得，真正起作用的只有“火柴能够用来照明”这一信念，而“火柴能够点燃汽油”的信念没有被记起，因而出现了火柴引燃汽油桶中的汽油导致史密斯被烧伤的悲剧。

短时记忆的另一个重要特征是，它的内容是被主体觉知的信息。这样根据短时记忆与长时记忆的划分，可以将知识和信念划分为被主体觉知的和未被主体觉知的。这一划分在认识论和逻辑学上都有很多好处，例如说，它可以解释现实主体不具有逻辑全知能力的原因。

由于短时记忆的内容都是长时记忆的内容，这就有一个短时记忆如何从长时记忆调用的问题。心理学研究认为记忆具有主动搜索的功能，从而使得长时记忆不断地通过短时记忆所提示的信息进入到短时记忆中，从而能够对主体的思维推理和行为决策产生影响。

长时记忆与短时记忆的结构在认识论上是非常重要的，这是可以用来解释人的认识能力为什么不可能达到全知的一个关键，成为

---

① Christopher Cherniak, *Rationality and the structure of human memory* [J]. Synthese, Vol. 57: pp. 163—186, 1983.

现实理性主体的一个重要的认识论上的特征，并且能够将作为理性主体的现实人与人工智能机器区别开。因为人工智能机器没有长时记忆与短时记忆这样的区分，在理论上人工智能机器所存贮的信息（记忆）都是可以通过程序瞬时调取的。

（二）记忆内容的一致性

记忆内容是不是具有一致性？一般来说，一个理性主体会排斥相互矛盾的信息，因此记忆中的内容应该是一致的。但是序言悖论（preface paradox）提出了记忆内容是不是具有一致性的问题。序言悖论是说，一个人说“我的信念之中，有某一个信念应该不是真的”，这一命题本身当然也是他的信念，而且这一信念通常会被认为是真的。将这一命题命名为 F，然后将 F 加到此人的信念集中，则在直观上会认为这个人的信念集是有矛盾的。

序言悖论是信念全知的一个变化形式，这一变化形式与记忆相关。通常，我们不可能相信一对相互矛盾的信念。但是，由于记忆的限制，在同一时间我们实际上不会记得或者说不会查知信念集中的信念是否是有矛盾的，尤其是在信念集中的元素数量极其巨大的时候。一个人的信念集几乎可以是无穷大的，因而记忆中的信念集中包含矛盾是合理的。

一些心理学家和哲学家提出来，记忆内容实际上是被分成了若干个子集，而各个子集之间的联系并非是密切的，有可能相互间没有什么影响。那么当某一子集中的某些内容为主体所调用的时候，由于所调用的子集中的内容并没有明显的矛盾，则该主体就不会认识到自己的记忆内容是有矛盾的，尽管他会认为自己的记忆中包含矛盾这一设想是合理的。

序言悖论说明了现实主体并非是逻辑全知的，即现实主体的理性是有限制的，这一限制从主体的记忆就开始了。

（三）记忆内容的层次性

对记忆内容是否具有层次性的讨论源于蒯因的整体主义的认识论思想。蒯因认为，知识是作为一个整体来接受检验的，如果对一个命题的真值进行重新评价的话，那么会导致对主体整个知识陈述的真值或多或少地重新调整，每一陈述都不具有绝对不可调整的地位，整体内的任何陈述的真值都可以被修正。

蒯因的整体论对记忆理论的影响在于，记忆内容的真假是否是主体通过对某个记忆真值的修正而自动调节的。根据蒯因的整体主义观，理性主体具有根据信念的值对信念集中其他信念的值进行自动修正的能力。但是弗莱明发现青霉素的例子说明，现实主体不具有这样的能力。该案例实际上还提出这样的问题：根据记忆进行的推理所得到的结果是否也是主体的记忆，即记忆是否可以区分为直接记忆与由记忆推理所得到的记忆。蒯因的理论支持这一区分，而弗莱明发现青霉素的案例则不支持这一区分。

Christopher Cherniak 在论文《理性与人的记忆结构》中提出①，现实主体的记忆结构是基于短时记忆与长时记忆的划分，记忆的内容被组织起来，即使是不对人的知识与行为推理发生直接影响的长时记忆也是如此："我们思考到的所有人类记忆的解释断定，长时记忆的内容是被组织起来的。"这些记忆被按照某种方式组织起来，形成不同的信念子集，内容的不一致性和层次性是发生在不同子集之间的："信念之网并不是混乱的，它的语句组织被'缝合'到各个有关联而又相互独立的系统缝合物中，连结不太可能形成于子集之间。"基于这样的理由，可以认为蒯因的整体主义是失败的。

三 记忆的逻辑性质

（一）记忆与时间

记忆在主观上和客观上都同时间有关。Jordi Fernández 提出②

① Christopher Cherniak, *Rationality and the structure of human memory* [J]. Synthese, Vol. 57: pp. 163—186, 1983.

② Jordi Fernández, *Memory, past and self* [J]. Synthese, Vol. 160: pp. 103—121, 2008.

记忆有两个性质：其一是时间性质，这里主要是指与形成信念的过去发生的事件的时间；其二是主体的存在性质，这里是指主体在发生事件的时间里存在。

但记忆的内容与时间则不必然相关。例如我可以记得关于未来的某个事情（明天有一个学术会议召开），或者记得某个不受时间限制的必然真理（2 + 2 = 4），而后些事情则既与过去有关又和未来相关（昨天天气预报告知明天会下雨）。

如果把语句“主体记得一个命题 p”，记为 Mp，那么记忆仅仅表示为一个认知命题态度，就如同“主体相信一个命题 p”那样。

这样我们只需要考虑“记忆”本身与时间的关系，而不需要考虑记忆内容与时间的关系。这一观点与将记忆看作是一个思维活动的观点有很大区别。计算机理论中的逻辑分析往往倾向于将记忆看作是一个行为，因而可以用动态逻辑来刻画记忆。本文采用将记忆看作是一个意向性命题态度的观点。

综合前面对“记忆”这一概念的分析，记忆都具有“对过去认知的内容或习得的技能的唤醒”这一含义，即记忆是对过去某一认知内容或习得的技能在现在的重新唤醒。记忆这种颇为特殊的含义表明，它既与过去有关，又发生在当下。

（二）记忆与信念

主体的信念是影响主体认知和实践推理的一个核心要素，而记忆与信念是密切联系的。

主体的信念通常会保存在记忆中。如果没有记忆我们就只有当下的信念，这样我们的认知能力以及相应的行为能力就会大大下降。同时，如果没有记忆，即使没有任何其他影响，当下的信念也不会在未来对我们产生任何影响。也就是说，如果没有记忆，我们的学习与知识积累就是没有任何价值的。随着时间进程的展开，在新信息的影响下以及主体认知选择的作用下，主体的信念会发生改变。这种改变能够被我们所认知，就在于我们能够记得过去的信念，从而能够对不同的信念进行对比。

考虑如下的记忆与信念关系的逻辑刻画：

1. 如果主体相信 p，那么主体记得他相信 p。

这可以看作是主体的信念与记忆相互关系具有内省性质的一个表达。正如“如果主体相信 p，那么主体知道他相信 p”。

这一表达可以形式化地记为：

$Lp \rightarrow MLp$。

这一刻画将导致主体记得他所有的信念，那么对于一个现实主体来说这是不可能的，这样的性质显得太强了。

2. 如果主体记得 p，那么主体相信 p。

这一表达说明的是主体的记忆与信念具有一致性，即我们记得的就是我们相信的东西。例如说“我记得新中国第一个世界冠军是容国团”。即使有些我们记得的内容是我们不相信的，其实表达的也是我们记得这一内容的否定，例如说，“我记得有人告诉我2012 年是世界末日，但我不相信他。”

这一表达可以形式化地记为：

$Mp \rightarrow Lp$。

这样的性质是比较符合直观的。

一些哲学家将记忆看作是知识的一个来源。这一来源在于将知识划分为直接的知识与推理的知识，而推理的知识往往要通过记忆。同样的划分也可以用之于记忆，即可以将记忆划分为直接记忆与推理的记忆。推理的记忆实际上是根据记忆进行推理所得到的结论。这就等于说，根据记忆推理所得到的命题仍然是该主体的记忆。这一思想的形式化就是 K 公理：$M\varphi \wedge M(\varphi \rightarrow \psi) \rightarrow M\psi$。

很显然，这一表达并非一般性地成立。从前面关于记忆的一致性与层次性的分析容易得到这一结论。例如如下是可能的：主体相信 $a=b$，且相信 $b=c$，但是主体不相信 $a=c$。

要使得这一性质成立，就必须加以限制，例如，将其限制在短时记忆上，则是可以成立的，因为短时记忆在内容与时间上都有限制。

（三）记忆的逻辑性质

我记得我的记忆吗？根据长时记忆与短时记忆的理论，我所能够察知的记忆只能是当下起作用的记忆，而长时记忆则不能直接被主体察知，因而说我记得我的全部记忆是不可能的。这就是说，记忆不满足正自省性，因此如下表达不是恒真的：

$M\varphi \rightarrow MM\varphi$。

但是，当我对某个陈述没有记忆的时候，或者说，我不记得 p 时，说我记得我不记得 p，则是恰当的。这就是说，记忆满足负自省性，即如下表达是成立的：

$\neg M\varphi \rightarrow M\neg M\varphi$。

记忆的内容是不是应该为真，即如果记得 p，p 就是真命题。如果把记忆看作是主体对过去的真实记录，则记忆的内容都是真的。对一个理想主体而言，记忆的内容都是真的，即理性主体满足记忆的真实性，因此如下表达是成立的：

$M\varphi \rightarrow \varphi$。

但是在日常生活中我们也常常发现自己的记忆出错了，这样的记忆出错在名人回忆录中就常有发生。一个现实主体显然不是理想主体，在发现青霉素那个案例中，说明了主体会有遗忘等等导致记忆不清或者记忆错误的问题。因此一个现实主体没有记忆的真实性。

记忆有没有理性，即如下表达是否成立：

$\neg M(\varphi \wedge \neg\varphi)$

一对矛盾命题同时作为我们的记忆在直观上是不合理的。如果这对矛盾命题同时被我们所记起，通常表明的不过是说我们对所记得的内容是否真实表示怀疑。但是前面的序言悖论和记忆分为若干子集的观点表明，在记忆内容相当复杂的情况下，记忆内容可能包含矛盾是符合实际情况的。

记忆还有一个遗忘和更新的问题。如果我们把记得的东西都记下来，那么记下来的东西是不是就是我的记忆呢？或者说，记忆是不是可以客观外化？如果隔一段时间之后我完全否认这是我记得的东西，那又怎么办？

如果记忆是可以客观外化的，那么现实的主体和人工智能主体就具有一致性。但是现实主体会有遗忘，而人工智能则不会遗忘，从这个角度说，人工智能是一个理想主体。

第二节　记忆的基本逻辑

许涤非提出了刻画主体主观认知的逻辑[①]，其思路是在基本信念逻辑基础上加入刻画主体主观认知性质的特征公理，这些公理主要有：

表达弱自信性的公理，即认知主体认为自己不会同时相信两个相互矛盾的命题，形式表示为：

$L\neg(L\alpha \wedge L\neg\alpha)$。

表达自信性的公理，即认知主体相信他知道的命题是真命题，形式表示为：

$L(L\alpha\rightarrow\alpha)$。

表达主体主观上具有自省性的公理，即认知主体知道哪些命题是他知道的，形式表示为：

$L(L\alpha\rightarrow LL\alpha)$。

表达主体主观上具有负自省性的公理，即认知主体知道哪些命题是他不知道的命题，形式表示为：

$L(\neg L\alpha\rightarrow L\neg L\alpha)$。

另外还有刻画主体具有很强认知能力的两个公理，一是主观全知性，是说认知主体认为他能够认知任意命题或其否定，形式表示为：$L(L\alpha \vee L\neg\alpha)$；二是主观真知性，是说认知主体认为他能够认知所有的真命题，形式表示为：$L(L\alpha\rightarrow\alpha)$。

① 参见许涤非：《双主体认知逻辑研究》［D］．北京大学，2003 年。

本节将采用许涤非的一些思路和方法来刻画现实主体的记忆性质。

一 刻画短时记忆与长时记忆的逻辑 M_bL

根据前面的讨论，说主体的记忆满足 K 公理所表达的性质并非一般性地成立。但是如果将记忆限制在短时记忆，则记忆的 K 公理成立是符合直观的，因为短时记忆的命题容量非常有限，也就不需要过多地考虑记忆内容的一致性与层次性的问题。

本节逐步给出表达短时记忆与长时记忆基本逻辑特征的逻辑，其思路是首先建立一个刻画短时记忆的逻辑 M_sL_k，在此基础上建立一个表达短时记忆与长时记忆的调用关系的逻辑 M_bL。刻画记忆基本性质的逻辑是建立在短时记忆基础上的。

（一）刻画短时记忆的基本逻辑

刻画短时记忆的基本逻辑是一个满足记忆的 K 公理的逻辑 M_sL_k。

定义 5.2.1 给定一个原子命题变元集 P，基本短时记忆逻辑 M_sL_k 的语言归纳定义如下：

$\varphi ::= p \mid \neg\varphi \mid (\varphi \rightarrow \psi) \mid M_s\varphi$

其中，$p \in P$，$M_s\varphi$ 表示主体当下记得命题 φ，命题联结词∧、∨和≡的定义与命题逻辑相同。

定义 5.2.2 基本短时记忆逻辑 M_sL_k 的模型是一个三元组 $M = \langle S, R, V \rangle$，其中，

（1）S 是一个非空的可能世界集；

（2）R 是定义在 S 上的一个二元关系；

（3）V 是一个真值函数。

定义 5.2.3 给定一个基本短时记忆逻辑 M_sL_k 模型 M 和一个可能世界 $s \in S$，φ 在 s 上为真，称为 φ 在 s 上可满足，记为 $(M, s) \models \varphi$，有如下的递归定义：

（1）$(M, s) \models p$，当且仅当 $p \in V(s)$；

(2)(M, s) $\models \neg\varphi$，当且仅当并非（M, s）$\models \varphi$；

(3)(M, s) $\models \varphi \rightarrow \psi$，当且仅当或者并非（M, s）$\models \varphi$，或者（M, s）$\models \psi$；

(4)(M, s) $\models M_s\varphi$，当且仅当对于所有 s, t $\in$S 使得（s, t）$\in$R，(M, t) $\models \varphi$。

如果对于所有的 s $\in$S，都有（M, s）$\models \varphi$，则称 φ 在 M 中有效，记为 M $\models \varphi$。

命题 5.2.1　命题重言式和 K 公式是相对于基本短时记忆逻辑 M_sL_k的语义有效的：

(1) 所有的命题重言式；

(2) $M_s\varphi \wedge M_s(\varphi \rightarrow \psi) \rightarrow M_s\psi$。

证明：(1) 显然，只证明（2）。

设（M, s）$\models M_s\varphi$ 并且（M, s）$\models M_s$（$\varphi \rightarrow \psi$），则由定义 3.1.3（4）有

对于所有 s, t $\in$S 使得（s, t）$\in$R，(M, t) $\models \varphi$ 并且(M, t) $\models \varphi \rightarrow \psi$，则

(M, t) $\models \psi$，则

(M, s) $\models M_s\psi$。

证毕。

在基本短时记忆逻辑 M_sL_k 中，记忆的 K 公理 $M_s\varphi \wedge M_s(\varphi \rightarrow \psi) \rightarrow M_s\psi$ 表达了对主体的短时记忆具有推理能力的特征。

在 Christian Schumacher 给出的逻辑系统中①，考虑到现实主体并非具备将记忆的推理结果也成为主体记忆这样的能力，因而记忆的 K 公理在他的逻辑中是非有效的。他用一个重言式

$M\varphi \rightarrow M\varphi$

来刻画记忆。不过这显然没有能够表达出记忆的哲学特征。在 M_s

① Christian Schumacher, *A Logic for Memory* [J]. Nonclassical Logics and Information Processing Lecture Notes in Computer Science Vol. 619: pp. 23—45, 1992.

L_k中，将记忆内容限制在短时记忆之上时，记忆的 K 公理成为有效式。这既能够符合直观，又为用可能世界语义学来建立模型扫除了障碍。

定义 5.2.4　基本短时记忆逻辑 M_sL_k的公理系统由以下公理和推理规则构成：

（1）所有的命题重言式；

（2）$M_s\varphi \wedge M_s(\varphi \rightarrow \psi) \rightarrow M_s\psi$。

分离规则：从 φ 和（$\varphi \rightarrow \psi$），可以得到 ψ；

N 规则：从 φ 可以得到 $M_s\varphi$。

基本短时记忆逻辑 M_sL_k的公理系统是一个简单的 K 系统，容易证明其是有可靠性和完全性的公理系统，即有如下定理：

定理 5.2.1　基本短时记忆逻辑 M_sL_k的公理系统相对于其语义是可靠的和完全的，即有 $\vDash \varphi$ 当且仅当 $\vdash \varphi$。

证明：其证明是 K 系统的可靠性和完全性证明，这里略。

在基本短时记忆逻辑 M_sL_k的基础上，增加刻画短时记忆与长时记忆关系的特征公理，就得到记忆基本逻辑 M_bL。刻画短时记忆与长时记忆关系特征的方法是将短时记忆的内容看作是对长时记忆内容的调用。

讨论：

基本短时记忆逻辑 M_sL_k的公理系统可以刻画主体短时记忆的基本性质，即主体通过短时记忆进行知识或者信念推理。由于短时记忆自身内容的有限性，我们可以认为短时记忆的逻辑没有逻辑全知问题。

Fagin 和 Halpern 用广义觉知逻辑的方式提出了一个非常有影响力的解决逻辑全知的方案[①]，其主要思路是将信念分为明晰信念

① R. Fagin, J. Y. Halpern, *Belief, Awareness, and Limited Reasoning* [J]. Artificial Intelligence, Vol. 34: pp. 39—76, 1988.

与隐含信念，通过觉知算子来表达只有明晰信念才能够在信念推理中起作用，以此说明并非所有信念都能够进入主体的推理，因此并非理论推理的后承都是主体的信念。这一方案的主要问题是，觉知算子是一个纯粹句法的算子，因而显得不够自然。如果将觉知算子建立在短时记忆之上，例如觉知信念就是当下记忆的信念，那么可以构建觉知与记忆的逻辑，而且可以得到一个语义上自然并符合直观思想的逻辑。

不过，这一逻辑避免逻辑全知的方式是由其哲学分析和模型设计得出的。因而其逻辑效力是有限的。同时，这一逻辑仅仅刻画了短时记忆，也就是仅仅刻画了记忆内容中微不足道的小部分，要想对记忆的全部内容得到说明，还需要刻画短时记忆与长时记忆的联系。这就需要如下的逻辑。

二　记忆基本逻辑 $\mathbf{M_bL}$

短时记忆和长时记忆的基本逻辑特征是短时记忆从长时记忆中调用信息，从而使得主体的长时记忆中所储存的知识能够对主体的认知与实践产生影响。我们用一个动态转换来刻画这种调用，其直观思想是：主体通过一个搜索动作来实现这种调用，并通过这种调用使得长时记忆的知识或信息进入短时记忆，使短时记忆的内容发生变化。

这一设想可以用公开宣告逻辑的思想进行刻画[①]。在这里，把短时记忆和长时记忆之间的逻辑关系看作是通过信息搜索使得主体获得储存在长时记忆中的知识或信息的行为关系，也可以把它看作是主体的一个回忆动作。

定义 5.2.5　给定一个原子命题变元集 P 和一个主体的搜索行

① 公开宣告逻辑是一种动态逻辑，详情可见 J. Gerbrandy，W. Groeneveld，*Reasoning about Information Change* [J]. Journal of Logic，Language and Information，6/1997，pp. 147—169。

为集 E，记忆基本逻辑 M_bL 的语言有如下的递归定义：

$\varphi:=p \mid \neg\varphi \mid (\varphi \to \psi) \mid M\varphi \mid [\varphi]\psi$

这里［φ］表示一个记忆搜索行为，并且 $\varphi \in E$ 表示内容为 φ 的搜索，［φ］ψ 表示如果执行记忆搜索［φ］，则有 ψ 成立，即表示主体执行一个记忆搜索之后得到了知识或者信息 ψ。Mφ 仍然解释为主体具有短期记忆 φ，根据简洁的需要，这里不再加注下标（后文同）。

定义 $<\varphi>\psi =_{df} \neg[\varphi]\neg\psi$，$<\varphi>\varphi$ 是［φ］ψ 的对偶公式，其意思是已经执行了记忆搜索之后主体记得了 ψ。

需要注意的是，这里的搜索行为［φ］是任意的，不需要对搜索行为［φ］进行进一步的刻画，因此没有如一般的行动逻辑那样有一个递归定义。

定义 5.2.6　记忆基本逻辑 M_bL 的模型是一个三元组 $M=<S, R, V>$，其中：

（1）S 是一个非空的可能世界集；

（2）R 是一个定义在 S 上的二元关系；

（3）V 是一个定义在可能世界 $s \in S$ 上的所有原子命题的真值函数。

定义 5.2.7　给定一个记忆基本逻辑 M_bL 的模型和一个可能世界 $s \in S$，一个公式 φ 在 s 中是真的，记为 $(M, s) \models \varphi$，对公式 φ 的真有如下的递归定义：

（1）$(M, s) \models p$，当且仅当 $p \in V(s)$；

（2）$(M, s) \models \neg\varphi$，当且仅当没有 $(M, s) \models \varphi$；

（3）$(M, s) \models \varphi \to \psi$，当且仅当或者没有 $(M, s) \models \varphi$，或者有 $(M, s) \models \psi$；

（4）$(M, s) \models M\varphi$，当且仅当对于所有 $s, t \in S$ 使得 $(s, t) \in R$，$(M, t) \models \varphi$；

（5）$(M, s) \models [\varphi]\psi$，当且仅当对所有 $t \in W$ 使得 $(s, t) \in R$，如果 $(M, t) \models \varphi$，那么 $(M|\varphi, t) \models \psi$。

其中，$M|\varphi$ 是模型在 φ 上的一个限制，即满足如下条件的一个多元组 (S', R', V')：

$S' = \{n \in S | (M, n) \models \varphi\}$；

$R' = R \cap (S' \times S')$；

$V' = V \cap S'$。

如果 φ 在模型 M 的每一可能世界上都是真的，则称 φ 相对于模型 M 有效，记为 $M \models \varphi$。

简单地说，$M|\varphi$ 就是把可能世界限制到 φ 成立的可能世界上。$[\varphi]\psi$ 的直观意思就是，主体通过一个短时记忆中的信息 φ 的搜索得到储存在长时记忆中的知识或信息 ψ。主体的记忆状态在搜索后就发生了改变，使得 ψ 出现在主体的短时记忆中，即主体记起了 ψ。这一表达在直观上说明了短时记忆内容的来源和短时记忆的流动性特征，有助于说明为什么短时记忆在如此有限的内容条件下如何对主体的思想和行为发生巨大的影响。

命题 5.2.2 下列公式是相对于记忆基本逻辑 M_bL 的语义是有效的：

(1) $[\varphi]p \equiv M(\varphi \to p)$；

(2) $[\varphi]\neg\psi \equiv (M\varphi \to \neg[\varphi]\psi)$；

(3) $[\varphi](\psi \to \gamma) \equiv ([\varphi]\psi \to [\varphi]\gamma)$；

证明：(1) 任给模型 (M, s)

$(M, s) \not\models M(\varphi \to p)$，当且仅当，

$\exists t \in W$ 使得 $(s, t) \in R$，有 $(M, t) \models \varphi$ 并且 $(M, t) \models \neg p$；当且仅当，

$\exists t \in W$ 使得 $(s, t) \in R$，有 $(M, t) \models \varphi$ 并且没有 $(M|\varphi, t) \models p$；当且仅当，

$\exists t \in W$ 使得 $(s, t) \in R$，没有（如果 $(M, t) \models \varphi$ 那么 $(M|\varphi, t) \models p$）；当且仅当，

$(M, s) \not\models [\varphi]p$；

证毕。

(2) 任给模型 (M, s)

(M, s) $\models$ [φ] $\neg\psi$, 当且仅当,

$\forall t \in W$ 使得 $(s, t) \in R$, 如果 (M, t) $\models \varphi$, 那么 $(M|\varphi, t) \models \neg\psi$, 当且仅当,

$\forall t \in W$ 使得 $(s, t) \in R$, 如果 (M, t) $\models \varphi$, 那么并非 (如果 (M, t) $\models \varphi$, 那么 $(M|\varphi, t) \models \psi$), 当且仅当,

$\forall t \in W$ 使得 $(s, t) \in R$, 如果 (M, t) $\models \varphi$, 那么 (M, s) $\models \neg[\varphi]\psi$, 当且仅当,

如果 (M, s) $\models M\varphi$, 那么 (M, s) $\models \neg[\varphi]\psi$, 当且仅当,

(M, s) $\models (M\varphi \to \neg[\varphi]\psi)$;

证毕。

(3) 略。

命题 5.2.3 下列公式是相对于记忆基本逻辑 M_bL 的语义是有效的:

(1) $[\varphi] M\psi \equiv M(\varphi \to [\varphi]\psi)$;

(2) $[\varphi][\psi]\gamma \equiv [\varphi \wedge [\varphi]\psi]\gamma$;

证明 (1): 任给模型 (M, s)

(M, s) $\not\models [\varphi] M\psi$, 当且仅当,

$\exists t \in W\ (s, t) \in R$, 使得 (M, t) $\models \varphi$, 并且 (M, t) $\not\models M\psi$, 当且仅当,

$\exists t \in W\ (s, t) \in R$, 使得 (M, t) $\models \varphi$, 并且 $\exists v \in W\ (t, v) \in R$, (M, v) $\not\models \psi$, 当且仅当,

$\exists t \in W\ (s, t) \in R$, $\exists v \in W\ (t, v) \in R$, 使得 (M, t) $\models \varphi$, 并且 (M, v) $\models \varphi$, $(M|\varphi, v) \not\models \psi$, 当且仅当,

$\exists t \in W\ (s, t) \in R$, 使得 (M, t) $\models \varphi$, 并且没有 (M, t) $\models [\varphi]\psi$, 当且仅当,

$\exists t \in W\ (s, t) \in R$, 没有 (M, t) $\models \varphi \to [\varphi]\psi$, 当且仅当,

(M, s) $\not\models M(\varphi \to [\varphi]\psi)$。

证毕。

（2）的证明略。

命题 5.2.4　如果 $\models \varphi$，那么 $\models [\psi]\varphi$。

证明：易证，略。

定义 5.2.8　记忆基本逻辑 M_bL 的公理系统由以下公理和规则构成：

（1）所有的命题重言式；

（2）$M\varphi \wedge M(\varphi \rightarrow \psi) \rightarrow M\psi$；

（3）$[\varphi]p \equiv M(\varphi \rightarrow p)$；

（4）$[\varphi]\neg\psi \equiv (M\varphi \rightarrow \neg[\varphi]\psi)$；

（5）$[\varphi](\psi \rightarrow \chi) \equiv ([\varphi]\psi \rightarrow [\varphi]\chi)$；

（6）$[\varphi]M\psi \equiv M(\varphi \rightarrow [\varphi]\psi)$；

（7）$[\varphi][\psi]\chi \equiv [\varphi \wedge [\varphi]\psi]M\chi$；

（8）MP 规则：由 φ 和 $\varphi \rightarrow \psi$ 可以得到 ψ；

（9）N 规则 1：由 φ 可以得到 $M\varphi$；

（10）N 规则 2：由 φ 可以得到 $[\psi]\varphi$。

记忆基本逻辑 M_bL 的公理系统既有一致性又有完全性，即如下定理成立：

定理 5.2.2　记忆基本逻辑 M_bL 相对于其语义是一致的，即：如果 $\vdash \varphi$，那么 $\models \varphi$。

证明：由命题 5.2.2、5.2.3、5.2.4 和基本短时记忆逻辑 M_sL_k 的语义是一致的可证。

用经典的认知逻辑证明完全性的方法来记忆基本逻辑 M_bL 证明完全性。首先有如下定义和引理：

定义 5.2.9　一个公式 φ 相对于一个公理系统是一致的，当且仅当 $\neg\varphi$ 是不可证的。一个有限的公式集 $\{\varphi_1, \varphi_2, \cdots, \varphi_k\}$ 是一致的，当且仅当公式 $\varphi_1 \wedge \varphi_2 \wedge \cdots \wedge \varphi_k$ 是一致的。一个无限的公式集是一致的，当且仅当它的每一个有限公式集是一致的。一个公式集是不一致的当且仅当它不是一致的。一个公式集 Γ 是极大一致的，当且仅当如果 $\varphi \notin \Gamma$ 那么 $\Gamma \cup \{\varphi\}$ 不一致。

引理 5.2.3 任何一个包含 K 公理和 MP 规则的公理系统都有如下性质：

（1）任何一个一致集都能够扩充为一个极大一致集；

（2）如果 Γ 是一个极大一致集，那么对于所有的公式 φ 和 ψ，都有：

a. 对于任意一个公式 φ，或者 $\varphi\in\Gamma$，或者 $\neg\varphi\in\Gamma$；

b. $\varphi\wedge\psi\in\Gamma$ 当且仅当 $\varphi\in\Gamma$ 并且 $\psi\in\Gamma$；

c. 如果 $\varphi\rightarrow\psi\in\Gamma$ 并且 $\varphi\in\Gamma$，那么 $\psi\in\Gamma$；

d. $[\varphi]p\in\Gamma$ 当且仅当 $M(\varphi\rightarrow p)\in\Gamma$；

e. $[\varphi]\neg\psi\in\Gamma$ 当且仅当 $(M\varphi\rightarrow\neg[\varphi]\psi)\in\Gamma$；

f. $[\varphi](\psi\rightarrow\chi)\in\Gamma$ 当且仅当 $([\varphi]\psi\rightarrow[\varphi]\chi)\in\Gamma$；

g. $[\varphi]M\psi\in\Gamma$ 当且仅当 $M(\varphi\rightarrow[\varphi]\psi)\in\Gamma$；

h. $[\varphi][\psi]\chi\in\Gamma$ 当且仅当 $[\varphi\wedge[\varphi]\psi]M\chi\in\Gamma$；

i. 如果 $M(\varphi\rightarrow\psi)\in\Gamma$ 并且 $M\varphi\in\Gamma$，那么 $M\psi\in\Gamma$。

证明：（1）和（2）a、b、c 略，d 由公理（3）可得；e 由公理（4）可得；f 由公理（5）可得；g 由公理（6）可得；h 由公理（7）可得。

要证明一个系统是完全的，那么就要证明它的每一个有效公式都是可证的。这只需要证明每一个和系统一致的公式都是可满足的。模态逻辑中一般用典范模型的方法来证明这个命题。

如果一个克里普克的典范模型记为 M^c，一个极大一致集 V 是一个状态 s_V。给定一个极大一致集 V，对 V 在 M 上作一个限制得到一个集合 $V/M=\{\varphi\mid M\varphi\in V\}$，给定一个模型 $M^c=(W, R, \pi)$，有：

$W=\{s_V\mid V$ 是一个极大一致集$\}$，

$$\pi(W_V, p)=\begin{cases}\text{真} & \text{如果 } p\in V,\\ \text{假} & \text{如果 } p\notin V,\end{cases}$$

$R=\{(s_i, s_j)\mid V/M\subseteq W\}$；

这个模型是记忆基本逻辑 M_bL 的典范模型，有如下引理：

引理 5.2.4　典范模型 Mc = （W，R，π）是一个记忆基本逻辑 M_bL 的模型。

证明：给定的模型 Mc = （W，R，π）各项定义符合记忆基本逻辑 M_bL 的模型的各项定义。

引理 5.2.5　在记忆基本逻辑 M_bL 的典范模型中，如果 $\varphi \in V$，那么（M^c，s_V）$\models \varphi$。

证明：施归纳于公式 φ 的结构。

基础步：φ 是原子命题，由典范模型中对原子命题的赋值定义直接可得。

归纳步：

情况一：$\varphi = \neg\psi$，此时有归纳假设如果 $\psi \in V$，那么（M^c，s_V）$\models \psi$。假设 $\varphi \in V$，由引理 3.2.3（2a），$\psi \notin V$。由归纳假设，（M^c，s_V）$\models \psi$ 不能成立，根据语义定义，有（M^c，s_V）$\models \neg\psi$，即有（M^c，s_V）$\models \varphi$。

情况二：$\varphi = \psi \rightarrow \chi$，此时有归纳假设如果没有 $\psi \in V$，那么没有（M^c，s_V）$\models \psi$，或者有归纳假设如果 $\chi \in V$ 那么（M^c，s_V）$\models \chi$。假设有 $\psi \rightarrow \chi \in V$，由引理 5.2.3（2c），此时或者 $\psi \notin V$，或者 $\chi \in V$，由归纳假设，或者（M^c，s_V）$\models \psi$ 不成立，或者（M^c，s_V）$\models \chi$ 成立。根据语义定义，则有（M^c，s_V）$\models \psi \rightarrow \chi$。

情况三：$\varphi = M\psi$。此时有归纳假设如果 $\psi \in V$，那么（M^c，s_V）$\models \psi$。假设 $M\psi \in V$，则 $\psi \in V/M$。根据典范模型中 M 关系的定义，如果（W_V，s_W）$\in M$，则 $\psi \in W$，根据归纳假设，则对于所有（s_V，s_W）$\in M$ 的 W，都有（M^c，s_V）$\models \psi$，根据 $M\varphi$ 的语义定义，可得（M^c，s_V）$\models M\psi$，即（M^c，s_V）$\models \varphi$。

情况四：$\varphi = [\psi]\chi$。此时有以下可能：

a. $\varphi = [\psi]p$，由引理 5.2.3（2）d 和情况二、三，有如果 $\varphi \in V$，那么（M^c，s_V）$\models \varphi$；

b. φ = [ψ] $\neg\chi$，由引理 5.2.3（2）e 和情况二、三，有如果 $\varphi \in V$，那么（M^c，s_V）$\models \varphi$；

c. φ = [ψ] $\xi \rightarrow \zeta$，引理 5.2.3（2）f 及情况二、三，有如果 $\varphi \in V$，那么（M^c，s_V）$\models \varphi$；

d. φ = [ψ] M χ，引理 5.2.3（2）g 和情况二、三，有如果 $\varphi \in V$ 那么（M^c，s_V）$\models \varphi$；

e. φ = [ψ] [ξ] ζ，引理 5.2.3（2）h 和情况二、三，有如果 $\varphi \in V$，则（M^c，s_V）$\models \varphi$。

有了以上的定理和引理，我们可以证明记忆基本逻辑 M_bL 系统的完全性。

定理 5.2.6 记忆基本逻辑 M_bL 相对于其语义是完全的，即：如果 $\models \varphi$，则 $\vdash\varphi$。

证明：假设 $\vdash\varphi$ 不成立，则 {$\neg\varphi$} 是一致的。因此，存在一个极大一致集 Γ，使得 $\neg\varphi \in \Gamma$，由引理 5.2.5，在典范模型 M^c 中，有（M^c，s_V）$\models \neg\varphi$，则 $\models \varphi$ 不成立。

讨论：

这一逻辑刻画了短时记忆与长时记忆的关系，这样记忆的全部内容都可以得到说明了。同时这一刻画是一种动态刻画，这就使得短时记忆内容不断地从长时记忆中调用的流动性特征得到了说明。[φ] ψ 中的 φ 被看作是当下起作用的短时记忆的内容，也可以看作是主体当下获得的信息，这样就可以从直观上说明短时记忆与长时记忆是直接联系的。

特征公理 [φ] p ≡M（$\varphi \rightarrow$ p）可以表示主体通过某个活动获得记忆，因此也可以刻画经验记忆。根据 Fagin 和 Halpern 的思路，还可以刻画主体觉知的信念不断地通过短时记忆与长时记忆的连结而得到更新。

将记忆看作是一个动作行为，这在 Yoichi Hirai[①]，Grzegorz

① Yoichi Hirai, *An Intuitionistic Epistemic Logic for Sequential Consistency on Shared Memory* [J]. Lecture Notes in Computer Science, Vol. 6355: pp. 272—289, 2010.

Borowik，Tadeusz Lubahe，Pawel Tomaszewicz① 等计算机理论研究者的论文中就得到非常清楚的说明。本文对记忆的刻画则主要是将记忆看作是一个命题态度来进行分析的，从长时记忆到短时记忆的调用仅仅是表达它的一个动态性质，而不是将记忆看作是一个动作本身。

第三节　记忆与信念逻辑 LML

本节在记忆基本逻辑 M_bL 的基础上，增加表达记忆与信念关系性质的公理，得到一个记忆与信念的逻辑 LML。

根据第一节的分析，一个主体的记忆与信念应该具有一致性关系，即如下表达成立：

如果主体 *i* 记得 p，那么主体 *i* 相信 p。

这一表达形式化为：$Mp \to Lp$。

如果将这一表达作为一个特征公理，则可以建构表达记忆与信念关系的基本逻辑 LML。

表达记忆与信念关系的基本逻辑 LML 的语言是前面的记忆基本逻辑 M_bL 加上基本信念逻辑的语言。

定义 5.3.1　给定一个原子命题变元集 P 和一个主体的搜索行为集 E，记忆与信念逻辑 LML 的语言具有如下的递归定义：

$\varphi ::= p \mid \neg\varphi \mid (\varphi \to \psi) \mid M\varphi \mid L\varphi \mid [\varphi]\psi$

这里我们只考虑主体自身的记忆，因而公式 $M\varphi$ 不需要表明是哪一个主体。这里 L 的直观意义如同基本信念逻辑。

定义 5.3.2　记忆与信念逻辑 LML 的模型是一个四元组 $M = \langle S, R_M, R_L, V \rangle$，其中：

① Grzegorz Borowik，Tadeusz Lubahe，Pawel Tomaszewicz，*On Memory Capacity to Implement Logic Functions* [J]. Computer Aided Systems Theory-EUROCAST 2011，Lecture Notes in Computer Science，Vol. 6928：pp. 343—350，2012.

(1) S是一个非空的可能世界集;

(2) R_M是一个定义在S上的二元关系;

(3) R_L是一个定义在S上的满足持续的、传递的和欧性的二元关系;

(4) 给定一个可能世界 $s \in S$, 任给 $t \in S$, 如果有 sR_Mt, 那么有 sR_Lt;

(5) V是一个定义在可能世界 $s \in S$ 上的每一原子命题的真值函数。

该模型中涉及两个可及关系, 一个是记忆关系 R_M, 一个是信念关系 R_L。这里的定义5.3.2 (4) 给出了一个限制, 将和当前世界有 R_M关系的可能世界看作是与当前世界有 R_L关系的可能世界的一部分。这样的结果是, 只要是与当前世界有 R_M关系的可能世界, 一定是与当前世界有 R_L关系的可能世界。这个限制表达了两类可能世界间的相互联系, 使得记忆的可能状态和信念的可能状态联系起来了。

定义5.3.3 给定LML的模型和一个可能世界 $s \in S$, 一个公式 φ 在s中是真的, 记为 $(M, s) \vDash \varphi$, 对公式 φ 的真有如下的递归定义:

(1) $(M, s) \vDash p$, 当且仅当 $p \in V(s)$;

(2) $(M, s) \vDash \neg\varphi$, 当且仅当没有 $(M, s) \vDash \varphi$;

(3) $(M, s) \vDash \varphi \rightarrow \psi$, 当且仅当或者没有 $(M, s) \vDash \varphi$, 或者有 $(M, s) \vDash \psi$;

(4) $(M, s) \vDash M\varphi$, 当且仅当对于所有 $s, t \in S$ 使得 $(s, t) \in R_M$, $(M, t) \vDash \varphi$;

(5) $(M, s) \vDash L\varphi$, 当且仅当对于所有 $s, t \in S$ 使得 $(s, t) \in R_L$, $(M, t) \vDash \varphi$;

(6) $(M, s) \vDash [\varphi]\psi$, 当且仅当对所有 $t \in W$ 使得 $(s, t) \in R_M$, 如果 $(M, t) \vDash \varphi$, 那么 $(M|\varphi, t) \vDash \psi$。

其中, $M|\varphi$ 是模型在 φ 上的一个限制, 即满足如下条件的一

个多元组（S′，R′，V′）：

$S' = \{n \in S \mid (M, n) \vDash \varphi\}$；

$R' = R_M \cap (S' \times S')$；

$V' = V \cap S'$。

如果 φ 在模型 M 的每一可能世界上都是真的，则称 φ 相对于模型 M 有效，记为 $M \vDash \varphi$。

命题 5. 3. 1　下列公式是相对于 LML 的语义是有效的。

（1）所有的命题重言式；

（2）$M\varphi \wedge M(\varphi \to \psi) \to M\psi$；

（3）$[\varphi]p \equiv M(\varphi \to p)$；

（4）$[\varphi]\neg\psi \equiv (M\varphi \to \neg[\varphi]\psi)$；

（5）$[\varphi](\psi \to \chi) \equiv ([\varphi]\psi \to [\varphi]\chi)$；

（6）$[\varphi]M\psi \equiv M(\varphi \to [\varphi]\psi)$；

（7）$[\varphi][\psi]\chi \equiv [\varphi \wedge [\varphi]\psi]M\chi$；

（8）$M\varphi \to L\varphi$。

证明：（1）—（7）参考前面的证明，这里只证明公式（8）：

任给模型（M，s），

$(M, s) \vDash M\varphi$，当且仅当，

$\forall t \in W$ 使得 $(s, t) \in R_M$，都有 $(M, t) \vDash \varphi$，根据定义 3. 3. 2（4），则有

$(s, t) \in R_L$，则有

$(M, s) \vDash L\varphi$。

证毕。

命题 5. 3. 2　下列公式是相对于 LML 的语义是有效的。

（1）$L\varphi \wedge L(\varphi \to \psi) \to L\psi$；

（2）$\neg L(\varphi \wedge \neg\varphi)$；

（3）$L\varphi \to LL\varphi$；

（4）$\neg L\varphi \to L\neg L\varphi$。

证明：略。

命题 5.3.2 是说基本信念逻辑的特征公理是相对于 LML 的语义是有效的。

命题 5.3.3 如下命题是相对于 LML 的语义是有效的。

(1) 如果 $\models \varphi$ 并且 $\models \varphi \rightarrow \psi$，那么 $\models \psi$；

(2) 如果 $\vdash \varphi$，则 $\vdash M\varphi$；

(3) 如果 $\vdash \varphi$，则 $\vdash L\varphi$；

(4) 如果 $\vdash \varphi$，则 $\vdash [\psi]\varphi$。

证明：略。

命题 5.3.3 是说分离规则和关于 M、L 和 $[\psi]$ 的必然化规则是相对于 LML 的语义有效的。

定义 5.3.4 记忆与信念逻辑 LML 的公理系统由以下公理和规则构成：

(1) 所有的命题重言式；

(2) $M\varphi \wedge M(\varphi \rightarrow \psi) \rightarrow M\psi$；

(3) $[\varphi]p \equiv M(\varphi \rightarrow p)$；

(4) $[\varphi]\neg\psi \equiv (M\varphi \rightarrow \neg[\varphi]\psi)$；

(5) $[\varphi](\psi \rightarrow \chi) \equiv ([\varphi]\psi \rightarrow [\varphi]\chi)$；

(6) $[\varphi]M\psi \equiv M(\varphi \rightarrow [\varphi]\psi)$；

(7) $[\varphi][\psi]\chi \equiv [\varphi \wedge [\varphi]\psi]M\chi$；

(8) $M\varphi \rightarrow L\varphi$；

(9) $L\varphi \wedge L(\varphi \rightarrow \psi) \rightarrow L\psi$；

(10) $\neg L(\varphi \wedge \neg\varphi)$；

(11) $L\varphi \rightarrow LL\varphi$；

(12) $\neg L\varphi \rightarrow L\neg L\varphi$。

(13) MP 规则：由 φ 和 $\varphi \rightarrow \psi$ 可以得到 ψ；

(14) N 规则 1：由 φ 可以得到 $M\varphi$；

(15) N 规则 2：由 φ 可以得到 $L\varphi$；

(16) N 规则 3：由 φ 可以得到 $[\varphi]\varphi$。

记忆与信念逻辑 LML_B 的公理系统既有一致性又有完全性，即如下定理成立：

定理 5.3.1　记忆与信念逻辑 LML_B 相对于其语义是一致的，即：如果 $\vdash\varphi$，那么 $\models\varphi$。

证明：由命题 5.3.1 可证。

对记忆与信念逻辑 LML_B 的完全性的证明采用典范模型方法进行，因此只需要在记忆基本逻辑 M_bL 的基础上补充对公式 $M\varphi\rightarrow L\varphi$ 的相关说明即可，这里不再给出详细的证明。即如下定理成立：

定理 5.3.2　记忆与信念逻辑 LML_B 相对于其语义是完全的，即：如果 $\models\varphi$，则 $\vdash\varphi$。

证明：略。

在记忆与信念逻辑 LML_B 中对记忆与信念关系的刻画只是表达了这样的直观思想：凡是被主体所记忆的内容都是主体的信念。或者说，只有主体相信的信息才会成为主体的记忆被储存起来。

小结：

前面通过三个逻辑的构建，刻画了主体记忆的几个基本性质以及主体记忆与信念的基本关系。这三个逻辑是逐步扩张的逻辑。

第一个逻辑刻画了短时记忆的基本特征，即直接记忆的推理也是记忆。其逻辑刻画用记忆的 k 公理来表达。这一刻划利用短时记忆容量极其有限的哲学特征来避免逻辑全知问题。

第二个逻辑刻画了短时记忆与长时记忆关系的基本特征，其特征公理是如下 5 个公式：

$[\varphi]p\equiv M(\varphi\rightarrow p)$；

$[\varphi]\neg\psi\equiv(M\varphi\rightarrow\neg[\varphi]\psi)$；

$[\varphi](\psi\rightarrow\chi)\equiv([\varphi]\psi\rightarrow[\varphi]\chi)$；

$[\varphi]M\psi\equiv M(\varphi\rightarrow[\varphi]\psi)$；

$[\varphi][\psi]\chi\equiv[\varphi\wedge[\varphi]\psi]M\chi$；

这 5 个公式分别归纳说明了从原子命题开始的长时记忆通过搜索信息进入短时记忆中。这一刻画是通过动态逻辑来直观地说明长时记忆的内容通过被短时记忆的某个刺激信息所调用进入短时记忆这一记忆的流动性特征。

第三个逻辑刻画了记忆与信念的基本关系。其特点是，通过对记忆与信念两类可能世界的可及关系的模型限制来建构复合逻辑。

第四节　回溯时间逻辑 PPTL

本节给出刻画记忆、信念与时间的逻辑。首先介绍基本时间逻辑并进行简要讨论，然后给出一个表达过去时间的回溯线性时间逻辑，在此基础上给出一个刻画主体的记忆与信念和时间如何联系的逻辑。

前面提出的一个向上线序的时态逻辑 PTL 是一个表达关于将来时间的逻辑，没有涉及过去时间。利用这一逻辑的技术思想，则可以建立一个只表达过去时间的逻辑，用来刻画主体记忆的时间性质。本节建立一个用于刻画记忆的时间性质的时间逻辑，鉴于该逻辑只需要刻画过去而不需要涉及未来，因而命名为回溯时间逻辑 PPTL。

回溯时间逻辑在语言上需要用到表示倒退的算子 B 和算子 S。

定义 5.4.1　给定一个原子命题变元集 P，回溯时间逻辑 PPTL 的语言有如下的递归定义：

$\varphi ::= p \mid \neg\varphi \mid \varphi \rightarrow \psi \mid B\varphi \mid \varphi S\psi$

其中，$B\varphi$ 表示在前一时间点上 φ 为真，$\varphi S\psi$ 表示在一个时间路径上 ψ 过去一直为真直到 φ 为真；命题算子∧、∨和≡的定义与经典逻辑相同。定义 $P\varphi =_{df} trueS\varphi$，表示自当前时间点之前可能有 φ 真，$P\varphi$ 在这里被当作公式 $\varphi S\psi$ 的一个特例；定义 $H\varphi =_{df} \neg P\neg\varphi$，表示在当前时间点之前的所有时间点上 φ 都为真。

定义 5.4.2　回溯时间逻辑 PPTL 的模型是一个三元组 $M = \langle T, \leqslant, V\rangle$，其中，

(1) T 是一个非空的时间点集；

（2）≤是定义在时间点集 T 上满足如下条件的二元关系：

（a）自返性：对于所有的 $t_i \in T$，都有 $t_i \leq t_i$；

（b）持续性和离散性：对于所有的 $t_i \in T$，都存在一个 $t_j \neq t_i$，使得 $t_j \leq t_i$，并且不存在 $t_k \in T$ 使得 $t_i \leq t_k$ 并且 $t_k \leq t_j$；

（c）传递性：对于所有的 t_i，t_j，$t_k \in T$，如果 $t_i \leq t_j$ 并且 $t_j \leq t_k$，那么 $t_i \leq t_k$；

（d）回溯线性：对于所有的 t_i，t_j，$t_k \in T$，如果都有 $t_i \leq t_j$ 并且 $t_i \leq t_k$，那么或者 $t_j \leq t_k$，或者 $t_k \leq t_j$。

（3）V 是对每个命题变元在每个时间点 t_i 上的赋值函数。

每一个 T 也称作一个可能世界，每一可能世界 T 是一个时间结构。定义在时间点上的关系≤满足自返性、持续性、离散性、传递性和回溯线性，记一个满足持续性、离散性、传递性和回溯线性但是不满足自返性的关系为＜。

定义 5.4.3　给定一个模型 M 和一个时间点 $t_i \in T$，一个 PPTL 中的公式 φ 在模型 M 上为真，当且仅当在可能世界 T 的一个时间点 t_i 上为 φ 真，记为（M，t_i）$\models_{PPTL} \varphi$，简记为（M，t_i）$\models \varphi$，有如下递归定义：

（1）（M，t_i）$\models p$，当且仅当 $t_i \in V$（p）；

（2）（M，t_i）$\models \neg\varphi$，当且仅当并非（M，t_i）$\models \varphi$；

（3）（M，t_i）$\models \varphi \rightarrow \psi$，当且仅当或者并非（M，$t_i$）$\models \varphi$，或者（M，$t_i$）$\models \psi$；

（4）（M，t_i）$\models B\varphi$，当且仅当存在时间点 t_{i-1}，（M，t_{i-1}）$\models \varphi$；

（5）（M，t_i）$\models \varphi S \psi$，当且仅当存在 t_k 使得 $t_k \leq t_i$，（M，t_k）$\models \psi$，并且对于所有的 $t_j \leq t_i$ 且 $t_k < t_j$ 都有（M，t_j）$\models \varphi$；

根据前面对 Hφ 和 Pφ 的定义，可以得出如下语义：

（6）（M，t_i）$\models H\varphi$，当且仅当对于所有 t_k 使得 $t_k \leq t_i$，都有（M，t_k）$\models \varphi$；

（7）（M，t_i）$\models P\varphi$，当且仅当存在 t_k 使得 $t_k \leq t_i$，使得（M，

t_k）$\models\varphi$。

对公式 $\varphi S\psi$ 的真的赋值定义表达了这样的直观，即现在或者有 ψ 为真，或者有 φ 为真。

φ 在一个可能世界的某个时间点上为真也称 φ 在模型 M 上可满足，这时模型 M 也称是 φ 的模型。如果 φ 在模型 M 的每一可能世界 T 的每一时间点上都为真，则称 φ 相对于模型 M 有效，记为 $M\models_{PPTL}\varphi$，在不引起歧义的情况下简记为 $\models\varphi$。

根据定义，时间算子 B 表达的是逐点回溯的含义。

命题 5.4.1 下列公式是相对于 PPTL 的模型有效的：

（1）$(H\varphi\wedge H(\varphi\rightarrow\psi))\rightarrow H\psi$；

（2）$H\varphi\rightarrow\varphi\wedge BH\varphi$；

（3）$H(\varphi\rightarrow B\varphi)\rightarrow(\varphi\rightarrow H\varphi)$；

（4）$(B\varphi\wedge B(\varphi\rightarrow\psi))\rightarrow B\psi$；

（5）$B\neg\varphi\equiv\neg B\varphi$；

（6）$\varphi S\psi\equiv\psi\vee(\varphi\wedge B(\varphi S\psi))$。

证明：

（1）证明 $(H\varphi\wedge H(\varphi\rightarrow\psi))\rightarrow H\psi$ 是相对于 PPTL 的模型有效的，则

任给（M，t_i），

（M，t_i）$\models H\varphi\wedge H(\varphi\rightarrow\psi)$，当且仅当对于所有的 t_k 使得 $t_k\leqslant t_i$，都有

（M，t_k）$\models\varphi$ 并且（M，t_k）$\models\varphi\rightarrow\psi$，则有

（M，t_k）$\models\psi$，则有

（M，t_i）$\models H\psi$。

证毕。

（2）任给（M，t_i），

（M，t_i）$\models H\varphi$，当且仅当对于所有的 t_k 使得 $t_k\leqslant t_i$，都有

（M，t_k）$\models\varphi$，则有

（M，t_i）$\models\varphi$，并且对于任意 t_j 使得 $t_k\leqslant t_j\leqslant t_{i-1}$，都有（M，

t_j）$\models\varphi$；则有

（M，t_i）$\models\varphi$，并且（M，t_{i-1}）$\models H\varphi$；则有

（M，t_i）$\models\varphi\wedge BH\varphi$。

证明（4）：任给（M，t_i），

（M，t_i）$\models B\varphi\wedge B(\varphi\to\psi)$，当且仅当存在 t_{i-1}，使得

（M，t_{i-1}）$\models\varphi\wedge(\varphi\to\psi)$，当且仅当

（M，t_{i-1}）$\models\psi$，当且仅当

（M，t_i）$\models B\psi$。

证毕。

证明（5）：任给（M，t_i），

（M，t_i）$\models B\neg\varphi$，当且仅当存在 t_{i-1}，使得

（M，t_{i-1}）$\models\neg\varphi$，当且仅当

没有（M，t_{i-1}）$\models\varphi$，当且仅当

没有（M，t_i）$\models B\varphi$，当且仅当

（M，t_i）$\models\neg B\varphi$。

证毕。

（3）和（6）的证明略。

命题 5.4.1（2）表达了模型的自返性，命题 5.4.1（4）表达了模型的回溯线性。

命题 5.4.2　下列公式是相对于 PPTL 的语义有效的：

（1）$H\varphi\to HH\varphi$；

（2）$B(\varphi\vee\neg\varphi)$。

证明（1）：任给（M，t_i），

（M，t_i）$\models H\varphi$ 当且仅当对于所有的 t_j 使得 $t_j\leqslant t_i$，都有

（M，t_j）$\models\varphi$，并且对于所有的 k 使得 $t_k\leqslant t_j\leqslant t_i$，都有

（M，t_k）$\models\varphi$，则有对于所有的 t_j 使得 $t_j\leqslant t_i$，都有

（M，t_j）$\models H\varphi$，则有

（M，t_i）$\models HH\varphi$。

证毕。

（2）的证明略。

命题 5.4.2（1）表达了模型的传递性。命题 5.4.2（2）表达了模型的持续性和离散性。

命题 5.4.3 如下命题相对于 PPTL 的模型成立：

（1）如果 $\models \varphi$ 并且 $\models \varphi \to \psi$，那么 $\models \psi$；

（2）如果 $\models \varphi$，那么 $\models H\varphi$。

证明：由定义 5.4.3（3）和定义（6）可证，略。

命题 5.4.3 是说分离规则和必然化规则能够保持 PPTL 的有效性。

定义 5.4.4 PPTL 的公理系统由以下公理和规则构成：

（1）所有命题逻辑的重言式；

（2）$(H\varphi \wedge H(\varphi \to \psi)) \to H\psi$；

（3）$H\varphi \to \varphi \wedge BH\varphi$；

（4）$H(\varphi \to B\varphi) \to (\varphi \to H\varphi)$；

（5）$H\varphi \to HH\varphi$；

（6）$(B\varphi \wedge B(\varphi \to \psi)) \to B\psi$；

（7）$B\neg\varphi \equiv \neg B\varphi$；

（8）$B(\varphi \vee \neg\varphi)$；

（9）$\varphi S\psi \equiv \psi \vee (\varphi \wedge B(\varphi S\psi))$；

MP 规则：从 φ 和 $(\varphi \to \psi)$，可以得到 ψ；

N 规则：从 φ 可以得到 $H\varphi$。

如果一个公式 φ 在一个公理系统 R 中有一个证明，则称 φ 是该系统可证的，记为 $\vdash_R \varphi$，在不引起歧义的情况下也记为 $\vdash \varphi$。如果每一个可证的公式 φ 都是相对于该系统的语义有效的，则称该系统具有可靠性；如果每一个相对于其语义有效的公式 φ 都是该系统可证的，则称系统具有完全性。

根据向上线序的时态逻辑 PTL 的技术思路，可证明回溯线性时间逻辑 PPTL 即有可靠性又有完全性，即有如下定理：

定理 5.4.1 PPTL 相对于其语义是可靠的，即如果 $\vdash \varphi$，那

么 $\models\varphi$。

证明：一个 PPTL 的公式 φ 是可证的，则存在一个公式序列 φ_1，φ_2，…，φ_n，$\varphi_n=\varphi$，使得对于每一个 φ_i，$i\in N$，满足如下条件之一：

（1）φ_i是公理；

（2）φ_i是由前面的公式运用推理规则得到的。

因此，要证明一个公式 φ 是有效的，只需要证明系统的每一个公理都相对于语义有的，并且推理规则是保持语义有效的。根据命题 1、命题 2 和命题 3 得证。

对时态逻辑的完全性证明不同于一般的模态逻辑，因为时态逻辑的可能世界结构是一个有别于一般的可能世界模型的序结构。本文对回溯线性时间逻辑 PPTL 的系统完全性证明参考了文献［Jordi Fernández，2008］①、［Gerbrandy，Groeneveld，1997］②和［Christian Schumacher，1992］③的证明并采用了［Finger，Gabbay，2002］④、［Stirling，1992］⑤、［Meyer，2001］⑥和［Cohen，Levesque，1990］⑦给出的一些方法。

下面给出对 PPTL 的完全性证明，首先给出证明所需的引理和

---

① Jordi Fernández, *Memory and time* ［J］. Philosophy Study, Vol. 141: pp. 333—356, 2008.

② J. Gerbrandy, W. Groeneveld, *Reasoning about Information Change* ［J］. Journal of Logic, Language and Information, Vol. 6: pp. 147—169, 1997.

③ Christian Schumacher, *A* Logic for Memory ［J］. Nonclassical Logics and Information Processing Lecture Notes in Computer Science Vol. 619: pp. 23—45, 1992.

④ M. Finger, D. M. Gabbay, and M. Reynolds, *Advanced Tense Logic* ［A］. Handbook of Philosophical Logic ［C］. Dov M. Gabby and F. Guenthner (ed.), Klumwer Academic Publishers, Volume 7, 2002.

⑤ C. Stirling, *Modal and temporal logics* ［A］. Handbook of Logic in Computer Science, volume 2, Clarendon Press, Oxford, 1992.

⑥ J. -J. Meyer, *Epistemic Logic* ［A］. Philosophical Logic ［C］. Lou Goble (ed.), Blackwell Publisher, 2001.

⑦ P. R. Cohen, H. J. Levesque, *Intention Is Choice with Commitment* ［J］. Artificial Intelligence, Vol. 42: pp. 213—261, 1990.

定义。

定义 5.4.5 Γ是一个公式集，如果对任意公式 φ，$\Gamma\vdash_R\varphi$ 和 $\Gamma\vdash_R\neg\varphi$不同时成立，则称Γ是 R_一致的。如果Γ是一致的，并且对于任意公式 φ，如果 $\varphi\notin\Gamma$则$\Gamma\cup\{\varphi\}$ 不是一致的，则称Γ是 R_极大一致的。

Γ是 R_一致的通常简称为Γ是一致的，Γ是 R_极大一致的通常简称为Γ是极大一致的。

引理 5.4.2 （Lindenbaum 引理）任何一个一致集都可以扩张成一个极大一致集。

证明：略。

引理 5.4.3 Γ是一个极大一致的公式集，任给公式 φ 和 ψ，都有：

（1） $\varphi\in\Gamma$当且仅当$\neg\varphi\notin\Gamma$；

（2）（$\varphi\to\psi$） $\in\Gamma$，当且仅当或者 $\varphi\notin\Gamma$，或者 $\psi\in\Gamma$；

（3）（$\varphi\wedge\psi$） $\in\Gamma$当且仅当 $\varphi\in\Gamma$并且 $\psi\in\Gamma$；

（4）（$\varphi\vee\psi$） $\in\Gamma$当且仅当或者 $\varphi\in\Gamma$或者 $\psi\in\Gamma$；

（5） 如果 $H\varphi\in\Gamma$，则有 $\varphi\in\Gamma$，$BH\varphi\in\Gamma$，并且 $HH\varphi\in\Gamma$；

（6） $\neg B\varphi\in\Gamma_i$当且仅当 $B\neg\varphi\in\Gamma_i$；

（7） 如果 $B\varphi\in\Gamma$并且 B（$\varphi\to\psi$） $\in\Gamma$，那么 $B\psi\in\Gamma$；

（8） 如果 $\varphi S\psi\in\Gamma$，则或者 $\psi\in\Gamma$，或者 $\varphi\in\Gamma$并且 B（$\varphi S\psi$） $\in\Gamma$。

证明：（1）—（4）显然，略；（5）由公理（3）和公理（5）直接可得，（6）由公理（7）直接可得，（7）由公理（6）直接可得，（8）由公理（9）直接可得。

直观上说，一个极大一致集可以看作是对可能世界上的时间点（或者称为一个状态）的信息的完全描述。如果所有极大一致公式集的集合记为 S_{MCS}，那么一个可能世界 T 上的时间点 t_i和 S_{MCS}的元素Γ_i可以一一对应。如果能够找到和可能世界 $T=t_0$，t_1，t_2，… 相对应的极大一致集序列$\pi=\Gamma_0$，Γ_1，Γ_2，…，使得任给一个与系

统一致的公式 φ，都有 $\varphi \in \Gamma_i$ 当且仅当（M，t_i）$\vDash \varphi$，那么就证明了系统完全性。对此需要建立如下的定义和引理。

定义 5.4.6　对于任意 Γ_i，$\Gamma_j \in S_{MCS}$，i 和 j 是自然数，定义关系 R_- 和 $R_<$ 为：

（1）Γ_i，Γ_j 有 R_- 关系，记为（Γ_i，Γ_j）$\in R_-$，当且仅当 $\{\varphi \mid B\varphi \in \Gamma_i\} \subseteq \Gamma_j$；

（2）Γ_i，Γ_j 有 $R_<$ 关系，记为（Γ_i，Γ_j）$\in R_<$，当且仅当 $\{\varphi \mid BH\varphi \in \Gamma_i\} \subseteq \Gamma_j$。

引理 5.4.4　对于任意 $\Gamma_i \in S_{MCS}$，满足（Γ_i，Γ_j）$\in R_-$ 的 Γ_j 是唯一确定的。

证明：如果与 Γ_i 有 R_- 关系的 Γ_j 不是唯一确定的，假设有 Γ_j 和 Γ'_j，则存在一个公式 φ，使得 $\varphi \in \Gamma_j$ 且 $\varphi \notin \Gamma'_j$，则有 $\neg\varphi \in \Gamma'_j$，则有 $B\varphi \in \Gamma_i$ 且 $B\neg\varphi \in \Gamma_i$，由引理 5.4.3（6），有 $B\varphi \in \Gamma_i$ 且 $\neg B\varphi \in \Gamma_i$，这产生矛盾。

由于和 Γ_i 有 R_- 关系的 Γ_j 是唯一确定的，直观上说，Γ_j 是排在 Γ_i 前面一位的极大一致集，故此时 $j = i-1$。

引理 5.4.5　对于任意 $\Gamma_i \in S_{MCS}$，$B\varphi \in \Gamma_i$，当且仅当存在 $\Gamma_j \in S_{MCS}$，使得（Γ_i，Γ_j）$\in R_-$，$\varphi \in \Gamma_j$。

证明：先证从左边到右边。由引理 5.4.3（1）和 5.4.3（6），如果 $B\varphi \in \Gamma_i$ 那么 $B\neg\varphi \notin \Gamma_i$，则 $\{\varphi \mid B\varphi \in \Gamma_i\}$ 是一致的，由引理 5.4.2，$\{\varphi \mid B\varphi \in \Gamma_i\}$ 可扩张为一个极大一致集 Γ_j 且 $\{\varphi \mid B\varphi \in \Gamma_i\} \subseteq \Gamma_j$，即存在 $\Gamma_j \in S_{MCS}$，使得（Γ_i，Γ_j）$\in R_-$，$\varphi \in \Gamma_j$。

同理可证从右边到左边。证毕。

引理 5.4.4 和引理 5.4.5 证明了关系 R_- 是满足持续性和离散性的。

引理 5.4.6　对于任意 $\Gamma_i \in S_{MCS}$，$BH\varphi \in \Gamma_i$ 当且仅当对于所有的 Γ_j 使得（Γ_i，Γ_j）$\in R_<$，都有 $\varphi \in \Gamma_j$。

证明：由定义 5.4.6（2）直接可得。

此时 j 至少比 i 要小 1，因此有 i <j。

引理 5.4.7　对于任意 Γ_i，$\Gamma_j \in S_{MCS}$，如果（Γ_i，Γ_j）$\in R_-$，那

么 $(\Gamma_i, \Gamma_j) \in R_<$。

证明：如果 $(\Gamma_i, \Gamma_j) \in R_-$，则据定义 5.4.6（1），如果 $BH\varphi \in \Gamma_i$ 则有 $H\varphi \in \Gamma_j$，则由引理 5.4.3（5）有 $\varphi \in \Gamma_j$，则由定义 5.4.6（2）得证。

引理 5.4.8　$R_<$ 是基于 R_- 传递封闭的。即假设有一个极大一致集的序列记为 $\pi = \Gamma_0, \Gamma_1, \Gamma_2, \ldots$，其中 $\Gamma_i \in \pi \subseteq S_{MCS}$，$i \geqslant 0$，如果对于任意 $\Gamma_i \in \pi$，都有 $(\Gamma_i, \Gamma_{i-1}) \in R_-$，那么对于任意 Γ_i，Γ_j，$\Gamma_k \in \pi$，如果有 $(\Gamma_i, \Gamma_j) \in R_<$ 且 $(\Gamma_j, \Gamma_k) \in R_<$，那么 $(\Gamma_i, \Gamma_k) \in R_<$。

证明：对于任意 Γ_i，Γ_j，$\Gamma_k \in \pi$，如果有 $(\Gamma_i, \Gamma_j) \in R_<$ 且 $(\Gamma_j, \Gamma_k) \in R_<$，那么存在序列 $\Gamma_i, \Gamma_{i-1}, \ldots, \Gamma_j, \Gamma_{j-1}, \ldots, \Gamma_k$，使得相邻的两个极大一致集都有关系 R_-。由引理 5.4.3（5），如果 $H\varphi \in \Gamma_i$，那么有 $BH\varphi \in \Gamma_i$，由定义 5.4.6（1），则有 $H\varphi \in \Gamma_{i-1}$，如此先由引理 5.4.3（5）再据定义 5.4.6（1），反复使用至 $H\varphi \in \Gamma_k$，由定义 5.4.6（2）可证 $(\Gamma_i, \Gamma_k) \in R_<$。

引理 5.4.8 证明了基于 R_- 的 $R_<$ 是满足传递性的。

定义 5.4.7　一条路径是指满足如下条件的一个极大一致集的有序集，记为 $\pi = \Gamma_0, \Gamma_1, \Gamma_2, \ldots$，其中 $\Gamma_i \in \pi$，$\pi \subseteq S_{MCS}$，$i \geqslant 0$，每一个 Γ_i 称为 π 上的点：

（1）任给 $\Gamma_i \in \pi$，都有 $\Gamma_{i-1} \in \pi$，使得 $(\Gamma_i, \Gamma_{i-1}) \in R_-$;；

（2）任给 $\Gamma_i \in \pi$，如果 $\Gamma_j \in \pi$，那么或者有 $(\Gamma_i, \Gamma_j) \in R_<$，或者有 $(\Gamma_j, \Gamma_i) \in R_<$。

定义 5.4.7 是说路径 π 上的点是由满足基于 R_- 的关系 $R_<$ 的极大一致集构造起来的，条件（1）是说每一时间点都应该有下一个时间点，即是说未来是无穷的；条件（2）是说路径上任意两个时间点间都是有 $R_<$ 关系的。如果能够证明所定义的路径是存在的，那么就可以将路径和可能世界对应起来。这需要证明如下引理：

引理 5.4.9　满足定义 5.4.7 的路径 $\pi = \Gamma_0, \Gamma_1, \Gamma_2, \ldots$ 是存在的。

证明：首先证明条件（1）是能够满足的。

由引理5.4.3（1），对于任意一个$\Gamma_i \in \pi$，则或者$\neg B\varphi \in \Gamma_i$或者$B\varphi \in \Gamma_i$；假设$B\varphi \in \Gamma_i$，则由引理5.4.5，$B\varphi \in \Gamma_i$当且仅当存在$\Gamma_{i-1}$，$\varphi \in \Gamma_{i-1}$，使得（$\Gamma_i$，$\Gamma_{i-1}$）$\in R_-$；假设$\neg B\varphi \in \Gamma_i$，则由引理5.4.4，有$B\neg\varphi \in \Gamma_i$，则由引理4.5存在$\Gamma_{i-1}$，$\neg\varphi \in \Gamma_{i-1}$，使得（$\Gamma_i$，$\Gamma_{i-1}$）$\in R_-$。则定义5.4.7（1）总是能满足的。

再证明条件（2）是能够满足的。

如果$\Gamma_j \in \pi$，由条件（1），那么或者有Γ_i，Γ_{i-1}，…Γ_j，或者有Γ_j，Γ_{j-1}，…Γ_i，使得任意相邻两点间有R_-关系，那么由引理5.4.6、5.4.7和5.4.8，可得或者有（Γ_i，Γ_j）$\in R_<$，或者有（Γ_j，Γ_i）$\in R_<$。

由引理5.4.9，以下两个推论是成立的。

推论5.4.10　（1）Γ_i是π上的点，总存在Γ_{i-1}，使得（Γ_i，Γ_{i-1}）$\in R_-$；

（2）Γ_i，Γ_k，Γ_j是π上的点，如果（Γ_i，Γ_k）$\in R_<$并且（Γ_i，Γ_j）$\in R_<$，$\Gamma_k \neq \Gamma_j$，那么或者（Γ_k，Γ_j）$\in R_<$，或者（Γ_j，Γ_k）$\in R_<$。

推论5.4.10（1）是说每一点都有下一个点，这实际上描述了未来的时间点是无穷的这一直观思想。推论5.4.10（2）是说路径上从当前点往后的点都是与当前点可比较的，即满足向上线性。

推论5.4.11　任给Γ_i是π上的点，都有

（1）$B(\varphi \vee \neg\varphi) \in \Gamma_i$；

（2）$H\varphi \rightarrow \varphi \in \Gamma_i$。

证明：（1）假设$B(\varphi \vee \neg\varphi) \notin \Gamma_i$，则有$\neg B(\varphi \vee \neg\varphi) \in \Gamma_i$，则有$B\neg(\varphi \vee \neg\varphi) \in \Gamma_i$，则有$B(\varphi \wedge \neg\varphi) \in \Gamma_i$，则有（$\Gamma_i$，$\Gamma_j$）$\in R_-$，使得$(\varphi \wedge \neg\varphi) \in \Gamma_j$，矛盾。

（2）由引理5.4.3（5）可证。

推论11（1）证明了路径π满足持续性和离散性，（2）证明了有了路径π满足自返性。由引理5.4.9和推论5.4.10、5.4.11，得到如下引理是很自然的：

引理 5.4.12　路径π上的点之间的关系就是定义 5.4.2（2）的≤关系。

证明：引理 5.4.8 证明了路径π满足传递性，推论 5.4.10 和推论 5.4.11 证明了路径π满足持续性、向上线性、离散性和自返性。

引理 5.4.13　Γ_i是π上的点，公式 φSψ ∈Γ_i，当且仅当或者ψ ∈Γ_i，或者存在Γ_j，（Γ_i，Γ_j）∈$R_<$使得ψ ∈Γ_j并且对于任意Γ_k，（Γ_i，Γ_k）∈$R_<$并且（Γ_k，Γ_j）∈$R_<$，都有φ ∈Γ_k。

证明：

如果公式 φSψ ∈Γ_i，由引理 5.4.3（8），或者有ψ ∈Γ_i，或者有φ ∈Γ_i并且 B（φSψ）∈Γ_i。假设有φ ∈Γ_i并且 B（φSψ）∈Γ_i，由引理 5.4.5、5.4.6 和引理 5.4.3（8）可得存在Γ_{i-1},（Γ_i，Γ_{i-1}）∈R_+使得或者ψ ∈Γ_{i-1}，此时有$\Gamma_{i-1}=\Gamma_j$，使得ψ ∈Γ_j并且对于任意Γ_k,（Γ_i，Γ_k）∈$R_<$并且（Γ_k，Γ_j）∈$R_<$，都有φ ∈Γ_k；或者有φ ∈Γ_{i-1}并且 B（φSψ）∈Γ_{i-1}，此时由引理 5.4.5、5.4.6 和 5.4.3（8）可得存在Γ_{i-2}，使得或者ψ ∈Γ_{i-2}，此时有$\Gamma_{i-2}=\Gamma_j$，使得ψ ∈Γ_j并且对于任意Γ_k，（Γ_i，Γ_k）∈$R_<$并且（Γ_k，Γ_j）∈$R_<$，都有φ ∈Γ_k；或者有φ ∈Γ_{i-2}并且 B（φSψ）∈Γ_{i-2-1}，……；依次类推，可得Γ_i是π上的点，公式 φSψ ∈Γ_i，当且仅当或者ψ ∈Γ_i，或者存在Γ_j，（Γ_i，Γ_j）∈$R_<$使得ψ ∈Γ_j并且对于任意Γ_k，（Γ_i，Γ_k）∈$R_<$并且（Γ_k，Γ_j）∈$R_<$，都有φ ∈Γ_k。

引理 5.4.9 证明了满足二元小于关系的路径π是存在的，这使得如果将π和可能世界 T 一一对应，那么可能世界 T 也是存在的，因此使得如下定义的模型恰好就是 PPTL 的模型。

定义 5.4.8　一个模型是一个三元组 M = < T，≤，V >，使得：

（1）定义一个函数 F，使得 F（Γ_i）= t_i，其中Γ_i∈π，π ⊆ S_{MCS}，t_i∈T；

（2）如果Γ_i，Γ_j∈π，或者$\Gamma_i=\Gamma_j$，或者有（Γ_i，Γ_j）∈$R_<$，则

有 $t_i \leqslant t_j$；

（3）对每一原子命题 $p \in P$ 的真值有如下定义：$p \in \Gamma_i$，$\Gamma_i \in \pi$，$\pi \subseteq S_{MCS}$，当且仅当 $t_i \in V$（p），$t_i \in T$。

直观地说，每一路径 π 上的点 Γ_i 对应一个可能世界 T 上的时间点 t_i，极大一致公式集 Γ_i 是对可能世界 T 上的时间点 t_i 的信息的完全描述，路径 π 上的极大一致集间的关系与时间点 t_i 上的关系是相同的，都满足二元 $\leqslant$ 关系。可以看到定义 5.4.8 所定义的模型恰好就是 PPTL 的模型，即有：

引理 5.4.14　模型 $M = \langle T, \leqslant, V \rangle$ 就是 PPTL 的模型。

证明：模型 $M = \langle T, \leqslant, V \rangle$ 的各项定义符合 PPTL 模型的各项定义。引理 5.4.9 证明了可能世界集 T 是非空的，引理 5.4.12 证明了 π 上的关系是 PTPL 模型上的关系 $\leqslant$。

证毕。由以上的定义和引理，可以证明如下引理成立：

引理 5.4.15　如果 $\varphi \in \Gamma_i$，那么（M，t_i）$\vDash \varphi$。

证明：施归纳于公式 φ 的结构：

情况 1：φ 是一个原子命题，此时有定义 $p \in \Gamma_i$ 当且仅当 $t_i \in V$（p），当且仅当（M，t_i）$\vDash p$；

情况 2：φ 是 $\neg\psi$，此时 $\neg\psi \in \Gamma_i$ 当且仅当 $\psi \notin \Gamma_i$，由归纳假设，此时没有（M，t_i）$\vDash \psi$，则（M，t_i）$\vDash \neg\psi$；

情况 3：φ 是 $\psi \rightarrow \chi$，此时 $\psi \rightarrow \chi \in \Gamma_i$ 当且仅当或者 $\chi \in \Gamma_i$ 或者 $\psi \notin \Gamma_i$，由归纳假设，此时或者（M，t_i）$\vDash \chi$，或者没有（M，t_i）$\vDash \psi$，即有（M，t_i）$\vDash \psi \rightarrow \chi$；

情况 4：φ 是 $B\psi$，则 $B\psi \in \Gamma_i$ 当且仅当 $\psi \in \Gamma_{i-1}$，由归纳假设（M，t_{i-1}）$\vDash \psi$，则有（M，t_i）$\vDash B\psi$；

情况 5：φ 是 $H\psi$，则由引理 5.4.3（5）和引理 6，$H\psi \in \Gamma_i$ 当且仅当对于所有 $j \geqslant i$，都有 $\psi \in \Gamma_j$，由归纳假设，则有对于所有 $j \geqslant i$，都有（M，t_j）$\vDash \psi$，则有（M，t_i）$\vDash H\psi$；

情况 6：φ 是 $\psi S \chi$，$\pi = \Gamma_0, \Gamma_1, \cdots$ 是一个路径，由引理 5.4.13 和归纳假设，或者（M，t_i）$\vDash \chi$，或者存在 j，k 有 $j > k \geqslant i$，

使得（M，t_j）⊨χ并且（M，t_k）⊨ψ，那么由定义5.4.3（5），（M，t_i）⊨ψSχ。

定理5.4.16 所有相对于PPTL语义有效的公式都是PPTL的定理，即如果⊨φ，则⊢φ。

证明：假设⊢φ不成立，则{¬φ}是一致的。因此，存在一个极大一致集Γ_i，使得$\neg\varphi\in\Gamma_i$。

那么由引理5.4.15，有（M，t_i）⊨¬φ，则⊨φ不成立。

回溯线性逻辑PPTL实际上刻画了一个从当前到过去的一个线序时间。从其语义上说，它可以刻画逐点回溯的性质。不过目前我们还不需要刻画得这样细腻。

有了回溯线性时间逻辑PPTL以及前面的记忆与信念逻辑，就可以进一步刻画记忆、信念与时间的逻辑关系。

第五节　记忆、信念与时间逻辑 MLL_{PPTL}

根据前面的分析，记忆与时间是密切联系的，不仅有当前的联系，而且与过去有联系。我们用如下两个公式来表示记忆与过去时间的关系：

M（φSψ）→M（Pψ∧φ）；

M（φSψ）→（LPψ∧LPφ）。

公式M（ψSφ）→M（Pψ∧φ）的其直观含义是：记得一个命题φ，意味着记得ψ出现之后一直φ成立。这一直观表达解释了短时记忆通过某个搜索提示（例如ψ）得到的，而这一搜索得到的记忆有两个：一个是记得ψ在过去成立，一个是现在记得φ。

公式M（φSψ）→（LPψ∧LPφ）的直观含义是：通过搜索提示ψ记得一个命题φ，意味着相信在过去ψ成立并且φ成立。这一含义刻画了主体的记忆是曾经的意识的观点，即记忆都是过去的信念。由于遗忘，这一公式反过来不成立。

将以上两个公式作为特征公理，可以在PPTL基础上建构表达记忆、信念与时间关系的逻辑 MLL_{PPTL}。

一　MLL_{PPTL}的语法和语义

记忆、信念与时间逻辑 MLL_{PPTL} 的语言由 PPTL 和记忆信念逻辑 LML 的语言合并而成。

定义 5.5.1　给定一个原子命题变元集 P 和一个主体的搜索行为集 E，记忆、信念与时间逻辑 MLL_{PPTL} 的语言具有如下的递归定义：

φ: $= p \mid \neg\varphi \mid (\varphi \to \psi) \mid M\varphi \mid L\varphi \mid [\varphi]\psi \mid B\varphi \mid \varphi S\psi$

MLL_{PPTL}的语言的解释如前面所述。

定义 5.5.2　记忆、信念与时间逻辑 MLL_{PPTL}的模型是一个多元组 $M = < S_T, \leqslant, R_M, R_L, V >$，其中，

（1）S_T是一个非空的时间点集 T 的集合；

（2）$\leqslant$是定义在时间点集 T 上满足如下条件的二元关系：

（a）自返性：对于所有的 $t_i \in T$，都有 $t_i \leqslant t_i$；

（b）持续性和离散性：对于所有的 $t_i \in T$，都存在一个 $t_j \neq t_i$，使得 $t_j \leqslant t_i$，并且不存在 $t_k \in T$ 使得 $t_i \leqslant t_k$ 并且 $t_k \leqslant t_j$；

（c）传递性：对于所有的 t_i，t_j，$t_k \in T$，如果 $t_i \leqslant t_j$ 并且 $t_j \leqslant t_k$，那么 $t_i \leqslant t_k$；

（d）回溯线性：对于所有的 t_i，t_j，$t_k \in T$，如果都有 $t_i \leqslant t_j$ 并且 $t_i \leqslant t_k$，那么或者 $t_j \leqslant t_k$，或者 $t_k \leqslant t_j$。

（3）R_M是一个定义在 S_T上的二元关系；

（4）R_L是一个定义在 S_T上的满足持续的、传递的和欧性的二元关系；

（5）给定一个时间点集 S，$T \in S_T$，如果有（T，t_i）R_M（S，t_i），那么有（T，t_i）R_L（S，t_i）；

（6）V 是对每个命题变元在每个时间点集中每一时间点 t_i上的赋值函数。

每一个 T 也称作一个可能世界，每一可能世界 T 是一个时间

结构。定义在时间点上的关系≤满足自返性、持续性、离散性、传递性和回溯线性，记一个满足持续性、离散性、传递性和回溯线性但是不满足自返性的关系为<。

定义 5.5.3 给定一个模型 M 和一个时间点 $t_i \in T$，记忆、信念与时间逻辑 MLL_{PPTL}中的公式 φ 在模型 M 上为真，当且仅当在可能世界 T 的一个时间点 t_i上为 φ 真，记为（M，T，t_i）$\models_{MLL\ PPTL}$ φ，简记为（M，T，t_i）⊨φ，有如下递归定义：

（1）（M，T，t_i）⊨p，当且仅当 $t_i \in V$（p）；

（2）（M，T，t_i）⊨¬φ，当且仅当并非（M，T，t_i）⊨φ；

（3）（M，T，t_i）⊨φ → ψ，当且仅当或者并非(M，T，t_i）⊨φ，或者（M，T，t_i）⊨ψ；

（4）（M，T，t_i）⊨Bφ，当且仅当存在时间点 t_{i-1}，(M，T，t_i）⊨φ；

（5）（M，T，t_i）⊨φSψ，当且仅当存在 t_k使得 $t_k \leq t_i$，(M，T，t_k）⊨ψ，并且对于所有的 $t_j \leq t_i$且 $t_k < t_j$都有（M，T，t_j）⊨φ；

（6）（M，T，t_i）⊨ Hφ，当且仅当对于所有 t_k使得 $t_k \leq t_i$，都有（M，T，t_k）⊨ φ；

（7）（M，T，t_i）⊨ Pφ，当且仅当存在 t_k使得 $t_k \leq t_i$，使得(M，T，t_k）⊨ φ

（8）（M，T，t_i）⊨ Mφ，当且仅当对于所有 S，$T \in S_T$，使得(T，t_i）R_M（S，t_i)，则都有（M，S，t_i）⊨ φ；

（9）（M，T，t_i）⊨ Lφ，当且仅当对于所有 S，$T \in S_T$，使得(T，t_i）R_M（S，t_i)，则都有（M，S，t_i）⊨ φ；

（10）（M，T，t_i）⊨［φ］ψ，当且仅当对所有 S，$T \in S_T$，使得（T，t_i）R_M（S，t_i)，如果（M，S，t_i）⊨ φ，那么（M |φ，S，t_i）⊨ ψ。

其中，M |φ 是模型在 φ 上的一个限制，即满足如下条件的一个多元组（S′，R′，V′）：

$S' = \{n \in S_T | (M, n) \models \varphi\}$；

$R' = R_M \cap (S' \cdot S')$；

$V' = V \cap S'$。

φ 在一个可能世界的某个时间点上为真也称 φ 在模型 M 上可满足，这时模型 M 也称是 φ 的模型。如果 φ 在模型 M 的每一可能世界 T 的每一时间点上都为真，则称 φ 相对于模型 M 有效，记为 $M \models \varphi$，在不引起歧义的情况下简记为 $\models \varphi$。

MLL_{PPTL}的模型和语义赋值的特点是将一个时间模型嵌入到可能世界中，将一个可能世界看作是一个线序时间，即更进一步地刻画了可能世界。

命题 5.5.1　如下公式是相对于 MLL_{PPTL}的模型有效的。

（1）$M(\varphi S\psi) \rightarrow M(P\psi \wedge \varphi)$；

（2）$M(\varphi S\psi) \rightarrow (LP\psi \wedge LP\varphi)$。

证明：（1）

任给 (M, T, t_i)，

$(M, T, t_i) \models M(\varphi S\psi)$，当且仅当对于所有 S，$T \in S_T$，使得 $(T, t_i)\ R_M\ (S, t_i)$，则

都有 $(M, S, t_i) \models \varphi S\psi$，则由定义 5.5.2（2）（b），必然存在一个 $t_j \in S$ 并且 $t_j \neq t_i$，使得 $t_j \leq t_i$，并且不存在 $t_k \in S$ 使得 $t_i \leq t_k$ 并且 $t_k \leq t_j$，则有

任给 $t_k \in S$ 使得 $t_k \leq t_i$，$(M, T, t_k) \models \psi$，并且对于所有的 $t_j \leq t_i$ 且 $t_k < t_j$ 都有 $(M, T, t_j) \models \varphi$，则有

$(M, S, t_i) \models P\psi$，并且 $(M, S, t_i) \models \varphi$，则有

$(M, T, t_i) \models M(\psi S\varphi)$。

证毕。

证明：（2）

任给 (M, T, t_i)，

$(M, T, t_i) \models M(\varphi S\psi)$，当且仅当对于所有 S，$T \in S_T$，使得 $(T, t_i)\ R_M\ (S, t_i)$，则

都有 $(M, S, t_i) \models \varphi S\psi$，则由定义 5.5.2（2）（b），必然存

在一个 $t_j \in S$ 并且 $t_j \neq t_i$，使得 $t_j \leqslant t_i$，并且不存在 $t_k \in S$ 使得 $t_i \leqslant t_k$ 并且 $t_k \leqslant t_j$，则有

任给 $t_k \in S$ 使得 $t_k \leqslant t_i$，（M，T，t_k）$\vDash \psi$，并且对于所有的 $t_j \leqslant t_i$ 且 $t_k < t_j$ 都有（M，T，t_j）$\vDash \varphi$，则有

（M，S，t_i）$\vDash P\psi$，并且（M，S，t_i）$\vDash P\varphi$，由定义 5.5.2（5），则有

（M，T，t_i）$\vDash (LP\psi \wedge LP\varphi)$。

证毕。

容易证明 PPTL 和 LML 的公理和推理规则在这里依然是有效的，因此有：

命题 5.5.2 如下公式是相对于 MLL_{PPTL} 的模型有效的。

（1）所有命题逻辑的重言式；

（2）$(H\varphi \wedge H(\varphi \rightarrow \psi)) \rightarrow H\psi$；

（3）$H\varphi \rightarrow \varphi \wedge BH\varphi$；

（4）$H(\varphi \rightarrow B\varphi) \rightarrow (\varphi \rightarrow H\varphi)$；

（5）$H\varphi \rightarrow HH\varphi$；

（6）$(B\varphi \wedge B(\varphi \rightarrow \psi)) \rightarrow B\psi$；

（7）$B\neg\varphi \equiv \neg B\varphi$；

（8）$B(\varphi \vee \neg\varphi)$；

（9）$\varphi S\psi \equiv \psi \vee (\varphi \wedge B(\varphi S\psi))$；

（10）$M\varphi \wedge M(\varphi \rightarrow \psi) \rightarrow M\psi$；

（11）$[\varphi]p \equiv M(\varphi \rightarrow p)$；

（12）$[\varphi]\neg\psi \equiv (M\varphi \rightarrow \neg[\varphi]\psi)$；

（13）$[\varphi](\psi \rightarrow \chi) \equiv ([\varphi]\psi \rightarrow [\varphi]\chi)$；

（14）$[\varphi]M\psi \equiv M(\varphi \rightarrow [\varphi]\psi)$；

（15）$[\varphi][\psi]\chi \equiv [\varphi \wedge [\varphi]\psi]M\chi$；

（16）$M\varphi \rightarrow L\varphi$；

（17）$L\varphi \wedge L(\varphi \rightarrow \psi) \rightarrow L\psi$；

（18）$\neg L(\varphi \wedge \neg\varphi)$；

(19) $L\varphi \rightarrow LL\varphi$;

(20) $\neg L\varphi \rightarrow L\neg L\varphi$。

证明：略。

命题 5.5.3 如下命题相对于 MLL_{PPTL} 的模型成立：

(1) 如果 $\models \varphi$ 并且 $\models \varphi \rightarrow \psi$，那么 $\models \psi$；

(2) 如果 $\models \varphi$，那么 $\models H\varphi$；

(3) 如果 $\models \varphi$，则 $\models M\varphi$；

(4) 如果 $\models \varphi$，则 $\models L\varphi$；

(5) 如果 $\models \varphi$，则 $\models [\psi]\varphi$。

证明：略。

定义 5.5.4 MLL_{PPTL} 的公理系统由以下公理和规则构成：

(1) 所有命题逻辑的重言式；

(2) $(H\varphi \wedge H(\varphi \rightarrow \psi)) \rightarrow H\psi$；

(3) $H\varphi \rightarrow \varphi \wedge BH\varphi$；

(4) $H(\varphi \rightarrow B\varphi) \rightarrow (\varphi \rightarrow H\varphi)$；

(5) $H\varphi \rightarrow HH\varphi$；

(6) $(B\varphi \wedge B(\varphi \rightarrow \psi)) \rightarrow B\psi$；

(7) $B\neg\varphi \equiv \neg B\varphi$；

(8) $B(\varphi \vee \neg\varphi)$；

(9) $\varphi S\psi \equiv \psi \vee (\varphi \wedge B(\varphi S\psi))$；

(10) $M\varphi \wedge M(\varphi \rightarrow \psi) \rightarrow M\psi$；

(11) $[\varphi]p \equiv M(\varphi \rightarrow p)$；

(12) $[\varphi]\neg\psi \equiv (M\varphi \rightarrow \neg[\varphi]\psi)$；

(13) $[\varphi](\psi \rightarrow \chi) \equiv ([\varphi]\psi \rightarrow [\varphi]\chi)$；

(14) $[\varphi]M\psi \equiv M(\varphi \rightarrow [\varphi]\psi)$；

(15) $[\varphi][\psi]\chi \equiv [\varphi \wedge [\varphi]\psi]M\chi$；

(16) $M\varphi \rightarrow L\varphi$；

(17) $L\varphi \wedge L(\varphi \rightarrow \psi) \rightarrow L\psi$；

(18) $\neg L(\varphi \wedge \neg\varphi)$；

（19） $L\varphi \rightarrow LL\varphi$；

（20） $\neg L\varphi \rightarrow L\neg L\varphi$；

（21） $M(\varphi S\psi) \rightarrow M(P\psi \wedge \varphi)$；

（22） $M(\varphi S\psi) \rightarrow (LP\psi \wedge LP\varphi)$。

MP 规则：从 φ 和 $(\varphi \rightarrow \psi)$，可以得到 ψ；

N 规则：

（1）从 φ 可以得到 $H\varphi$；

（2）从 φ 可以得到 $M\varphi$；

（3）从 φ 可以得到 $L\varphi$；

（4）从 φ 可以得到 $[\psi]\varphi$。

如果一个公式 φ 在一个公理系统 R 中有一个证明，则称 φ 是该系统可证的，记为 $\vdash_R\varphi$，在不引起歧义的情况下也记为 $\vdash\varphi$。如果每一个可证的公式 φ 都是相对于该系统的语义有效的，则称该系统具有可靠性；如果每一个相对于其语义有效的公式 φ 都是该系统可证的，则称系统具有完全性。

要证明公理系统 MLL_{PPTL} 是可靠的和完全的，只需要在 PPTL 的基础上补充关于两个特征公理的若干说明就可以了，因此如下定理是成立的：

定理 5.5.1 MLL_{PPTL} 相对于其语义是可靠的和完全的，即 $\vdash\varphi$ 当且仅当 $\models\varphi$。

证明：略。

讨论：

这一逻辑给出了两个特征公理，而这两个特征公理所涉及的时间公式实际上给出了一种动态解释。一般认为，时间逻辑具有动态特征，不过，这里建构的逻辑还没有能够很好地来利用这一特征，这两个特征公理都没有涉及到动态公式。如何利用时间逻辑的动态特征来刻画哲学性质，也是一个值得思考的问题。

在哲学上，这里说明了记忆的对象是信念，因而是用信念和时间来解释记忆，即信念应该是较之记忆更基本的概念。这样刻画的哲学后果是否定了用记忆来解释信念的思路。

小结：

第四节和第五节通过两个逻辑的建立来进一步刻画了记忆、信念与时间的逻辑关系。

第一个逻辑是一个刻画过去时间的逻辑 PPTL，这一逻辑的特征是只刻画过去到现在的时间，也是为刻画记忆的过去时间性质建构的一个时间逻辑。

第二个逻辑是刻画记忆、信念与时间的逻辑 MLL_{PPTL}。这一逻辑通过如下两个公式来刻画记忆与信念和时间的特征：

$M(\varphi S\psi) \rightarrow M(P\psi \wedge \varphi)$；

$M(\varphi S\psi) \rightarrow (LP\psi \wedge LP\varphi)$。

这两个公式作为特征公理，表达了这样的直观性质：记忆既与过去的信念有关，又与过去发生的事件相关。尽管这一直观是以主观的方式给出的（通过记忆算子和信念算子），但是这一刻画仍然将记忆、信念与过去时间的联系表达出来了。

第六章　主观信念、记忆和时间逻辑 $SMLL_{PPTL}$

本章给出一个记忆、信念和时间逻辑 MLL_{PPTL}的扩张 $SMLL_{PPTL}$，其目的是刻画现实主体的记忆具有主观上是有理性、正内省性、负内省性和真实性这样的逻辑性质。

第一节　主观信念、记忆和时间逻辑的基本思想

在前面第五章介绍了许涤非博士用主观信念来刻画认知主体的性质，这样的刻画可以在某种程度上避免逻辑全知。由其思路，可以用如下四个公式来刻画现实主体的记忆与信念关系的逻辑特征：

（1）$L(\neg(M\varphi \wedge M\neg\varphi))$；

（2）$L(M\varphi \rightarrow MM\varphi)$；

（3）$L(\neg M\varphi \rightarrow M\neg M\varphi)$；

（4）$L(M\varphi \rightarrow \varphi)$。

公式（1）表达的是主体相信自己不会将两个矛盾的内容都作为自己的记忆。公式（2）表达的是主体相信，如果有记忆 φ，那么自己记得自己有记忆 φ。公式（3）是说，主体相信，如果自己不记得 φ，那么他记得自己不记得 φ。公式（4）是说，主体相信，他所记得的都是真的。这四种性质表达了主体认为自己在记忆上具有理性、正内省性、负内省性和真实性。

在前面关于记忆性质的讨论中，曾经提到现实主体并不具有记

忆的理性、正内省性、和真实性等性质。出于模型和语义的考虑，前面的逻辑也没有考虑主体记忆的负内省性质。这里刻画记忆与信念关系逻辑特征的四个公式表达的性质较之经典认知逻辑表达主体理性、正内省性、负内省性和真实性的性质要弱，因为是由主体的信念对这些性质进行了限制，是一种主观表达而不是客观表达。这样的表达是符合我们对现实主体的直观看法的，因为我们总是认为人应该是具有这几种性质的，尽管客观上不一定真正具有（至少某些人或者在某些时间不具有）。

如果要将这四个公式作为特征公理加入到系统中以扩张 MLL_{PPTL}，则要考虑到这里出现了形如 $M\varphi \rightarrow MM\varphi$ 这种对记忆模态算子的叠置公式。由于前面的系统只是将记忆算子的关系建立在一般框架上的，那么这里就需要对模型中记忆算子 M 的关系 R_M 作一些修订。其中：

公式 $M\varphi \wedge M\neg\varphi$ 要有效则要求是持续框架；

公式 $M\varphi \rightarrow MM\varphi$ 要有效则要求是传递框架；

公式 $\neg M\varphi \rightarrow M\neg M\varphi$ 要有效则要求是欧性框架；

公式 $M\varphi \rightarrow \varphi$ 要有效则要求是自返框架。

将公式 $M\varphi \wedge M\neg\varphi$、$M\varphi \rightarrow MM\varphi$、$M\varphi \rightarrow MM\varphi$、$M\varphi \rightarrow \varphi$ 称为记忆的理性、正内省性、负内省性和真实性的客观公式。为了避免这些客观公式在主观公式有效的同时也成为有效的公式，许涤非采用了区分了认知可能世界和现实世界的方法①，这里采用类似的方法来建立模型。

根据以上的分析，下面给出主观信念与记忆的逻辑系统 $SMLL_{PPTL}$。

第二节　主观信念与记忆的逻辑 $SMLL_{PPTL}$

首先给出主观信念与记忆的逻辑系统 $SMLL_{PPTL}$的语言。

---

① 参见许涤非：《双主体认知逻辑研究》［D］．北京大学，2003 年。

定义 6.1 给定一个原子命题变元集 P 和一个主体的搜索行为集 E，主观信念与记忆的逻辑 $SMLL_{PPTL}$ 的语言具有如下的递归定义：

$$\varphi: = p \mid \neg\varphi \mid (\varphi \rightarrow \psi) \mid M\varphi \mid L\varphi \mid [\varphi]\psi \mid B\varphi \mid \varphi S\psi$$

$SMLL_{PPTL}$ 的语言的解释如前面所述。容易看到，$SMLL_{PPTL}$ 的语言表达力并没有得到加强。

定义 6.2 主观信念与记忆 $SMLL_{PPTL}$ 的模型是一个多元组 $M = \langle S_T, o, U_T, \leqslant, R_M, R_L, V \rangle$，其中，

（1）S_T、o 和 U_T 是非空的时间点集 T 的集合，其中 U_T 是 S_T 的一个子集，o 不是 S_T 的子集；

（2）≤是定义在时间点集 T 上满足如下条件的二元关系：

（a）自返性：对于所有的 $t_i \in T$，都有 $t_i \leqslant t_i$；

（b）持续性和离散性：对于所有的 $t_i \in T$，都存在一个 $t_j \neq t_i$，使得 $t_j \leqslant t_i$，并且不存在 $t_k \in T$ 使得 $t_i \leqslant t_k$ 并且 $t_k \leqslant t_j$；

（c）传递性：对于所有的 t_i，t_j，$t_k \in T$，如果 $t_i \leqslant t_j$ 并且 $t_j \leqslant t_k$，那么 $t_i \leqslant t_k$；

（d）回溯线性：对于所有的 t_i，t_j，$t_k \in T$，如果都有 $t_i \leqslant t_j$ 并且 $t_i \leqslant t_k$，那么或者 $t_j \leqslant t_k$，或者 $t_k \leqslant t_j$。

（3）R_M 是一个定义在 S_T 上满足自返的、持续的、传递的和欧性的二元关系；

（4）R_L 是一个定义在 S_T 上的满足持续的、传递的和欧性的二元关系；

（5）给定一个时间点集 $T \in U_T$，$S \in S_T$，如果有 $(T, t_i) R_M (S, t_i)$，那么有 $(T, t_i) R_L (S, t_i)$；

（6）给定一个时间点集 $T \in U_T$，如果有 $oR_M (T, t_i)$，那么有 $oR_L (T, t_i)$；

（7）V 是对每个命题变元在每个时间点集中每一时间点 t_i 上和 o 上的赋值函数。

与 MLL_{PPTL} 不同的是，这一模型对区别了三类世界：现实世界

o、认知可能世界 S_T 和主体所认知的世界 U_T。现实世界不考虑时间因素，即现实世界在模型中没有时间结构，表示在现实中对时间的思考实际上是对可能世界中的时间思考。将现实世界与认知世界和认知可能世界区别开，可以将主观公式的有效性定义到现实世界上，又避免了客观公式是有效的，使得这一模型可以刻画这几个好的性质。

定义 6.3　给定一个模型 M 和一个时间点 $t_i \in T$，一个 $SMLL_{PPTL}$ 中的公式 φ 在模型 M 上为真，当且仅当在：

a. 可能世界 T 的一个时间点 t_i 上 φ 为真，记为（M，T，t_i）$\models_{MLL\ PPTL}$ φ，可简单地记为（M，T，t_i）$\models$φ，

b. 或者在现实世界 o 上记为（M，o）$\models$φ；

递归定义如下：

（1）（M，T，t_i）$\models$p，当且仅当 $t_i \in V$（p）；

（M，o）$\models$p，当且仅当 $o \in V$（p）；

（2）（M，T，t_i）$\models\neg$φ，当且仅当并非（M，T，t_i）$\models$φ；

（M，o）$\models\neg$φ，当且仅当并非（M，o）$\models$φ；

（3）（M，T，t_i）$\models \varphi \rightarrow \psi$，当且仅当或者并非（M，T，$t_i$）$\models$φ，或者（M，T，$t_i$）$\models$ψ；

（M，o）$\models \varphi \rightarrow \psi$，当且仅当或者并非（M，o）$\models$φ，或者（M，o）$\models$ψ；

（4）（M，T，t_i）$\models$Bφ，当且仅当存在时间点 t_{i-1}，（M，T，t_i）$\models$φ；

（M，o）$\models$Bφ，当且仅当对于所有的 $T \in S_T$，都有（M，T，t_i）$\models$Bφ；

（5）（M，T，t_i）$\models$φSψ，当且仅当存在 t_k 使得 $t_k \leqslant t_i$，（M，T，t_k）$\models$ψ，并且对于所有的 $t_j \leqslant t_i$ 且 $t_k < t_j$ 都有（M，T，t_j）$\models$φ；

（M，o）$\models$φSψ，当且仅当对于所有的 $T \in S_T$，都有（M，T，t_i）$\models$φSψ；

（6）（M，T，t_i）$\models$Hφ，当且仅当对于所有 t_k 使得 $t_k \leqslant t_i$，都

有（M，T，t_k）$\models \varphi$；

（M，o）$\models H\varphi$，当且仅当对于所有的 $T \in S_T$，都有（M，T，t_i）$\models H\varphi$；

（7）（M，T，t_i）$\models P\varphi$，当且仅当存在 t_k 使得 $t_k \leqslant t_i$，使得（M，T，t_k）$\models \varphi$；

（M，o）$\models P\varphi$，当且仅当对于所有的 $T \in S_T$，都有（M，T，t_i）$\models P\varphi$；

（8）（M，T，t_i）$\models M\varphi$，当且仅当对于所有 $T \in U_T$，$S \in S_T$，都使得（T，t_i）R_M（S，t_i），则有（M，S，t_i）$\models \varphi$；

（M，o）$\models M\varphi$，当且仅当对于所有 $T \in U_T$ 使得 oR_M（T，t_i），都有（M，T，t_i）$\models \varphi$；

（9）（M，T，t_i）$\models L\varphi$，当且仅当对于所有 $T \in U_T$，$S \in S_T$，都使得（T，t_i）R_L（S，t_i），则有（M，S，t_i）$\models \varphi$；

（M，o）$\models L\varphi$，当且仅当对于所有 $T \in U_T$ 使得 oR_M（T，t_i），则有（M，T，t_i）$\models \varphi$；

（10）（M，T，t_i）$\models [\varphi]\psi$，当且仅当对所有 $T \in U_T$，$S \in S_T$，使得（T，t_i）R_M（S，t_i），如果（M，S，t_i）$\models \varphi$，那么（$M|\varphi$，S，t_i）$\models \psi$。

其中，$M|\varphi$ 是模型在 φ 上的一个限制，即满足如下条件的一个多元组（S′，R′，V′）：

$S' = \{n \in S_T | (M, n) \models \varphi\}$；

$R' = R_M \cap (S' \times S')$；

$V' = V \cap S'$。

（M，o）$\models [\varphi]\psi$，当且仅当对所有 $T \in U_T$，使得 oR_M（T，t_i），如果（M，T，t_i）$\models \varphi$，那么（$M|\varphi$，T，t_i）$\models \psi$。

其中，$M|\varphi$ 是模型在 φ 上的一个限制，即满足如下条件的一个多元组（S′，R′，V′）：

$S' = \{n \in U_T | (M, n) \models \varphi\}$；

$R' = R_M \cap (S' \times S')$；

$V' = V \cap S'$。

φ 在某个时间点上为真或者在现实世界 o 上为真，也称 φ 在模型 M 上可满足，这时模型 M 也称是 φ 的模型。

显然这里有两类有效性，一是可能世界的有效性；二是现实世界的有效性。我们只考虑现实世界的有效性。即如果 φ 在模型 M 的现实世界中为真，则称 φ 相对于模型 M 有效，记为 $M \models \varphi$，在不引起歧义的情况下简记为 $\models \varphi$。

这种只考虑在现实世界中为真的有效性是为了限制带有模态算子的公式。

命题 6.1　如下公式是相对于 $SMLL_{PPTL}$ 的模型有效的。

（1）$L(\neg(M\varphi \wedge M\neg\varphi))$；

（2）$L(M\varphi \rightarrow MM\varphi)$；

（3）$L(\neg M\varphi \rightarrow M\neg M\varphi)$；

（4）$L(M\varphi \rightarrow \varphi)$。

证明：（1）

$(M, o) \models L(\neg(M\varphi \wedge M\neg\varphi))$，当且仅当对于所有 $T \in U_T$ 使得 $oR_M(T, t_i)$，则

$(M, T, t_i) \models \neg(M\varphi \wedge M\neg\varphi)$；当且仅当

$(M, T, t_i) \models \neg M\varphi$ 或者 $(M, T, t_i) \models \neg M\neg\varphi$；当且仅当

对于所有 $T \in U_T$，$S \in S_T$，使得 $(T, t_i) R_L (S, t_i)$，

没有 $(M, S, t_i) \models \varphi$ 或者没有 $(M, S, t_i) \models \neg\varphi$；当且仅当

没有 $(M, S, t_i) \models (\varphi \wedge \neg\varphi)$；当且仅当

$(M, S, t_i) \models \neg(\varphi \wedge \neg\varphi)$。

证毕。

命题（2）（3）（4）的证明略。

容易证明 $SMLL_{PPTL}$ 的公理和推理规则在这里依然是有效的，因此有：

命题 6.2 如下公式是相对于 $SMLL_{PPTL}$ 的模型有效的。

（1）所有命题逻辑的重言式；

（2）$(H\varphi \wedge H(\varphi \to \psi)) \to H\psi$；

（3）$H\varphi \to \varphi \wedge BH\varphi$；

（4）$H(\varphi \to B\varphi) \to (\varphi \to H\varphi)$；

（5）$H\varphi \to HH\varphi$；

（6）$(B\varphi \wedge B(\varphi \to \psi)) \to B\psi$；

（7）$B\neg\varphi \equiv \neg B\varphi$；

（8）$B(\varphi \vee \neg\varphi)$；

（9）$\varphi S\psi \equiv \psi \vee (\varphi \wedge B(\varphi S\psi))$；

（10）$M\varphi \wedge M(\varphi \to \psi) \to M\psi$；

（11）$[\varphi]p \equiv M(\varphi \to p)$；

（12）$[\varphi]\neg\psi \equiv (M\varphi \to \neg[\varphi]\psi)$；

（13）$[\varphi](\psi \to \chi) \equiv ([\varphi]\psi \to [\varphi]\chi)$；

（14）$[\varphi]M\psi \equiv M(\varphi \to [\varphi]\psi)$；

（15）$[\varphi][\psi]\chi \equiv [\varphi \wedge [\varphi]\psi] M\chi$；

（16）$M\varphi \to L\varphi$；

（17）$L\varphi \wedge L(\varphi \to \psi) \to L\psi$；

（18）$\neg L(\varphi \wedge \neg\varphi)$；

（19）$L\varphi \to LL\varphi$；

（20）$\neg L\varphi \to L\neg L\varphi$。

证明：略。

命题 6.3 如下命题相对于 MLL_{PPTL} 的模型成立：

（1）如果 $\models \varphi$ 并且 $\models \varphi \to \psi$，那么 $\models \psi$；

（2）如果 $\models \varphi$，那么 $\models H\varphi$；

（3）如果 $\models \varphi$，则 $\models M\varphi$；

（4）如果 $\models \varphi$，则 $\models L\varphi$；

（5）如果 $\models \varphi$，则 $\models [\psi]\varphi$。

证明：由定义 6.3 易证，略。

定义 6.4 $SMLL_{PPTL}$的公理系统由以下公理和规则构成：

(1) 所有命题逻辑的重言式；

(2) $(H\varphi \wedge H(\varphi \rightarrow \psi)) \rightarrow H\psi$；

(3) $H\varphi \rightarrow \varphi \wedge BH\varphi$；

(4) $H(\varphi \rightarrow B\varphi) \rightarrow (\varphi \rightarrow H\varphi)$；

(5) $H\varphi \rightarrow HH\varphi$；

(6) $(B\varphi \wedge B(\varphi \rightarrow \psi)) \rightarrow B\psi$；

(7) $B\neg\varphi \equiv \neg B\varphi$；

(8) $B(\varphi \vee \neg\varphi)$；

(9) $\varphi S\psi \equiv \psi \vee (\varphi \wedge B(\varphi S\psi))$；

(10) $M\varphi \wedge M(\varphi \rightarrow \psi) \rightarrow M\psi$；

(11) $[\varphi]p \equiv M(\varphi \rightarrow p)$；

(12) $[\varphi]\neg\psi \equiv (M\varphi \rightarrow \neg[\varphi]\psi)$；

(13) $[\varphi](\psi \rightarrow \chi) \equiv ([\varphi]\psi \rightarrow [\varphi]\chi)$；

(14) $[\varphi]M\psi \equiv M(\varphi \rightarrow [\varphi]\psi)$；

(15) $[\varphi][\psi]\chi \equiv [\varphi \wedge [\varphi]\psi]M\chi$；

(16) $M\varphi \rightarrow L\varphi$；

(17) $L\varphi \wedge L(\varphi \rightarrow \psi) \rightarrow L\psi$；

(18) $\neg L(\varphi \wedge \neg\varphi)$；

(19) $L\varphi \rightarrow LL\varphi$；

(20) $\neg L\varphi \rightarrow L\neg L\varphi$；

(21) $M(\varphi S\psi) \rightarrow M(P\psi \wedge \varphi)$；

(22) $M(\varphi S\psi) \rightarrow (LP\psi \wedge LP\varphi)$；

(23) $L(\neg(M\varphi \wedge M\neg\varphi))$；

(24) $L(M\varphi \rightarrow MM\varphi)$；

(25) $L(\neg M\varphi \rightarrow M\neg M\varphi)$；

(26) $L(M\varphi \rightarrow \varphi)$。

MP 规则：从 φ 和 $(\varphi \rightarrow \psi)$，可以得到 ψ；

N 规则：

（1）从 φ 可以得到 Hφ。

（2）从 φ 可以得到 Mφ；

（3）从 φ 可以得到 Lφ；

（4）从 φ 可以得到［ψ］φ。

公理系统 $SMLL_{PPTL}$ 是具有可靠性和完全性的。要证明公理系统 $SMLL_{PPTL}$ 的可靠性和完全性，需要补充关于特征公理的若干说明。下面给出 $SMLL_{PPTL}$ 的可靠性和完全性证明。

定义 6.5　Γ是一个公式集，如果对任意公式 φ，$\Gamma \vdash_R \varphi$ 和 $\Gamma \vdash_R \neg\varphi$ 不同时成立，则称Γ是 R_一致的。如果Γ是一致的，并且对于任意公式 φ，如果 φ ∉Γ则Γ∪{φ} 不是一致的，则称Γ是 R_极大一致的。

Γ是 R_一致的通常简称为Γ是一致的，Γ是 R_极大一致的通常简称为Γ是极大一致的。

引理 6.1　（Lindenbaum 引理）任何一个一致集都可以扩张成一个极大一致集。

证明：略。

引理 6.2　Γ是一个极大一致的公式集，任给公式 φ 和 ψ，都有：

（1）φ ∈Γ当且仅当¬φ ∉Γ；

（2）（φ →ψ）∈Γ，当且仅当或者 φ ∉Γ，或者 ψ ∈Γ；

（3）（φ ∧ψ）∈Γ当且仅当 φ ∈Γ并且 ψ ∈Γ；

（4）（φ ∨ψ）∈Γ当且仅当或者 φ ∈Γ或者 ψ ∈Γ；

（5）如果 Hφ ∈Γ，则有 φ ∈Γ，BHφ ∈Γ，并且 HHφ ∈Γ；

（6）¬Bφ ∈Γ当且仅当 B ¬φ ∈Γ；

（7）如果 Bφ ∈Γ并且 B（φ →ψ）∈Γ，那么 Bψ ∈Γ；

（8）如果 φSψ ∈Γ，则或者 ψ ∈Γ，或者 φ ∈Γ并且 B（φSψ）∈Γ；

（9）如果 Mφ ∈Γ，并且 M（φ → ψ）∈Γ，那么 Mψ ∈Γ；

（10）［φ］p ∈Γ当且仅当 M（φ → p）∈Γ；

（11）［φ］¬ψ ∈Γ当且仅当（Mφ → ¬［φ］ψ）；

（12）$[\varphi](\psi\rightarrow\chi)\in\Gamma$当且仅当$([\varphi]\psi\rightarrow[\varphi]\chi)\in\Gamma$；

（13）$[\varphi]M\psi\in\Gamma$当且仅当$M(\varphi\rightarrow[\varphi]\psi)\in\Gamma$；

（14）$[\varphi][\psi]\chi\in\Gamma$当且仅当$[\varphi\wedge[\varphi]\psi]M\chi\in\Gamma$；

（15）如果$M\varphi\in\Gamma$那么$L\varphi\in\Gamma$；

（16）如果$L\varphi\in\Gamma$，并且$L(\varphi\rightarrow\psi)\in\Gamma$，那么$L\psi\in\Gamma$；

（17）如果$L\varphi\in\Gamma$，那么$LL\varphi\in\Gamma$；

（18）如果$\neg L\varphi\in\Gamma$，那么$L\neg L\varphi\in\Gamma$；

证明：（1）—（4）显然，略；（5）由公理（3）和公理（5）直接可得，（6）由公理（7）直接可得，（7）由公理（6）直接可得，（8）由公理（9）直接可得，（9）由公理（10）直接可得，（10）由公理（11）可得，（11）由公理（12）可得，（12）由公理（13）可得，（13）由公理（14）可得，（14）由公理（15）可得，（15）由公理（16）可得，（16）由公理（17）可得，（17）由公理（19）可得，（18）由公理（20）可得。

如前所述，如果将所有极大一致公式集的集合记为S_{MCS}，那么一个可能世界T上的时间点t_i和S_{MCS}的元素Γ_i可以一一对应。如果能够找到和可能世界$T=t_0, t_1, t_2$，……相对应的极大一致集序列$\pi=\Gamma_0, \Gamma_1, \Gamma_2, \cdots$，使得任给一个与系统一致的公式$\varphi$，都有$\varphi\in\Gamma_i$当且仅当$(M, t_i)\models\varphi$，那么就证明了系统完全性。对此需要建立如下的定义和引理。

定义6.6　对于任意Γ_i，$\Gamma_j\in S_{MCS}$，i和j是自然数，定义关系R_-、$R_<$、R_M和R_L为：

（1）Γ_i，Γ_j有R_-关系，记为$(\Gamma_i, \Gamma_j)\in R_-$，当且仅当$\{\varphi \mid B\varphi\in\Gamma_i\}\subseteq\Gamma_j$；

（2）Γ_i，Γ_j有$R_<$关系，记为$(\Gamma_i, \Gamma_j)\in R_<$，当且仅当$\{\varphi \mid BH\varphi\in\Gamma_i\}\subseteq\Gamma_j$；

（3）Γ_i，Γ_j有R_M关系，记为$(\Gamma_i, \Gamma_j)\in R_M$，当且仅当$\{\varphi \mid M\varphi\in\Gamma_i\}\subseteq\Gamma_j$；

（4）Γ_i，Γ_j有R_L关系，记为$(\Gamma_i, \Gamma_j)\in R_L$，当且仅当$\{\varphi \mid$

$L\varphi \in \Gamma_i\} \subseteq \Gamma_j$。

引理 6.3 对于任意$\Gamma_i \in S_{MCS}$，满足（Γ_i，Γ_j）$\in R_-$的Γ_j是唯一确定的。

证明：如果与Γ_i有 R_-关系的Γ_j不是唯一确定的，假设有Γ_j和Γ'_j，则存在一个公式 φ，使得 $\varphi \in \Gamma_j$且 $\varphi \notin \Gamma'_j$，则有$\neg\varphi \in \Gamma'_j$，则有 $B\varphi \in \Gamma_i$且 $B\neg\varphi \in \Gamma_i$，由引理 6.2（6），有 $B\varphi \in \Gamma_i$且$\neg B\varphi \in \Gamma_i$，这产生矛盾。

由于和Γ_i有 R_-关系的Γ_j是唯一确定的，直观上说，Γ_j是排在Γ_i前面一位的极大一致集，故此时 $j = i-1$。

引理 6.4 对于任意$\Gamma_i \in S_{MCS}$，$B\varphi \in \Gamma_i$，当且仅当存在$\Gamma_j \in S_{MCS}$，使得（Γ_i，Γ_j）$\in R_-$，$\varphi \in \Gamma_j$。

证明：先证从左边到右边。由引理 6.2（1）和引理 6.2（6），如果 $B\varphi \in \Gamma_i$那么 $B\neg\varphi \notin \Gamma_i$，则$\{\varphi \mid B\varphi \in \Gamma_i\}$是一致的，由引理 6.1，$\{\varphi \mid B\varphi \in \Gamma_i\}$可扩张为一个极大一致集$\Gamma_j$且$\{\varphi \mid B\varphi \in \Gamma_i\} \subseteq \Gamma_j$，即存在$\Gamma_j \in S_{MCS}$，使得（$\Gamma_i$，$\Gamma_j$）$\in R_-$，$\varphi \in \Gamma_j$。

同理可证从右边到左边。证毕。

引理 6.3 和引理 6.4 证明了关系 R_-是满足持续性和离散性的。

引理 6.5 对于任意$\Gamma_i \in S_{MCS}$，$M\varphi \in \Gamma_i$，当且仅当存在$\Gamma_j \in S_{MCS}$，使得（Γ_i，Γ_j）$\in R_M$，$\varphi \in \Gamma_j$。

证明：根据定义 6.6（3）可证。

引理 6.6 对于任意$\Gamma_i \in S_{MCS}$，$L\varphi \in \Gamma_i$，当且仅当存在$\Gamma_j \in S_{MCS}$，使得（Γ_i，Γ_j）$\in R_L$，$\varphi \in \Gamma_j$。

证明：由定义 6.6（4）可证。

引理 6.7 对于任意$\Gamma_i \in S_{MCS}$，$BH\varphi \in \Gamma_i$当且仅当对于所有的Γ_j使得（Γ_i，Γ_j）$\in R_<$，都有 $\varphi \in \Gamma_j$。

证明：由定义 6.6（2）直接可得。

此时 j 至少比 i 要小 1，因此有 $i<j$。

引理 6.8 对于任意Γ_i，$\Gamma_j \in S_{MCS}$，如果（Γ_i，Γ_j）$\in R_-$，那么（Γ_i，Γ_j）$\in R_<$。

证明：如果（Γ_i，Γ_j）$\in R_-$，则据定义6.6（1），如果 $BH\varphi \in \Gamma_i$则有 $H\varphi \in \Gamma_j$，则由引理6.2（5）有 $\varphi \in \Gamma_j$，则由定义6.6（2）得证。

引理6.9　$R_<$是基于 R_-传递封闭的。即假设有一个极大一致集的序列记为$\pi = \Gamma_0$，Γ_1，Γ_2，…，其中$\Gamma_i \in \pi \subseteq S_{MCS}$，$i \geqslant 0$，如果对于任意$\Gamma_i \in \pi$，都有（$\Gamma_i$，$\Gamma_{i-1}$）$\in R_-$，那么对于任意$\Gamma_i$，$\Gamma_j$，$\Gamma_k \in \pi$，如果有（$\Gamma_i$，$\Gamma_j$）$\in R_<$且（$\Gamma_j$，$\Gamma_k$）$\in R_<$，那么（$\Gamma_i$，$\Gamma_k$）$\in R_<$。

证明：对于任意Γ_i，Γ_j，$\Gamma_k \in \pi$，如果有（Γ_i，Γ_j）$\in R_<$且（Γ_j，Γ_k）$\in R_<$，那么存在序列Γ_i，Γ_{i-1}，…，Γ_j，Γ_{j-1}，…，Γ_k，使得相邻的两个极大一致集都有关系 R_-。由引理6.2（5），如果 $H\varphi \in \Gamma_i$，那么有 $BH\varphi \in \Gamma_i$，由定义6.6（1），则有 $H\varphi \in \Gamma_{i-1}$，如此先由引理6.2（5）再据定义6.6（1），反复使用至 $H\varphi \in \Gamma_k$，由定义6.6（2）可证（Γ_i，Γ_k）$\in R_<$。 157

引理6.9证明了基于 R_-的 $R_<$是满足传递性的。

定义6.7　一条路径是指满足如下条件的一个极大一致集的有序集，记为$\pi = \Gamma_0$，Γ_1，Γ_2，…，其中$\Gamma_i \in \pi$，$\pi \subseteq S_{MCS}$，$i \geqslant 0$，每一个Γ_i称为π上的点：

（1）任给$\Gamma_i \in \pi$，都有$\Gamma_{i-1} \in \pi$，使得（Γ_i，Γ_{i-1}）$\in R_-$；

（2）任给$\Gamma_i \in \pi$，如果$\Gamma_j \in \pi$，那么或者有（Γ_i，Γ_j）$\in R_<$，或者有（Γ_j，Γ_i）$\in R_<$。

定义6.7是说路径π上的点是由满足基于 R_-的关系 $R_<$的极大一致集构造起来的，条件（1）是说每一时间点都应该有下一个时间点，即是说未来是无穷的；条件（2）是说路径上任意两个时间点间都是有 $R_<$关系的。如果能够证明所定义的路径是存在的，那么就可以将路径和可能世界对应起来。这需要证明如下引理：

引理6.10　满足定义6.7的路径$\pi = \Gamma_0$，Γ_1，Γ_2，…是存在的。

证明：首先证明条件（1）是能够满足的。

由引理6.2（1），对于任意一个$\Gamma_i \in \pi$，则或者$\neg B\varphi \in \Gamma_i$或者

$B\varphi\in\Gamma_i$；假设 $B\varphi\in\Gamma_i$，则由引理 4.5，$B\varphi\in\Gamma_i$当且仅当存在Γ_{i-1}，$\varphi\in\Gamma_{i-1}$，使得（Γ_i，Γ_{i-1}）$\in R_{-}$；假设$\neg B\varphi\in\Gamma_i$，则由引理 4.4，有 $B\neg\varphi\in\Gamma_i$，则由引理 4.5 存在Γ_{i-1}，$\neg\varphi\in\Gamma_{i-1}$，使得（$\Gamma_i$，$\Gamma_{i-1}$）$\in R_{-}$。则定义 6.7（1）总是能满足的。

再证明条件（2）是能够满足的。

如果$\Gamma_j\in\pi$，由条件（1），那么或者有Γ_i，Γ_{i-1}，…，Γ_j，或者有Γ_j，Γ_{j-1}，…，Γ_i，使得任意相邻两点间有 R_{-}关系，那么由引理 6.7、6.8 和 6.9，可得或者有（Γ_i，Γ_j）$\in R_{<}$，或者有（Γ_j，Γ_i）$\in R_{<}$。

由引理 6.10，以下两个推论是成立的。

推论 6.11　（1）Γ_i是π 上的点，总存在Γ_{i-1}，使得（Γ_i，Γ_{i-1}）$\in R_{-}$；

（2）Γ_i，Γ_k，Γ_j是π 上的点，如果（Γ_i，Γ_k）$\in R_{<}$ 并且（Γ_i，Γ_j）$\in R_{<}$，$\Gamma_k\neq\Gamma_j$，那么或者（Γ_k，Γ_j）$\in R_{<}$，或者（Γ_j，Γ_k）$\in R_{<}$。

推论 6.16（1）是说每一点都有下一个点，这实际上描述了未来的时间点是无穷的这一直观思想。推论 6.11（2）是说路径上从当前点往后的点都是与当前点可比较的，即满足向上线性。

推论 6.12　任给Γ_i是π 上的点，都有

（1）$B(\varphi\vee\neg\varphi)\in\Gamma_i$；

（2）$H\varphi\rightarrow\varphi\in\Gamma_i$。

证明：（1）假设 $B(\varphi\vee\neg\varphi)\notin\Gamma_i$，则有$\neg B(\varphi\vee\neg\varphi)\in\Gamma_i$，则有 $B\neg(\varphi\vee\neg\varphi)\in\Gamma_i$，则有 $B(\varphi\wedge\neg\varphi)\in\Gamma_i$，则有（$\Gamma_i$，$\Gamma_j$）$\in R_{-}$，使得（$\varphi\wedge\neg\varphi$）$\in\Gamma_j$，矛盾；

（2）由引理 6.2（5）可证。

推论 6.12（1）证明了路径π 满足持续性和离散性，（2）证明了有了路径π 满足自返性。由引理 6.10 和推论 6.11、推论 6.12，得到如下引理是很自然的：

引理 6.13　路径π 上的点之间的关系就是定义 6.2（2）的≤关系。

证明：引理 6.9 证明了路径π满足传递性，推论 6.11 和 6.12 证明了路径π满足持续性、向上线性、离散性和自返性。

引理 6.14 Γ_i是π上的点，公式 $\varphi S\psi \in \Gamma_i$，当且仅当或者 $\psi \in \Gamma_i$，或者存在Γ_j，$(\Gamma_i, \Gamma_j) \in R_<$ 使得 $\psi \in \Gamma_j$并且对于任意Γ_k，$(\Gamma_i, \Gamma_k) \in R_<$ 并且 $(\Gamma_k, \Gamma_j) \in R_<$，都有 $\varphi \in \Gamma_k$。

证明：

如果公式 $\varphi S\psi \in \Gamma_i$，由引理 6.2（8），或者有 $\psi \in \Gamma_i$，或者有 $\varphi \in \Gamma_i$并且 $B(\varphi S\psi) \in \Gamma_i$。假设有 $\varphi \in \Gamma_i$并且 $B(\varphi S\psi) \in \Gamma_i$，由引理 6.4、6.5 和 6.2（8）可得存在Γ_{i-1}，$(\Gamma_i, \Gamma_{i-1}) \in R_+$使得或者 $\psi \in \Gamma_{i-1}$，此时有$\Gamma_{i-1} = \Gamma_j$，使得 $\psi \in \Gamma_j$并且对于任意Γ_k，$(\Gamma_i, \Gamma_k) \in R_<$ 并且 $(\Gamma_k, \Gamma_j) \in R_<$，都有 $\varphi \in \Gamma_k$；或者有 $\varphi \in \Gamma_{i-1}$并且 $B(\varphi S\psi) \in \Gamma_{i-1}$，此时由引理 6.4、6.5 和 6.2（8）可得存在Γ_{i-2}，使得或者 $\psi \in \Gamma_{i-2}$，此时有$\Gamma_{i-2} = \Gamma_j$，使得 $\psi \in \Gamma_j$并且对于任意Γ_k，$(\Gamma_i, \Gamma_k) \in R_<$ 并且 $(\Gamma_k, \Gamma_j) \in R_<$，都有 $\varphi \in \Gamma_k$；或者有$\varphi \in \Gamma_{i-2}$并且 $B(\varphi S\psi) \in \Gamma_{i-2-1}$，……依次类推，可得$\Gamma_i$是π上的点，公式 $\varphi S\psi \in \Gamma_i$，当且仅当或者 $\psi \in \Gamma_i$，或者存在Γ_j，$(\Gamma_i, \Gamma_j) \in R_<$ 使得 $\psi \in \Gamma_j$并且对于任意Γ_k，$(\Gamma_i, \Gamma_k) \in R_<$ 并且 $(\Gamma_k, \Gamma_j) \in R_<$，都有 $\varphi \in \Gamma_k$。

引理 6.10 证明了满足二元小于关系的路径π是存在的，这使得如果将π和可能世界 T 一一对应，那么可能世界 T 也是存在的。

定义 6.8 π 和π′是不同的路径，如果有$\Gamma_i \in \pi$，$\Gamma_j \in \pi'$，使得 $(\Gamma_i, \Gamma_j) \in R_M$，则称π 和π′有关系 R_M，记为 $(\pi, \Gamma_i)\ R_M\ (\pi', \Gamma_j)$。

引理 6.15 π 和π′是不同的路径，$\Gamma_i \in \pi$，$\Gamma'_i \in \pi'$，$(\pi, \Gamma_i)\ R_M\ (\pi', \Gamma'_i)$ 当且仅当满足条件 $\{\varphi \mid M\varphi \in \Gamma_i\} \subseteq \Gamma'_i$。

证明：由定义 6.8 和定义 6.6 可证。

定义 6.9 π 和π′是不同的路径，如果有$\Gamma_i \in \pi$，$\Gamma_j \in \pi'$，使得 $(\Gamma_i, \Gamma_j) \in R_L$，则称π 和π′有关系 R_L，记为 $(\pi, \Gamma_i)\ R_L(\pi', \Gamma_j)$。

引理 6.16 π 和π′是不同的路径，$\Gamma_i \in \pi$，$\Gamma'_i \in \pi'$，$(\pi, \Gamma_i)\ R_L\ (\pi', \Gamma'_i)$ 当且仅当满足条件 $\{\varphi \mid L\varphi \in \Gamma_i\} \subseteq \Gamma'_i$。

证明：由定义 6.8 和定义 6.6 可证。

由以上引理，可以使得如下所定义的模型恰好就是 $SMLL_{PPTL}$的模型。

定义 6.10 一个模型是一个多元组 $M = < S_T, o, U_T, \leqslant, R_M, R_L, V >$，使得：

（1）定义一个函数 F，使得 F（Γ_i）= t_i，其中$\Gamma_i \in \pi$，$\pi \subseteq S_{MCS}$，$t_i \in T$；

（2）如果Γ_i，$\Gamma_j \in \pi$，或者$\Gamma_i = \Gamma_j$，或者有（Γ_i，Γ_j）$\in R_<$，则有 $t_i \leqslant t_j$；

（3）如果有$\Gamma_i \in \pi$，$\Gamma'_i \in \pi'$，使得（π，Γ_i）R_I（π'，Γ'_i），则有（T，t_i）R_I（T′，t_i）；

（4）如果有$\Gamma_i \in \pi$，$\Gamma'_i \in \pi'$，使得（π，Γ_i）R_L（π'，Γ'_i），则有（T，t_i）R_L（T′，t_i）；

（5）对每一原子命题 $p \in P$ 的真值有如下定义：$p \in \Gamma_i$，$\Gamma_i \in \pi$，$\pi \subseteq S_{MCS}$，当且仅当 $t_i \in V$（p），$t_i \in T$。

直观地说，每一路径π 上的点Γ_i对应一个可能世界 T 上的时间点 t_i，极大一致公式集Γ_i是对可能世界 T 上的时间点 t_i的信息的完全描述，路径π 上的极大一致集间的关系与时间点 t_i上的关系是相同的，都满足二元≤关系。可以看到定义 6.10 所定义的模型恰好就是 $SMLL_{PPTL}$的模型，即有：

引理 6.17 模型 $M = < S_T, o, U_T, \leqslant, R_M, R_L, V >$就是 $SMLL_{PPTL}$的模型。

证明：模型 $M = < S_T, o, U_T, \leqslant, R_M, R_L, V >$的各项定义符合 $SMLL_{PPTL}$模型的各项定义。引理 6.10 证明了可能世界集 T 是非空的，引理 6.13 证明了π 上的关系是 $SMLL_{PPTL}$模型上的关系≤，引理 6.15 证明了π 上的关系是 $SMLL_{PPTL}$模型上的关系 R_M，引理 6.16 证明了π 上的关系是 $SMLL_{PPTL}$模型上的关系 R_L。

由以上的定义和引理，可以证明如下引理成立：

引理 6.18　如果 $\varphi \in \Gamma_i$，那么（M，t_i）$\models \varphi$。

证明：施归纳于公式 φ 的结构：

情况 1：φ 是一个原子命题，此时有定义 $p \in \Gamma_i$ 当且仅当 $t_i \in V(p)$，当且仅当（M，t_i）$\models p$；

情况 2：φ 是 $\neg\psi$，此时 $\neg\psi \in \Gamma_i$ 当且仅当 $\psi \notin \Gamma_i$，由归纳假设，此时没有（M，t_i）$\models \psi$，则（M，t_i）$\models \neg\psi$；

情况 3：φ 是 $\psi \to \chi$，此时 $\psi \to \chi \in \Gamma_i$ 当且仅当或者 $\chi \in \Gamma_i$ 或者 $\psi \notin \Gamma_i$，由归纳假设，此时或者（M，t_i）$\models \chi$，或者没有（M，t_i）$\models \psi$，即有（M，t_i）$\models \psi \to \chi$；

情况 4：φ 是 Bψ，则 $B\psi \in \Gamma_i$ 当且仅当 $\psi \in \Gamma_{i-1}$，由归纳假设（M，t_{i-1}）$\models \psi$，则有（M，t_i）$\models B\psi$；

情况 5：φ 是 Hψ，则由引理 6.2（5）和引理 6.7，$H\psi \in \Gamma_i$ 当且仅当对于所有 $j \leq i$，都有 $\psi \in \Gamma_j$，由归纳假设，则有对于所有 $j \leq i$，都有（M，t_j）$\models \psi$，则有（M，t_i）$\models H\psi$；

情况 6：φ 是 $\psi S \chi$，$\pi = \Gamma_0$，Γ_1，…是一个路径，由引理 6.14 和归纳假设，或者（M，t_i）$\models \chi$，或者存在 j，k 有 $j > k \geq i$，使得（M，t_j）$\models \chi$ 并且（M，t_k）$\models \psi$，那么由定义 6.3（5），（M，t_i）$\models \psi S \chi$；

情况 7：φ 是 Mψ，由引理 6.15，则有对于所有满足（π，Γ_i）R_M（π′，Γ_j）的极大一致集 $\Gamma'_i \in \pi'$，都有 $M\psi \in \Gamma'_i$。此时由定义 6.8，有（T，t_i）R_M（T′，t_i）；由归纳假设，有（M，T′，t_i）$\models_{LI\,APTL} M\psi$，由定义 6.3（8），有（M，T，t_i）$\models M\psi$；

情况 8：φ 是 Lψ，由引理 6.16，则有对于所有满足的（π，Γ_i）R_L（π′，Γ_j）极大一致集 $\Gamma'_i \in \pi'$，都有 $\psi \in \Gamma'_i$。此时由定义 6.9，有（T，t_i）R_L（T′，t_i）；由归纳假设，有（M，T′，t_i）$\models_{LI\,APTL} \psi$，由定义 6.3（9），有（M，T，t_i）$\models L\psi$；

情况 9：φ 是［ψ］χ，由引理 6.2（10）、6.2（11）、6.2（12）、6.2（13）、6.2（14）和情况 7，如果有 $\varphi \in \Gamma_i$，则有（M，T，t_i）$\models \varphi$。

定理 6.19 所有相对于 $SMLL_{PPTL}$ 语义有效的公式都是 $SMLL_{PPTL}L$ 的定理，即如果有 $\models\varphi$，则 $\vdash\varphi$。

证明：假设 $\vdash\varphi$ 不成立，则 $\{\neg\varphi\}$ 是一致的。因此，存在一个极大一致集 Γ_i，使得 $\neg\varphi\in\Gamma_i$。那么由引理 6.18，有（M，t_i）$\models\neg\varphi$，则 $\models\varphi$ 不成立。

因此如下定理是成立的：

定理 6.20 $SMLL_{PPTL}$ 相对于其语义是可靠的和完全的，即 $\vdash\varphi$ 当且仅当 $\models\varphi$。

证明：略。

小结

这一章通过如下四个公式来刻画现实主体主观上认为自己的记忆具有理性、正内省性、负内省性和真实性这四个逻辑性质：

$L(\neg(M\varphi\wedge M\neg\varphi))$；

$L(M\varphi\rightarrow MM\varphi)$；

$L(\neg M\varphi\rightarrow M\neg M\varphi)$；

$L(M\varphi\rightarrow\varphi)$。

在技术上通过区分现实世界、认知可能世界和可能世界的方法来避免主观公式与客观公式都成为有效式，从而使得主观公式和客观公式实际上得到了区分。这一技术处理还起到了避免记忆逻辑中逻辑全知的效果。

第七章　实践推理中的逻辑全知问题

第一节　逻辑全知问题

认知逻辑研究中，一个重要的理论问题是逻辑全知问题（Logical Omniscience Problem）。所谓逻辑全知问题，是说一个理性主体的推理能力在客观上是有限的。由于受到资源、能力、时间等等内外部条件的限制，一个主体不可能知道他的知识的全部逻辑推理后承。但是在基本认知逻辑中，则将由知识推出的结论也看作是主体的知识，这就使得该主体会知道他的知识的全部逻辑后承，即基本认知逻辑认为主体是逻辑全知的。这源于基本认知逻辑只考虑了从前提到结果的推理在理论上是可行的，而没有考虑主体会面临很多限制而实际上不可能实现这一推理这样的情况。逻辑全知问题在智能主体的实践推理中同样存在。

逻辑全知问题主要包括两个方面：其一，一个主体如果知道一个命题（命题集）的话，那么他知道他所知道的命题（命题集）的全部逻辑后承；其二，一个主体会知道所有的逻辑真理。其中，第一个方面是由于 K 公理形成的；第二个方面是由于 N 规则形成的。显然，一个智能主体（人或智能机器人）不可能拥有如此强大的能力。对于哲学和人工智能研究来说，如何解决逻辑全知问题是非常重要的。这也吸引了众多的研究者投身于其中，提出了多种解决逻辑全知问题的方案。

Meyer 用以下 7 个公式来表达逻辑全知问题:[①]

(1) $\models L\varphi \wedge L(\varphi \rightarrow \psi) \rightarrow L\psi$;

(2) 如果 $\models \varphi$ 那么 $\models L\varphi$;

(3) 如果 $\models \varphi \rightarrow \psi$ 那么 $\models L\varphi \rightarrow L\psi$;

(4) 如果 $\models \varphi \equiv \psi$ 那么 $\models L\varphi \equiv L\psi$;

(5) $\models (L\varphi \vee L\psi) \rightarrow L(\varphi \vee \psi)$;

(6) $\models L\varphi \rightarrow L(\varphi \vee \psi)$;

(7) $\models \neg L(\varphi \wedge \neg\varphi)$;

这七个公式表达了智能主体的一些理想化的性质，例如公式(1)表达了主体知道他的知识的全部逻辑后承；公式(2)表达了主体能够知道所有的有效式，等等。这些理想化性质都不是现实主体能够具有的特征。要说明一个现实的或模拟现实的智能主体是非逻辑全知的，那么在由此建构的逻辑系统中，上述公式中的全部或其中大部分不应该成为有效式。这可以从句法方面或者语义方面来加以解决。

解决逻辑全知问题的一个主要途径是通过修正或扩充标准的知识模型，通过这个途径提出的逻辑理论多达数十种，其中［Fagin, Halpern, 1988］提出的广义觉知逻辑（General Aware logic）是其中非常有影响的一种[②]。

第二节　广义觉知逻辑 GAL

［Fagin, Halpern, 1988］[③]提出的广义觉知逻辑 GAL 采用觉知

---

① 参见 J. - J. Meyer, *Epistemic Logic* [A]. Philosophical Logic [C]. Lou Goble (ed.), Blackwell Publisher, 2001, p. 191。

② Fagin, Halpern, *Belief, Awareness, and Limited Reasoning* [J]. Artificial Intelligence, Vol. 34: pp. 39—76, 1988.

③ ［Fagin, Halpern, 1988］给出了一系列的觉知逻辑，对觉知有细致的分析，广义觉知逻辑只是其中的一种，有兴趣的读者请参见原文。刘虎教授的博士论文《信念、觉知与二维逻辑》中对此也提出了一些独到的见解。

(aware) 来限制主体的信念，使得这个逻辑中的智能主体能够避免一些前面提到的理想化的性质。广义觉知逻辑继承了将信念区分为隐含信念 (implicit belief) 和明晰信念 (explicit belief) 的观点，它的特点是把主体的觉知作为一个句法符号而不是一个语义来处理。直观地说，隐含信念被主体觉知之后成为主体的明晰信念，即：

明晰信念 = 隐含信念 + 觉知

这是从“觉知”的直观意思出发来表示的。当然这个表达式在逻辑上还不够细致。例如说，“觉知”到底是什么意思，在逻辑上该怎么表示三者之间的关系，其形式化特征是什么，等等，都还是可以进一步讨论的问题。

一　广义觉知逻辑 GAL 的语言和语义

广义觉知逻辑的特点是，对觉知算子不做明确的语义解释，而只是作为一个起着过滤作用的算子作用在明晰信念上。

下面介绍广义觉知逻辑 GAL 的模型和语义。

定义 7.1　给定一个原子命题变元集 P，广义觉知逻辑 GAL 的语句归纳定义如下：

$$\varphi ::= p \mid \neg\varphi \mid \varphi \rightarrow \psi \mid L\varphi \mid B\varphi \mid A\varphi$$

其中，$A\varphi$ 表示主体觉知了公式 φ；$L\varphi$ 表示主体隐含地相信 φ；$B\varphi$ 表示主体明晰地相信 φ；其他语句的解释与前面相同。

定义 7.2　广义觉知逻辑 GAL 的模型是一个四元组 $M = \langle S, R, V, A \rangle$，其中

(1) S 是一个非空的可能世界集；

(2) R 是定义在 S 上的满足持续性、传递性和欧性的二元关系；

(3) V 是对每一可能世界上的原子命题变元的赋值函数；

(4) A 是觉知函数，A (s) 是一个任意的觉知公式集，表示一个主体在可能世界 s 上觉知到的所有公式。

觉知公式集没有任何限制。因此，有可能两个相互矛盾的公式 φ 和 $\neg\varphi$ 都在觉知集 A（s）内，即一个主体的觉知公式集可以是不一致的——这在直观上是可以接受的，我们可以同时觉知到两个相反的信息。而且，也有可能 φ 和 $\neg\varphi$ 都不在觉知集 A（s）内，即 φ 和 $\neg\varphi$ 的都没有被主体觉知到。或许这两个公式只是被主体觉知到其中一个。或许，公式 φ 和 ψ 都被觉知到了，但是 $\varphi\wedge\psi$ 却没有被主体所觉知，或许 $\varphi\wedge\psi$ 被主体觉知，然而 $\psi\wedge\varphi$ 却没有被主体觉知，等等。由于有这些可能性，使得在处理相关的具体问题时，可以有针对性地对觉知算子做一些限制。

广义觉知逻辑的语言是在标准的信念逻辑基础上增加一个觉知算子 A。广义觉知逻辑采用的是标准的二值语义。

定义 7.3　给定一个广义觉知逻辑 GAL 的模型 M，公式 φ 在 M 中的一个可能世界 s 中真，记为（M，s）$\vDash_{GAL}\varphi$，递归定义为：

(1)（M，s）$\vDash_{GAL} p$，当且仅当，$s\in V(p)$，其中 p 是原子命题；

(2)（M，s）$\vDash_{GAL}\neg\varphi$，当且仅当并非（M，s）$\vDash_{GAL}\varphi$；

(3)（M，s）$\vDash_{GAL}\varphi\rightarrow\psi$，当且仅当或者并非（M，s）$\vDash_{GAL}\varphi$，或者（M，s）$\vDash_{GAL}\psi$；

(4)（M，s）$\vDash_{GAL}A\varphi$，当且仅当 $\varphi\in A(s)$；

(5)（M，s）$\vDash_{GAL}L\varphi$，当且仅当对所有 t 使得 $(s, t)\in R$，（M，s）$\vDash_{GAL}\varphi$；

(6)（M，s）$\vDash_{GAL}B\varphi$，当且仅当 $\varphi\in A(s)$ 并且对所有 t 使得 $(s, t)\in R$，（M，s）$\vDash_{GAL}\varphi$。

一个公式 φ 是相对于 GAL 的语义可满足的，是指在 M 中，存在 $s\in S$，使得（M，s）$\vDash_{GAL}\varphi$；一个公式是相对于 GAL 的语义有效的，记为 $M\vDash_{GAL}\varphi$，是指在 M 中，对于所有的 $s\in S$，都有（M，s）$\vDash_{GAL}\varphi$。

对一个主体明晰地相信 φ，即 $B\varphi$ 为真的定义需要两个条件：(1) 主体隐含地相信 φ；(2) 主体觉知了 φ。因此根据语义，容易证明如下公式：

$$B\varphi \equiv L\varphi \wedge A\varphi$$

是广义觉知逻辑的有效式。凡是没有被主体觉知的公式，不可能被主体明晰地相信。尽管它可能作为主体隐含地相信的信息储存起来。

如果主体的觉知公式集与隐含信念集重合，则明晰信念就被还原为隐含信念，此时觉知算子不再具有过滤作用，所有的公式都是主体所觉知的公式。

显然，隐含信念算子 L 的语义与经典信念逻辑的相信算子是完全相同的，而明晰信念算子 B 则有不同的语义，因为一个公式 $B\varphi$ 要为真，不仅仅要满足经典信念语义——φ 在所有可及的可能世界上真，而且还要满足觉知算子的语义——φ 被主体觉知，这就是说，明晰信念具有什么样的性质依赖于隐含信念和觉知的性质。

二　广义觉知逻辑的公理系统

定义 7.4　广义觉知逻辑 GAL 的公理系统由以下公理和推理规则构成：

（1）所有的命题重言式；

（2）$L\varphi \wedge L(\varphi \rightarrow \psi) \rightarrow L\psi$；

（3）$\neg L(\varphi \wedge \neg\varphi)$；

（4）$L\varphi \rightarrow LL\varphi$；

（5）$\neg L\varphi \rightarrow L\neg L\varphi$；

（6）$B\varphi \equiv L\varphi \wedge A\varphi$；

MP 规则：从 φ 和 $\varphi \rightarrow \psi$，可以得到 ψ；

N 规则：从 φ 可以得到 $L\varphi$。

Fagin 和 Halpern 证明了广义觉知逻辑的公理系统是可靠的和完全的，因此有如下定理：

定理 7.1　广义觉知逻辑 GAL 相对于其语义是可靠的和完全的。

证明：参见［Fagin，Halpern，1988］[1]，略。

以下公式是广义觉知逻辑 GAL 的几个定理：

（1）$(B\varphi \wedge B(\varphi \rightarrow \psi) \wedge A\psi) \rightarrow B\psi$；

（2）$(B\varphi \wedge A(B\varphi)) \rightarrow BB\varphi$；

（3）$(\neg B\varphi \wedge A(\neg B\varphi)) \rightarrow B(\neg B\varphi)$。

证明：略。

这 3 个公式说明在广义觉知逻辑中，明晰信念算子并非有一般意义上的 K 公理、4 公理和 5 公理，其中（1）是 K 公理的替代公式，（2）是 4 公理的替代公式，（3）是 5 公理的替代公式。

三　广义觉知逻辑对逻辑全知问题的解决

广义觉知逻辑对于逻辑全知的解决是比较成功的。关于逻辑全知问题的几个主要的表达方式，特别是 K 公理和 N 规则，在广义觉知逻辑中都不是有效式。

首先，明晰信念不是蕴涵封闭的，即表达明晰信念的 K 公理：

$$B\varphi \wedge B(\varphi \rightarrow \psi) \rightarrow B\psi$$

在广义觉知逻辑中不是有效式。因为可能存在这样的情况：主体有明晰信念 φ 和 $\varphi \rightarrow \psi$，但是 ψ 并没有在该主体的觉知集中，它只是主体的隐含信念，而不是该主体的明晰信念。因此公式

$$B\varphi \wedge B(\varphi \rightarrow \psi) \wedge \neg B\psi$$

在广义觉知逻辑中是可满足的。Fagin 和 Halpern 用公式：

$$B\varphi \wedge B(\varphi \rightarrow \psi) \wedge A\psi \rightarrow B\psi$$

来表达与 K 公理相类似的公式。容易证明该公式是广义觉知逻辑的定理。

其次，对于 N 规则，即如果 $\models \varphi$ 则 $\models B\varphi$，在广义觉知逻辑中仍然不成立，根据广义觉知逻辑的语义，即使 φ 是它的有效式，

---

① Fagin，Halpern，*Belief*，*Awareness*，*and Limited Reasoning*［J］. Artificial Intelligence，Vol. 34：pp. 39—76，1988.

由于主体没有觉知到 φ，那么 $B\varphi$ 仍然在其中不成立。相应地，用"$\models \varphi$ 并且 $\models A\varphi$ 则 $\models B\varphi$"来表示与 N 规则类似的规则。

再次，"如果 $\models \varphi \to \psi$ 则 $\models B\varphi \to B\psi$"也不是广义觉知逻辑的规则。因为对于广义觉知逻辑的语义来说，当 $\varphi \to \psi$ 成立时，可能主体觉知了 φ 和 ψ，也可能只觉知了其中之一，还可能都 φ 和 ψ 没有被主体觉知。

因此，如下情况是可能的：主体觉知了 φ 和 $\varphi\to\psi$ 但是没有觉知 ψ，从而下述公式是可满足的：$B\varphi \wedge B(\varphi \to \psi) \wedge \neg B\psi$。这样有 $\models \varphi \to \psi$ 时不必然有 $\models B\varphi \to B\psi$。类似地，"如果 $\models \varphi \equiv \psi$ 则 $\models B\varphi \equiv B\psi$"在广义觉知逻辑中也不是成立的。

值得注意的是，公式

$$\neg(B\varphi \wedge B\neg\varphi)$$

是广义觉知逻辑的有效式。这条定理表示主体不会相信相互矛盾的两个命题。尽管对于一个现实主体来说这个性质显得较强，但是也是可以接受的：一个主体有可能会潜在地相信相互矛盾的命题，但是不会明晰地相信。因此广义觉知逻辑的定理中有表达这一性质的公式并不会降低其对解决逻辑全知问题的价值。

由于主体的觉知集是任意的，因此在逻辑上相互等价的公式不一定同时在觉知集中，即下列情况是可能的：$(\varphi \vee \psi) \in A(s)$，但是 $(\psi \vee \varphi) \notin A(s)$；$(\varphi \wedge \psi) \in A(s)$，但是 $(\psi \wedge \varphi) \notin A(s)$。于是当 $B(\varphi \vee \psi)$ 成立时，$\neg B(\psi \vee \varphi)$ 是可满足的；当 $B(\varphi \wedge \psi)$ 成立时，$\neg B(\psi \wedge \varphi)$ 是可满足的。

从上面的分析知道，广义觉知逻辑在解决逻辑全知问题上基本上是成功的，它在很大程度上限制了逻辑全知，使得主体不会相信过多的信念。而且它的解释是直观的和简洁的，同时它又没有过多地偏离标准的可能世界语义。这样它仍然拥有很强的表达能力，因此在句法上是非常有用的。

广义觉知算子是任意的，如果对它加以限制，可以得到一些研究者需要的特殊的觉知逻辑。Fagin 和 Halpern 在论文中也给出了一些可能的限制方向。

下面用广义觉知逻辑和知识—意图逻辑相结合，建立一个能够解决逻辑的逻辑全知问题的基于时间和行动规划的广义觉知的知识—意图逻辑 $L_A I_{APTL}$。

第三节　基于广义觉知的知识—意图逻辑 $L_A I_{APTL}$

在前面的分析中，讨论了觉知对信念的影响，其主要作用是区分了明晰信念和隐含信念。广义觉知逻辑本身是讨论信念的，但是觉知算子对知识的影响在逻辑上是相同的。类似于信念，知识也可以相应地区分为隐性知识和显性知识。可以用如下方式表达这两者间的关系：

显性知识 = 隐性知识 + 觉知。

根据这一思想，以下建立一个基于时间和行动规划的广义觉知的知识—意图逻辑 $L_A I_{APTL}$，以此来解决实践推理逻辑中的逻辑全知问题。

一　$L_A I_{APTL}$的语言和语义

首先给出 $L_A I_{APTL}$的语言。

定义 7.5　给定一个原子命题集 P，一个主体原子行为集 E，$L_A I_{APTL}$的语言有如下的递归定义：

$\varphi := p \mid \neg\varphi \mid \varphi\rightarrow\psi \mid X\varphi \mid \varphi U\psi \mid [\alpha]^n\varphi \mid I\varphi \mid L\varphi \mid K\varphi \mid A\varphi$

$\alpha := e \mid (\alpha_1; \alpha_2) \mid (\alpha_1 \cup \alpha_2)$

其中，$p\in P$，$\alpha\in E$，α是主体的行为；$A\varphi$ 表示主体觉知了命题 φ；$L\varphi$ 表示主体隐含地知道命题 φ；$K\varphi$ 表示主体明显知道命题 φ；其他公式的解释如前。

定义 7.6　$L_A I_{APTL}$的模型是一个多元组 $M = < W_T, \leqslant, R_\alpha, R_I, R_L, A, V >$；其中：

（1）W_T是一个非空的时间点集 T 的集合；

（2）≤是定义在 T 上的满足如下条件的二元关系：

（a）自返性：对于所有的 $t_i \in T$，都有 $t_i \leq t_i$；

（b）持续性和离散性：对于所有的 $t_i \in T$，都存在一个 $t_j \neq t_i$，使得 $t_i \leq t_j$，并且不存在 $t_k \in T$ 使得 $t_i \leq t_k$ 并且 $t_k \leq t_j$；

（c）传递性：对于所有的 t_i，t_j，$t_k \in T$，如果 $t_i \leq t_j$ 并且 $t_j \leq t_k$，那么 $t_i \leq t_k$；

（d）向上线性：对于所有的 t_i，t_j，$t_k \in T$，如果都有 $t_i \leq t_j$ 并且 $t_i \leq t_k$，那么或者 $t_j \leq t_k$，或者 $t_k \leq t_j$。

（3）$R_\alpha = \{ R_e \mid e \in E \}$，是定义在时间点间的二元行动关系集；

（4）R_I是定义在可能世界集 W_T 上的满足自返性的二元关系；

（5）R_L是定义在可能世界集 W_T 上的满足自返性、传递性和对称性的二元关系；

（6）给定一个 $T \in W_T$，$t_i \in T$，任给 $T' \in W_T$，$t_i \in T'$，如果有（T，t_i）R_I（T′，t_i），那么有（T，t_i）R_L（T′，t_i）；

（7）A 是觉知函数，A（T，t_i）是一个任意的觉知公式集，表示一个主体在可能世界 T 的一个时间点 t_i 上觉知到的所有公式。

（8）V 是对每一时间点上的原子命题变元的赋值函数。

定义 7.7　给定一个 $L_A I_{APTL}$ 模型 M 和一个时间点 $t_i \in T$，$T \in W_T$，一个公式 φ 在中 t_i 是真的，记为（M，T，t_i）$\models_{LAIAPTL} \varphi$，对语句 φ 的真有如下的递归定义：

（1）（M，T，t_i）$\models_{LAIAPTL} p$，当且仅当 $t_i \in V(p)$；

（2）（M，T，t_i）$\models_{LAIAPTL} \neg\varphi$，当且仅当并非（M，T，$t_i$）$\models_{LAIAPTL} \varphi$；

（3）（M，T，t_i）$\models_{LAIAPTL} \varphi \rightarrow \psi$，当且仅当或者没有（M，T，$t_i$）$\models_{LAIAPTL} \varphi$，或者（M，T，$t_i$）$\models_{LAIAPTL} \psi$；

（4）（M，T，t_i）$\models_{LAIAPTL} X\varphi$，当且仅当，存在 $t_{i+1} \in T$ 使得（M，T，t_{i+1}）$\models_{LAIAPTL} \varphi$；

(5)(M, T, t_i) $\models_{LAIAPTL}$ $\varphi U\psi$，当且仅当存在 t_k 使得 $t_i \leqslant t_k$，(M, T, t_k) $\models_{APTL}$ ψ，并且对于所有的 $t_i \leqslant t_j < t_k$ 都有（M, T, t_j）$\models_{APTL}$ φ；

(6)(M, T, t_i) $\models_{LAIAPTL}$ $[\alpha]^n\varphi$，有如下的递归定义：

(a) α是原子行为 e，(M, T, t_i) $\models_{LAIAPTL}$ $[e]^n\varphi$，当且仅当如果 $t_i R_\alpha t_{i+n}$，那么（M, T, t_{i+1}）$\models_{LAIAPTL}$ φ；

(b) α是持续行动（α_1; α_2），(M, T, t_i) $\models_{LAIAPTL}$ $[\alpha_1; \alpha_2]^{j+k}\varphi$，当且仅当（M, T, t_i）$\models_{LAIAPTL}$ $[\alpha_1]^j([\alpha_2]^k\varphi)$；

(c) α是选择行动（$\alpha_1 \cup \alpha_2$），(M, T, t_i) $\models_{APTL}$ $[\alpha_1 \cup \alpha_2]^{j/k}\varphi$，当且仅当（M, T, t_i）$\models_{LAIAPTL}$ $[\alpha_1]^j\varphi$；并且（M, T, t_i）$\models_{LAIAPTL}$ $[\alpha_2]^k\varphi$；

(7) (M, T, t_i) $\models_{LAIAPTL}$ $L\varphi$，当且仅当如果（T, t_i）R_L（T′, t_i），T, T′∈W_T，那么（M, T′, t_i）$\models_{LAIAPTL}$ φ；

(8)(M, T, t_i) $\models_{LAIAPTL}$ $A\varphi$，当且仅当 $\varphi \in A$（T, t_i）；

(9)(M, T, t_i) $\models_{LAIAPTL}$ $I\varphi$，当且仅当 $[\alpha]^n\varphi \in A$（T, t_i），并且如果有（T, t_i）R_I（T′, t_i），T, T′∈W_T，那么（M, T′, t_i）$\models_{LAIAPTL}$ $[\alpha]^n\varphi$；

(10)(M, T, t_i) $\models_{LAIAPTL}$ $K\varphi$，当且仅当 $\varphi \in A$（T, t_i），并且如果（T, t_i）R_L（T′, t_i），T, T′∈W_T，那么（M, T′, t_i）$\models_{LAIAPTL}$ φ。

对意图公式 Iφ 的真定义与第四章略有不同。这里加上了一个觉知限制，其意思是说，一个主体有意图 φ，那么主体首先要觉知到采用什么样的行动才使得命题 φ 能够得以实现。这样的定义是符合直观的。一个主体规划系列行动的目的，就是为了实现 φ，如果主体根本就不清楚能够有什么样的行动才能实现它，那么显然无法完成规划。即使是有这样的意图，显然也是盲目的，非理性的。

如果存在一个可能世界中的一个时间点使公式 φ 是真的，则称 φ 可满足，如果公式 φ 在所有的可能世界中的所有时间点上都是真的，则称 φ 是有效的。φ 是相对于 $L_A I_{APTL}$ 的语义有效的，记为 M $\models_{LAIAPTL}$ φ，在不引起歧义时简记为 $\models_{LAIAPTL}$ φ。

命题 7.1　公式 Kφ ≡Lφ ∧Aφ 是相对于 $L_A I_{APTL}$ 的语义有效的：

证明：由定义 7.7（10）直接可得。

命题 7.2　公式 K（$[\alpha]^n$φ）→Iφ 是相对于 $L_A I_{APTL}$ 的语义有效的。

证明：用反证法。

任给（M，T）和 t_i∈T，

如果没有（M，T，t_i）$\models_{LAIAPTL}$Iφ，则有

或者没有（$[\alpha]^n$φ）∈A（T，t_i），或者存在 T′∈W_T 使得有（T，t_i）R_I（T′，t_i），且没有（M，T′，t_i）$\models_{LAIAPTL}$（$[\alpha]^n$φ）；则有

或者没有（M，T′，t_i）$\models_{LAIAPTL}$（A $[\alpha]^n$φ），或者由定义 5.6（6），有（T，t_i）R_L（T′，t_i）且没有（M，T′，t_i）$\models_{LAIAPTL}$ $[\alpha]^n$φ；则有

或者没有（M，T′，t_i）$\models_{LAIAPTL}$（A $[\alpha]^n$φ），或者没有如果（T，t_i）R_L（T′，t_i），那么（M，T′，t_i）$\models_{LAIAPTL}$ $[\alpha]^n$φ；则有

或者没有（M，T′，t_i）$\models_{LAIAPTL}$（A $[\alpha]^n$φ），或者没有（M，T′，t_i）$\models_{LAIAPTL}$L（$[\alpha]^n$φ）；则

没有（M，T′，t_i）$\models_{LAIAPTL}$K（$[\alpha]^n$φ）。

命题 7.3　公式 L（$[\alpha]^n$φ）→Iφ 不是相对于 $L_A I_{APTL}$ 的语义有效的。

证明：由定义 7.7（9）可得。

命题 7.4　公式 Iφ →（A $[\alpha]^n$φ）是相对于 $L_A I_{APTL}$ 的语义有效的。

证明：由定义 7.7（9）可证。

第四章中的命题"如果 $\models_{LIAPTL}$φ，那么 $\models_{LIAPTL}$Iφ"，在这里不再是 $L_A I_{APTL}$ 的命题，因为尽管有 $\models_{LAIAPTL}$φ，但是可能没有 $\models_{LAIAPTL}$ Aφ，对

此相应的替代命题是：

命题 7.5 如果 $\vDash_{LAIAPTL}\varphi$ 并且 $\vDash_{LAIAPTL}A[\alpha]^n\varphi$，那么 $\vDash_{LAIAPTL}I\varphi$。

证明：由定义 7.7（9）及有效性的定义可证，略。

命题 7.6 （1）如果 $\vDash_{LAIAPTL}\varphi$，那么 $\vDash_{LAIAPTL}G\varphi$；

（2）如果 $\vDash_{LAIAPTL}\varphi$，那么 $\vDash_{LAIAPTL}[\alpha]^n\varphi$；

（3）如果 $\vDash_{LAIAPTL}\varphi$，那么 $\vDash_{LAIAPTL}L\varphi$。

证明：略。

命题 7.7 LI_{APTL}的公理（1）—（21）都是 L_AI_{APTL}有效的。

证明：略。

二　L_AI_{APTL}的公理系统

定义 7.8 L_AI_{APTL}的公理系统由以下的公理和推理规则构成：

（1）所有命题逻辑的重言式；

（2）$(G\varphi\wedge G(\varphi\rightarrow\psi))\rightarrow G\psi$；

（3）$G\varphi\rightarrow\varphi\wedge XG\varphi$；

（4）$G(\varphi\rightarrow X\varphi)\rightarrow(\varphi\rightarrow G\varphi)$；

（5）$G\varphi\rightarrow GG\varphi$；

（6）$(X\varphi\wedge X(\varphi\rightarrow\psi))\rightarrow X\psi$；

（7）$X\neg\varphi\equiv\neg X\varphi$；

（8）$X(\varphi\vee\neg\varphi)$；

（9）$\varphi U\psi\equiv\psi\vee(\varphi\wedge X(\varphi U\psi))$；

（10）$<\alpha>^n\varphi\rightarrow X^n\varphi$；

（11）$[\alpha]^n(\varphi\rightarrow\psi)\wedge[\alpha]^n\varphi\rightarrow[\alpha]^n\psi$；

（12）$<\alpha>^n\varphi\rightarrow[\alpha]^n\varphi$；

（13）$[\alpha_1;\alpha_2]^{j+k}\varphi\equiv[\alpha_1]^j([\alpha_2]^k\varphi)$；

（14）$[\alpha_1\cup\alpha_2^{*}]^{j/k}\varphi\equiv[\alpha_1]^j\varphi\wedge[\alpha_2]^k\varphi$；

（15）$\neg I(\varphi\wedge\neg\varphi)$；

（16）$I\varphi\rightarrow[\alpha]^n\varphi$；

(17) $L(\varphi \rightarrow \psi) \wedge L\varphi \rightarrow L\psi$;

(18) $L\varphi \rightarrow \neg L\neg\varphi$;

(19) $L\varphi \rightarrow LL\varphi$;

(20) $\neg L\varphi \rightarrow L\neg L\varphi$;

(21) $L\varphi \rightarrow \varphi$;

(22) $K([\alpha]^n\varphi) \rightarrow I\varphi$;

(23) $K\varphi \equiv L\varphi \wedge A\varphi$;

(24) $I\varphi \rightarrow (A[\alpha]^n\varphi)$;

MP 规则：从 φ 和 $(\varphi\rightarrow\psi)$，可以得到 ψ;

N 规则 1：从 φ 可以得到 $G\varphi$;

N 规则 2：从 φ 可以得到 $[\alpha]^n\varphi$;

N 规则 3：从 φ 可以得到 $L\varphi$;

N 规则 4：从 φ 和 $A[\alpha]^n\varphi$，可以得到 $I\varphi$。

定理 7.2　L_AI_{APTL}的公理系统相对于其语义是可靠的，即有：如果$\vdash_{LAIAPTL}\varphi$，那么$\models_{LAIAPTL}\varphi$。

证明：由命题 7.1、7.2、7.4 到命题 7.7 可证，略。

三　L_AI_{APTL}的完全性

证明基于时间和行动规划的广义觉知的知识—意图逻辑 L_AI_{APTL} 的完全性，首先要给出所需的如下定义和引理。

引理 7.3　(Lindenbaum 引理) 任何一个一致集都可以扩张成一个极大一致集。

证明：略。

引理 7.4　Γ是一个极大一致的公式集，任给公式 φ 和 ψ，都有：

(1) $\varphi \in \Gamma$当且仅当$\neg\varphi \notin \Gamma$;

(2) $\varphi \rightarrow \psi \in \Gamma$，当且仅当或者 $\varphi \notin \Gamma$，或者 $\psi \in \Gamma$;

(3) $\varphi \wedge \psi \in \Gamma$当且仅当 $\varphi \in \Gamma$并且 $\psi \in \Gamma$;

(4) $\varphi \vee \psi \in \Gamma$当且仅当或者 $\varphi \in \Gamma$或者 $\psi \in \Gamma$;

（5）如果 $G\varphi \in \Gamma$，则 $\varphi \in \Gamma$、$XG\varphi \in \Gamma$ 并且 $GG\varphi \in \Gamma$；

（6）$\neg X\varphi \in \Gamma_i$ 当且仅当 $X \neg\varphi \in \Gamma_i$；

（7）如果 $X\varphi \in \Gamma$ 并且 $X(\varphi \rightarrow \psi) \in \Gamma$，那么 $X\psi \in \Gamma$；

（8）如果 $\varphi U\psi \in \Gamma$，则如果 $\psi \notin \Gamma$，那么 $\varphi \in \Gamma$ 并且 $X(\varphi U\psi) \in \Gamma$；

（9）如果 $<\alpha>^n \in \Gamma$，那么 $[\alpha]^n\varphi \in \Gamma$，且 $X^n\varphi \in \Gamma$；

（10）如果 $[\alpha]^n(\varphi \rightarrow \psi) \in \Gamma$，那么或者 $[\alpha]^n\varphi \notin \Gamma$，或者 $[\alpha]^n\psi \in \Gamma$；

（11）$[\alpha_1; \alpha_2]^{j+k}\varphi \in \Gamma$ 当且仅当 $[\alpha_1]^j([\alpha_2]^k\varphi) \in \Gamma$；

（12）$[\alpha_1 \cup \alpha_2]^{j/k}\varphi \in \Gamma$ 当且仅当 $[\alpha_1]^j\varphi \wedge [\alpha_2]^k\varphi \in \Gamma$；

（13）如果 $L(\varphi \rightarrow \psi) \in \Gamma$ 并且 $L\varphi \in \Gamma$，那么 $L\psi \in \Gamma$；

（14）如果 $L\varphi \in \Gamma$，那么 $\neg L \neg\varphi \in \Gamma$；

（15）如果 $L\varphi \in \Gamma$，那么 $LL\varphi \in \Gamma$；

（16）如果 $L\varphi \in \Gamma$，那么 $\varphi \in \Gamma$；

（17）$K\varphi \in \Gamma$ 当且仅当 $L\varphi \in \Gamma$ 并且 $A\varphi \in \Gamma$；

（18）如果 $K([\alpha]^n\varphi) \in \Gamma$，那么 $I\varphi \in \Gamma$；

（19）如果 $I\varphi \in \Gamma$，那么 $[\alpha]^n\varphi \in \Gamma$；

（20）如果 $I\varphi \in \Gamma$，那么 $(A[\alpha]^n\varphi) \in \Gamma$）。

证明：（1）—（16）略，（17）由公理（23）直接可得，公理（18）由公理（22）直接可得，（19）由公理（16）直接可得，（20）由公理（24）直接可得。

要证明系统具有完全性，只需要证明与系统一致的公式 $\varphi \in \Gamma_i$ 当且仅当 $(M, T, t_i) \vDash \varphi$。对此需要建立如下的定义和引理。

定义 7.9 对于任意 Γ_i，$\Gamma_j \in S_{MCS}$，有

（1）Γ_i，Γ_j 有 R_+ 关系，记为 $(\Gamma_i, \Gamma_j) \in R_+$，当且仅当 $\{\varphi \mid X\varphi \in \Gamma_i\} \subseteq \Gamma_j$；

（2）Γ_i，Γ_j 有 $R_<$ 关系，记为 $(\Gamma_i, \Gamma_j) \in R_<$，当且仅当 $\{\varphi \mid XG\varphi \in \Gamma_i\} \subseteq \Gamma_j$；

（3）Γ_i，Γ_j 有 R_α 关系，记为 $(\Gamma_i, \Gamma_j) \in R_\alpha$，当且仅当

$\{\varphi \mid [\alpha]^n\varphi \in \Gamma_i\} \subseteq \Gamma_j$；

（4）Γ_i，Γ_j有R_I关系，记为（Γ_i，Γ_j）$\in R_I$，当且仅当满足如下条件：$\{[\alpha]^n\varphi \mid (A[\alpha]^n\varphi) \in \Gamma_i$并且$I\varphi \in \Gamma_i\} \subseteq \Gamma_j$；

（5）Γ_i，Γ_j有R_L关系，记为（Γ_i，Γ_j）$\in R_L$，当且仅当$\{\varphi \mid L\varphi \in \Gamma_i\} \subseteq \Gamma_j$。

引理7.5 对于任意$\Gamma_i \in S_{MCS}$，满足（Γ_i，Γ_j）$\in R_+$的Γ_j是唯一确定的。

证明：如果与Γ_i有R_+关系的Γ_j不是唯一确定的，假设有Γ_j和Γ'_j，则存在一个公式φ，使得$\varphi \in \Gamma_j$且$\varphi \notin \Gamma'_j$，则有$\neg\varphi \in \Gamma'_j$，则有$X\varphi \in \Gamma_i$且$X\neg\varphi \in \Gamma_i$，由引理7.4（6），有$X\varphi \in \Gamma_i$且$\neg X\varphi \in \Gamma_i$，这产生矛盾。

证毕。

由于Γ_j是唯一确定的，此时$j = i+1$。

引理7.6 对于任意$\Gamma_i \in S_{MCS}$，$X\varphi \in \Gamma_i$当且仅当存在Γ_j，使得（Γ_i，Γ_j）$\in R_+$，$\varphi \in \Gamma_j$。

证明：由定义7.9（1）直接可得。

引理7.7 对于任意$\Gamma_i \in S_{MCS}$，$XG\varphi \in \Gamma_i$当且仅当对于所有的Γ_j使得（Γ_i，Γ_j）$\in R_<$，$\varphi \in \Gamma_j$。

证明：由定义7.9（2）直接可得。

引理7.8 对于任意$\Gamma_i \in S_{MCS}$，$[\alpha]^n\varphi \in \Gamma_i$当且仅当对于所有的$\Gamma_{i+n}$使得（$\Gamma_i$，$\Gamma_{i+n}$）$\in R_\alpha$，$\varphi \in \Gamma_{i+n}$。

证明：由定义7.9（3）直接可得。

引理7.9 对于任意Γ_i，$\Gamma_j \in S_{MCS}$，如果（Γ_i，Γ_j）$\in R_+$，那么（Γ_i，Γ_j）$\in R_<$。

证明：由引理7.4（5）和定义7.9得证。

引理7.10 $R_<$是基于R_+传递封闭的。即假设有一个极大一致集序列记为$\pi = \Gamma_0, \Gamma_1, \Gamma_2, \cdots$，其中$\Gamma_i \in \pi \subseteq S_{MCS}$，$i \geqslant 0$，如果对于任意$\Gamma_i \in \pi$，都有（$\Gamma_i$，$\Gamma_{i+1}$）$\in R_+$，那么对于任意$\Gamma_i$，$\Gamma_j$，$\Gamma_k \in \pi$，如果有（$\Gamma_i$，$\Gamma_j$）$\in R_<$且（$\Gamma_j$，$\Gamma_k$）$\in R_<$，那么（$\Gamma_i$，$\Gamma_k$）$\in R_<$。

证明：对于任意Γ_i，Γ_j，$\Gamma_k \in \pi$，如果有（Γ_i，Γ_j）$\in R_<$且（Γ_j，Γ_k）$\in R_<$，那么存在序列Γ_i，Γ_{i+1}，…，Γ_j，Γ_{j+1}，…，Γ_k，使得相邻的两个极大一致集都有关系 R_+，则由引理 7.4（5），引理 7.6 和定义 7.9 可得。

证毕。

定义 7.10 一条路径是指满足如下条件的一个极大一致集的有序集，记为$\pi = \Gamma_0$，Γ_1，Γ_2，…，其中$\Gamma_i \in \pi \subseteq S_{MCS}$，$i \geqslant 0$，每一个$\Gamma_i$称为$\pi$ 上的点：

（1）任给$\Gamma_i \in \pi$，都有$\Gamma_{i+1} \in \pi$，使得（Γ_i，Γ_{i+1}）$\in R_+$；

（2）任给$\Gamma_i \in \pi$，如果$\Gamma_j \in \pi$，那么或者有（Γ_i，Γ_j）$\in R_<$，或者有（Γ_j，Γ_i）$\in R_<$；

（3）任给$\Gamma_i \in \pi$，如果$<\alpha>^n \varphi \in \Gamma_i$，那么存在$\Gamma_{i+n} \in \pi$，$\varphi \in \Gamma_{i+n}$，使得（$\Gamma_i$，$\Gamma_{i+n}$）$\in R_\alpha$。

定义 7.10 是说路径π 上的点是由满足 R_+、$R_<$ 和 R_α 的极大一致集构造起来的，如果能够证明所定义的路径是存在的，那么就可以将路径和可能世界对应起来。这就是说需要证明如下引理：

引理 7.11 满足定义 7.10 的路径$\pi = \Gamma_0$，Γ_1，Γ_2，…是存在的。

证明：首先证明满足定义 7.10 的条件（1）是能够满足的。由引理 7.4（1），对于任意一个$\Gamma_i \in \pi$，则或者$\neg X\varphi \in \Gamma_i$或者 $X\varphi \in \Gamma_i$；假设$X\varphi \in \Gamma_i$，则由引理 7.5，$X\varphi \in \Gamma_i$当且仅当存在Γ_{i+1}，$\varphi \in \Gamma_{i+1}$，使得（Γ_i，Γ_{i+1}）$\in R_+$；假设$\neg X\varphi \in \Gamma_i$，则由引理 7.5，有 $X \neg\varphi \in \Gamma_i$，则由引理 7.6 存在$\Gamma_{i+1}$，$\neg\varphi \in \Gamma_{i+1}$，使得（$\Gamma_i$，$\Gamma_{i+1}$）$\in R_+$。则定义 7.10（1）总是能满足的。

其次证明条件（2）是能够满足的。如果$\Gamma_j \in \pi$，由条件（1），那么或者有Γ_i，Γ_{i+1}，…，Γ_j，或者有Γ_j，Γ_{j+1}，…，Γ_i，使得相邻两点间有 R_+关系，那么由引理 7.6、7.7 和 7.9，可得或者有（Γ_i，Γ_j）$\in R_<$，或者有（Γ_j，Γ_i）$\in R_<$。

再次证明条件（3）是可满足的。由引理 7.8，引理 7.4（9）和条件（1）的证明可证。

证毕。

由引理7.16，如下的推论是成立的：

推论7.12　（1）Γ_i是π上的点，总存在Γ_{i+1}，使得（Γ_i，Γ_{i+1}）$\in R_+$；

（2）Γ_i，Γ_k，Γ_j是π上的点，如果（Γ_i，Γ_k）$\in R_<$并且（Γ_i，Γ_j）$\in R_<$，$\Gamma_k \neq \Gamma_j$，那么或者（Γ_k，Γ_j）$\in R_<$，或者（Γ_j，Γ_k）$\in R_<$。

推论7.13　任给Γ_i是π上的点，都有

（1）X（$\varphi \vee \neg\varphi$）$\in \Gamma_i$；

（2）$G\varphi \rightarrow \varphi \in \Gamma_i$。

自然地，由引理7.10和这两个推论，能够得到如下引理：

引理7.14　路径π上的点之间的关系是定义7.6（2）的关系$\leqslant$。

证明：由引理7.10、推论7.12和7.13可得。

引理7.15　Γ_i是π上的点，公式$\varphi U\psi \in \Gamma_i$，当且仅当或者$\psi \in \Gamma_i$，或者存在$\Gamma_j$，（$\Gamma_i$，$\Gamma_j$）$\in R_<$使得$\psi \in \Gamma_j$并且对于任意$\Gamma_k$，（$\Gamma_i$，$\Gamma_k$）$\in R_<$并且（$\Gamma_k$，$\Gamma_j$）$\in R_<$，都有$\varphi \in \Gamma_k$。

证明：如果公式$\varphi U\psi \in \Gamma_i$，由引理7.4（8），或者有$\psi \in \Gamma_i$，或者有$\varphi \in \Gamma_i$并且X（$\varphi U\psi$）$\in \Gamma_i$。假设有$\varphi \in \Gamma_i$并且X（$\varphi U\psi$）$\in \Gamma_i$，由引理7.6、7.7和7.4（8）可得存在$\Gamma_{i+1}$，（$\Gamma_i$，$\Gamma_{i+1}$）$\in R_+$使得或者$\psi \in \Gamma_{i+1}$，此时有$\Gamma_{i+1} = \Gamma_j$，使得$\psi \in \Gamma_j$并且对于任意$\Gamma_k$，（$\Gamma_i$，$\Gamma_k$）$\in R_<$并且（$\Gamma_k$，$\Gamma_j$）$\in R_<$，都有$\varphi \in \Gamma_k$；或者有$\varphi \in \Gamma_{i+1}$并且X（$\varphi U\psi$）$\in \Gamma_{i+1}$，此时由引理7.6、7.7和7.4（8）可得存在$\Gamma_{i+2}$，使得或者$\psi \in \Gamma_{i+2}$，此时有$\Gamma_{i+2} = \Gamma_j$，使得$\psi \in \Gamma_j$并且对于任意$\Gamma_k$，（$\Gamma_i$，$\Gamma_k$）$\in R_<$并且（$\Gamma_k$，$\Gamma_j$）$\in R_<$，都有$\varphi \in \Gamma_k$；或者有$\varphi \in \Gamma_{i+2}$并且有X（$\varphi U\psi$）$\in \Gamma_{i2+1}$，…；

依次类推，可得Γ_i是π上的点，公式$\varphi U\psi \in \Gamma_i$，当且仅当或者$\psi \in \Gamma_i$，或者存在$\Gamma_j$，（$\Gamma_i$，$\Gamma_j$）$\in R_<$使得$\psi \in \Gamma_j$并且对于任意$\Gamma_k$，（$\Gamma_i$，$\Gamma_k$）$\in R_<$并且（$\Gamma_k$，$\Gamma_j$）$\in R_<$，都有$\varphi \in \Gamma_k$。

证毕。

引理 7.16　π 是一条路径，Γ_i是π 上的点，如果公式 $<\alpha>^n\varphi \in \Gamma_i$，那么存在一个点$\Gamma_{i+n} \in \pi$，$\varphi \in \Gamma_{i+n}$，$(\Gamma_i, \Gamma_{i+n}) \in R_\alpha$。

证明：Γ_i是π 上的点，如果公式 $<\alpha>^n\varphi \in \Gamma_i$，由引理 7.4（9）则有 $X^n\varphi \in \Gamma_i$且 $[\alpha]^n\varphi \in \Gamma_i$，由 $X^n\varphi \in \Gamma_i$和引理 7.8，存在一个点$\Gamma_{i+n} \in \pi$ 使得有 $\varphi \in \Gamma_{i+n}$，则由定义 7.9（3），有 $(\Gamma_i, \Gamma_{i+n}) \in R_\alpha$。

定义 7.11　π 和π′是不同的路径，如果有$\Gamma_i \in \pi$，$\Gamma_j \in \pi'$，使得 $(\Gamma_i, \Gamma_j) \in R_I$，则称π 和π′有关系 R_I，记为 $(\pi, \Gamma_i)\ R_I\ (\pi', \Gamma_j)$。

引理 7.17　π 和π′是不同的路径，$\Gamma_i \in \pi$，$\Gamma'_i \in \pi'$，$(\pi, \Gamma_i)\ R_I\ (\pi', \Gamma'_i)$ 当且仅当满足条件 $\{[\alpha]^n\varphi \mid (A[\alpha]^n\varphi) \in \Gamma_i$ 并且 $I\varphi \in \Gamma_i\} \subseteq \Gamma_j$。

证明：由定义 7.11 和定义 7.9（4）可证。

定义 7.12　π 和π′是不同的路径，如果有$\Gamma_i \in \pi$，$\Gamma_j \in \pi'$，使得 $(\Gamma_i, \Gamma_j) \in R_L$，则称π 和π′有关系 R_L，记为 $(\pi, \Gamma_i)\ R_L(\pi', \Gamma_j)$。

引理 7.18　π 和π′是不同的路径，$\Gamma_i \in \pi$，$\Gamma'_i \in \pi'$，$(\pi, \Gamma_i)\ R_L\ (\pi', \Gamma'_i)$ 当且仅当满足条件 $\{\varphi \mid L\varphi \in \Gamma_i\} \subseteq \Gamma'_i$。

证明：由定义 7.9（5）和定义 7.12 可得。

引理 7.19　π 和π′是不同的路径，$\Gamma_i \in \pi$，$\Gamma_j \in \pi'$，如果Γ_i，Γ_j有 R_I关系，那么Γ_i，Γ_j有 R_L关系。

证明：π 和π′是不同的路径，$\Gamma_i \in \pi$，$\Gamma_j \in \pi'$，假设Γ_i，Γ_j有 R_I关系但是没有 R_L关系，则

（1）Γ_i，Γ_j有 R_I关系则有 $I\varphi \in \Gamma_i$ 使得 $(A[\alpha]^n\varphi) \in \Gamma_i$并且 $[\alpha]^n\varphi \in \Gamma_j$；

（2）Γ_i，Γ_j没有 R_L关系，$L[\alpha]^n\varphi) \in \Gamma_i$并且 $A[\alpha]^n\varphi) \in \Gamma_i$ 但是没有 $[\alpha]^n\varphi \in \Gamma_j$；

由（1）和（2）则可知假设不成立。

原命题得证。

引理 7.11 证明了满足线序关系的路径π 是存在的，这使得可以将π 和可能世界 T 一一对应，使得如下定义的模型恰好就是

$L_A I_{APTL}$的模型。

定义 7.12 一个模型 $M = < W_T, \leqslant, R_\alpha, R_I, R_L, A, V >$ 使得：

（1）定义一个函数 F，使得 $F(\Gamma_i) = t_i$，其中$\Gamma_i \in \pi \subseteq S_{MCS}$，$t_i \in T$，定义一个函数 G，使得 $G(\pi) = T$，$T \in W_T$；

（2）如果Γ_i，$\Gamma_j \in \pi$，或者$\Gamma_i = \Gamma_j$，或者有$(\Gamma_i, \Gamma_j) \in R_<$，则有 $t_i \leqslant_t t_j$；

（3）如果Γ_i，$\Gamma_j \in \pi$，$(\Gamma_i, \Gamma_j) \in R_\alpha$ 则有 $t_i R_\alpha t_j$；

（4）如果有$\Gamma_i \in \pi$，$\Gamma'_i \in \pi'$，使得$(\pi, \Gamma_i) R_I (\pi', \Gamma'_i)$，则有$(T, t_i) R_I (T', t_i)$；

（5）如果有$\Gamma_i \in \pi$，$\Gamma'_i \in \pi'$，使得$(\pi, \Gamma_i) R_L (\pi', \Gamma'_i)$，则有$(T, t_i) R_L (T', t_i)$；

（6）对每一原子命题 $p \in P$ 的真值有如下定义：$p \in \Gamma_i$，$\Gamma_i \in \pi \subseteq S_{MCS}$当且仅当 $t_i \in T$，$T \in W_T$，$(T, t_i) \in V(p)$；

（7）对每一觉知公式的真值定义如下：$A\varphi \in \Gamma_i$，$\Gamma_i \in \pi \subseteq S_{MCS}$当且仅当 $t_i \in T$，$T \in W_T$，$\varphi \in A(T, t_i)$。

直观地说，每一路经π 上的点Γ_i对应一个可能世界 T 上的时间点 t_i，极大一致公式集Γ_i是对可能世界 T 上的时间点 t_i的完全描述，路径π 上的极大一致集间的关系与时间点 t_i上的关系是相同的，都满足线序。可以看到定义 7.12 所定义的模型恰好就是 $L_A I_{APTL}$的模型，即有如下引理：

引理 7.20 模型 $M = < W_T, \leqslant, R_\alpha, R_I, R_L, V >$就是$L_A I_{APTL}$的模型。

证明：模型 $M = < W_T, \leqslant, R_\alpha, R_I, R_L, V >$的各项定义符合 LI_{APTL}模型的各项定义。引理 7.11 证明了可能世界集 W_T是非空的，引理 7.14 证明了关系$\leqslant$是满足的，引理 7.16 证明了关系 R_α 是满足的，引理 7.4（19）和 7.17 证明了关系 R_I是满足的，引理 7.4（16）和 7.18 证明了关系 R_L是满足的，引理 7.19 和定义 7.12 证明了定义 7.6（6）的条件是满足的。

证毕。

由以上的定义和引理，可以证明如下引理成立：

引理7.21　如果 $\varphi \in \Gamma_i$，那么（M，T，t_i）$\vDash_{LAIAPTL} \varphi$。

证明：施归纳于公式 φ 的结构：

情况1：φ 是一个原子命题，此时由定义7.12（6），$p \in \Gamma_i$ 当且仅当 $t_i \in V(p)$，当且仅当（M，T，t_i）$\vDash_{LAIAPTL} p$；

情况2：φ 是 $\neg\psi$，此时有 $\neg\psi \in \Gamma_i$ 当且仅当 $\psi \notin \Gamma_i$，由归纳假设，此时没有（M，T，t_i）$\vDash_{LAIAPTL} \psi$，则（M，T，t_i）$\vDash_{LAIAPTL} \neg\psi$；

情况3：φ 是 $\psi \to \chi$，此时有 $\psi \to \chi \in \Gamma_i$ 当且仅当或者有 $\chi \in \Gamma_i$ 或者 $\psi \notin \Gamma_i$，由归纳假设，此时或者有（M，T，t_i）$\vDash_{LAIAPTL} \chi$，或者没有（M，T，t_i）$\vDash_{LAIAPTL} \psi$，即有（M，T，t_i）$\vDash_{LAIAPTL} \psi \to \chi$；

情况4：φ 是 $X\psi$，则有 $X\psi \in \Gamma_i$ 当且仅当 $\psi \in \Gamma_{i+1}$，由归纳假设（M，T，t_{i+1}）$\vDash_{LAIAPTL} \psi$，则有（M，T，t_i）$\vDash_{LAIAPTL} X\psi$；

情况5：φ 是 $G\psi$，则由引理7.4（5）和引理7.7，有 $G\psi \in \Gamma_i$ 当且仅当对于所有 $i \leqslant j$，都有 $\psi \in \Gamma_j$，由归纳假设，则有对于所有 $i \leqslant j$，都有（M，T，t_j）$\vDash_{LAIAPTL} \psi$，则有（M，T，t_i）$\vDash_{LAIAPTL} G\psi$；

情况6：φ 是 $\psi U \chi$，$\pi = \Gamma_0, \Gamma_1, \cdots$ 是一个路径，由引理7.15和归纳假设，或者有（M，T，t_i）$\vDash_{LAIAPTL} \chi$，或者存在 j，k 有 $i \leqslant j < k$，使得（M，T，t_j）$\vDash_{LAIAPTL} \chi$ 并且（M，T，t_k）$\vDash_{LAIAPTL} \psi$，那么由定义7.7（5），（M，T，t_i）$\vDash_{LAIAPTL} \psi U \chi$；

情况7：φ 是 $<\alpha>^n\psi$，$\pi = \Gamma_0, \Gamma_1, \cdots$ 是一个路径，由引理7.16，则存在一个点 $\Gamma_{i+n} \in \pi$，$\psi \in \Gamma_{i+n}$，$(\Gamma_i, \Gamma_{i+n}) \in R_\alpha$，此时由定义7.10，有 $(t_i, t_{i+n}) \in R_\alpha$，由归纳假设，（M，T，$t_{i+n}$）$\vDash_{LAIAPTL} \psi$，则没有（M，T，$t_{i+n}$）$\vDash_{LAIAPTL} \neg\psi$，则没有（M，T，$t_i$）$\vDash_{LAIAPTL} [\alpha]^n\neg\psi$，则（M，T，$t_i$）$\vDash_{LAIAPTL} \neg[\alpha]^n\neg\psi$，则（M，T，$t_i$）$\vDash_{LAIAPTL} <\alpha>^n\psi$；

情况8：φ 是 $[\alpha_1; \alpha_2]^{j+k}\psi$，由引理7.4（11）、命题7.7和归纳假设可证（M，T，t_i）$\vDash_{LAIAPTL} [\alpha_1; \alpha_2]^{j+k}\psi$；

情况9：φ是$[\alpha_1 \cup \alpha_2]^{j/k}\psi$，由引理7.4（12）、命题7.7和归纳假设可证（M，T，t_i）$\models_{LAIAPTL}$ $[\alpha_1 \cup \alpha_2]^{j/k}\psi$；

情况10：φ是$A\psi$，此时已有定义7.12（7），可得（M，T，t_i）$\models_{LAIAPTL} A\psi$；

情况11：φ是$L\psi$，由引理6.18，则有对于所有满足的（π，Γ_i）R_L（π'，Γ_j）极大一致集$\Gamma'_i \in \pi'$，都有$\psi \in \Gamma'_i$。此时由定义7.10，有（T，t_i）R_L（T′，t_i）；由归纳假设，有（M，T′，t_i）$\models_{LAIAPTL}\psi$，由定义7.7（8），有（M，T，t_i）$\models_{LAIAPTL} L\psi$；

情况12：φ是$K\psi$，由引理7.4（16），此时有$L\psi \in \Gamma$并且$A\psi \in \Gamma$；由归纳假设，此时有（M，T′，t_i）$\models_{LAIAPTL} L\psi$并且$A\psi \in$（T，t_i），由定义7.7（10），可得（M，T′，t_i）$\models_{LAIAPTL} B\psi$；

情况13：φ是$I\psi$，由引理7.4（18），（A $[\alpha]^n\varphi$）$\in \Gamma_i$；由引理7.17，则对于满足（π，Γ_i）R_I（π'，Γ_j）的极大一致集$\Gamma'_i \in \pi'$，都有$[\alpha]^n\psi \in \Gamma'_i$。由定义7.12（4），有（T，$t_i$）$R_I$（T′，$t_i$）；由归纳假设（M，T′，$t_i$）$\models_{LAIAPTL}$ $[\alpha]^n\psi$，由定义7.7（9），有（M，T，t_i）$\models_{LAIAPTL} I\psi$；

证毕。

定理7.22　所有相对于L_AI_{APTL}的语义有效的公式都是L_AI_{APTL}的定理，即有：如果$\models_{LAIAPTL}\varphi$，那么$\vdash_{LAIAPTL}\varphi$。

证明：假设$\vdash_{LAIAPTL}\varphi$不成立，则$\{\neg\varphi\}$是一致的。因此，存在一个极大一致集Γ_i，使得$\neg\varphi \in \Gamma_i$。那么由引理7.21，有（M，T，t_i）$\models_{LAIAPTL}\neg\varphi$，则$\models_{LAIAPTL}\varphi$不成立。

讨论和小结

由于L_AI_{APTL}全部保留了广义觉知逻辑给出的语义，因此在觉知算子的作用下，在第四章的逻辑LI_{APTL}中存在的知识的逻辑全知问题在L_AI_{APTL}中基本上得到解决，其具体的结论和本章第一节的分析相类似。区别是，广义觉知逻辑是描述信念的，而L_AI_{APTL}以知识作为意图的认知背景，因此增加了描述知识是客观上真的公理

$L\varphi \to \varphi$。容易得出公式 $K\varphi \to \varphi \wedge A\varphi$ 是 $L_A I_{APTL}$ 的定理，这描述了显性知识的一个性质：主体的显性知识不但是客观上真的，而且是主体已经觉知了的知识。这个性质实际上表达了显性知识才是主体真正掌握的知识这一直观思想。

在 $L_A I_{APTL}$ 中，意图理论中的全部后承问题也得到了解决。根据 $L_A I_{APTL}$ 的语义，主体有意图 φ，即 $I\varphi$ 要为真，需要以觉知到一个公式 $A[\alpha]^n\varphi$ 为前提，其意思是说，$I\varphi$ 要为真，那么主体要觉知到用什么样的行动才能够使得命题 φ 得以实现，这样的理解显然是符合直观的。在这样的直观语义下，可以得出在第1章中给出的意图后承问题的如下三个表达式都是无效的：

（1）$(I\varphi \wedge L(\varphi \to \psi)) \to I\psi$；

（2）如果 $\varphi \to \psi$，则可以得到 $I\varphi \to I\psi$；

（3）如果 $\varphi \equiv \psi$，则可以得到 $I\varphi \equiv I\psi$；

首先分析（1），由于 $I\psi$ 要为真，必须要有 $A[\alpha]^n\psi$，显然（1）是没有这个觉知公式的。因此如下命题是成立的：

命题 7.8 $(I\varphi \wedge L(\varphi \to \psi)) \to I\psi$ 不是 $L_A I_{APTL}$ 的有效式。

证明：只需要证明 $(I\varphi \wedge L(\varphi \to \psi)) \wedge \neg I\psi$ 是可满足的即可，易证，略。

即使是把 $L(\varphi \to \psi)$ 换成明晰信念公式 $K(\varphi \to \psi)$ 后，$(I\varphi \wedge K(\varphi \to \psi)) \to I\psi$ 仍然不是 $L_A I_{APTL}$ 的有效式。因为这里觉知到的公式是 $\varphi \to \psi$，而不是 $[\alpha]^n\psi$。

（2）和（3）也不是 $L_A I_{APTL}$ 中的规则。首先，"如果 φ 则可以得到 $I\varphi$"不是 $L_A I_{APTL}$ 中的规则，因为 $I\varphi$ 需要觉知公式 $A[\alpha]^n\varphi$ 才能成立，否则得出的内定理集不能证明其有一致性。因此，从 $(\varphi \to \psi)$ 不能得出 $I(\varphi \to \psi)$，也不能得出 $I\varphi \to I\psi$。而且，即使是 $I(\varphi \to \psi)$，也不能得出 $I\varphi \to I\psi$。类似地可以说明，如果 $(\varphi \equiv \psi)$，可以得到 $I\varphi \equiv I\psi$，也不是 $L_A I_{APTL}$ 中的规则。因此有如下命题成立：

命题 7.9 如果 $(\varphi \to \psi)$ 则可以得到 $I\varphi \to I\psi$ 和如果 $\vdash(\varphi$

$\equiv\psi$）则可以得到 $I\varphi\equiv I\psi$ 不是 L_AI_{APTL} 中的规则。

证明：略。

在 L_AI_{APTL} 中，解决意图的后承问题的方法和第四章给出的逻辑略有区别，这是由于在这两个逻辑中意图的语义由于加入了觉知而有所区别。

L_AI_{APTL} 的另一个有意义的结果是，保持了第四章提出的知识对意图的限制作用，并进一步限制了主体的意图。在 L_AI_{APTL} 的意图较之 LI_{APTL} 的意图，增加了一个觉知公式 $A[\alpha]^n\varphi$。可以看到，增加的这个限制更符合现实主体的情况，因为如果现实主体要将一个愿望作为意图，他首先应该是在觉知自己的行动能够产生预期结果的情况下才会采用该意图。这就是说，在 L_AI_{APTL} 系统中，智能主体的意图降低了盲目性，从而增加了理性。

本章给出的逻辑 L_AI_{APTL}，通过增加觉知因素，改变了意图的语义定义，使得前面逻辑中一些有效的公式在这一逻辑系统中不再有效，因此这个逻辑就不是前面所给出的意图逻辑系统的真扩张了。

第八章　记忆、知识和意图的逻辑

记忆是智能主体认知的基本要素。事实上，离开了记忆，人的思维推理活动就无法进行，因为推理总要用到记忆，包括主体记忆中的信息以及之前推理所得到的结果。一般来说，记忆能力强的人思维更灵活敏锐，推理能力也更强。即使是在人工智能中，智能机器不再需要如同人类那样的记忆，但是在程序运行中仍然会有对信息的提取与调用。人工智能具有的学习功能同样是要依赖于既有的信息的。这可以认为智能机器仍然需要发挥类似于人的记忆的作用，尽管智能机器在记忆上较之现实人具有优势，例如智能机器不会遗忘。

在目前关于实践推理结构的理论分析中，记忆并没有被看作是一个必不可少的要素，因而没有被纳入到实践推理的基本结构中。这可能是因为记忆本身不是能够直接地影响行动的因素，因而在行动哲学和意向性理论中没有得到足够的重视。但是如果考虑到记忆在智能主体认知体系中的作用，实践推理的基本结构应该包含记忆这一要素。基于对记忆的逻辑分析，将记忆纳入到实践推理的基本结构中加以逻辑刻画，使得实践推理的逻辑能够更好地体现出现实人的特征，也是自然而合理的。

本章我们结合信念、意图和记忆给出一个基于记忆、信念和意图的实践推理框架的逻辑 MKIL。为简洁起见，本章只讨论记忆、信念与时间逻辑 MLL_{PPTL} 与知识意图逻辑的混合，这可以为更细致地刻画主体实践推理的逻辑奠定一个基础。这一逻辑将所有的信息都看作是主体的知识，即不再区别知识与信念。实际上，主体在规划决策的时候，通常也是将既有信息看作是真实的。

一　MKIL 的语言和语义

由前述的分析，这里首先给出记忆、知识和意图逻辑 MKIL 的语言。

定义 8.1　给定一个原子命题集 P、一个主体的搜索集 S 和一个主体原子行为集 E，记忆、知识和意图的逻辑 MKIL 的语言有如下的递归定义：

$\varphi ::= p \mid \neg\varphi \mid \varphi\rightarrow\psi \mid [\alpha]^n\varphi \mid L\varphi \mid M\varphi \mid I\varphi \mid [\varphi]\psi \mid B\varphi \mid \varphi S\psi \mid X\varphi \mid \varphi U\psi$

$\alpha ::= e \mid (\alpha_1;\alpha_2) \mid (\alpha_1\cup\alpha_2)$

这里记忆、知识和意图的逻辑 MKIL 的语言解释如前。

定义 8.2　记忆、知识和意图逻辑 MKIL 的模型是一个多元组 $M = \langle W_T, \leqslant, R_L, R_M, R_I, R_\alpha, V\rangle$；其中：

（1）W_T是一个非空的时间点集 T 的集合；

（2）$\leqslant$是定义在 T 上的满足如下条件的二元关系；

（a）自返性：对于所有的 $t_i\in T$，都有 $t_i\leqslant t_i$；

（b）持续性和离散性：对于所有的 $t_i\in T$，都存在一个 $t_j\neq t_i$，使得 $t_i\leqslant t_j$，并且不存在 $t_k\in T$ 使得 $t_i\leqslant t_k$并且 $t_k\leqslant t_j$；

（c）传递性：对于所有的 t_i，t_j，$t_k\in T$，如果 $t_i\leqslant t_j$并且 $t_j\leqslant t_k$，那么 $t_i\leqslant t_k$；

（d）线性：对于所有的 t_i，t_j，$t_k\in T$，如果都有 $t_i\leqslant t_j$并且 $t_i\leqslant t_k$，那么或者 $t_j\leqslant t_k$，或者 $t_k\leqslant t_j$。

（3）$R_\alpha = \{R_e \mid e\in E\}$，是定义在时间点间的二元行动关系集；

（4）R_L是定义在可能世界集 W_T上的满足自返性、传递性和对称性的二元关系；

（5）R_M是一个定义在 W_T上的二元关系；

(6) R_I是定义在可能世界集 W_T上的满足自返性的二元关系；

(7) 给定一个 $T \in W_T$，$t_i \in T$，任给 $T' \in W_T$，$t_i \in T'$，如果有 (T, t_i) R_I (T', t_i)，那么有 (T, t_i) R_L (T', t_i)；

(8) 给定一个时间点集 $T \in W_T$，如果有 (T, t_i) R_M (S, t_i)，那么有 (T, t_i) R_L (S, t_i)；

(9) V 是对每一时间点上的原子命题变元的赋值函数。

每一个时间点集 T 也称作一个可能世界，或者说在每一可能世界 T 中具有一个时间结构。与前面有所区别的是，在这个时间结构中，既包含过去时间，也包含未来时间。同时，一个与当前世界有 R_L关系的可能世界有可能是与另一可能世界有着 R_I关系，也有可能有 R_M关系。这体现了信息与意图或记忆的限制关系。

定义 8.3　给定一个 MKIL 的模型 M 和一个时间点 $t_i \in T$，$T \in W_T$，一个公式 φ 在中 t_i是真的，记为 $(M, T, t_i) \models_{MKIL} \varphi$，对语句 φ 的真有如下的递归定义：

(1) $(M, T, t_i) \models_{MKIL} p$，当且仅当 $t_i \in V(p)$；

(2) $(M, T, t_i) \models_{MKIL} \neg\varphi$，当且仅当并非 $(M, T, t_i) \models_{MKIL} \varphi$；

(3) $(M, T, t_i) \models_{MKIL} \varphi \rightarrow \psi$，当且仅当或者没有 $(M, T, t_i) \models_{MKIL} \varphi$，或者 $(M, T, t_i) \models_{MKIL} \psi$；

(4) $(M, T, t_i) \models_{MKIL} X\varphi$，当且仅当，存在 $t_{i+1} \in T$ 使得 $(M, T, t_{i+1}) \models_{MKIL} \varphi$；

(5) $(M, T, t_i) \models_{MKIL} \varphi U \psi$，当且仅当存在 t_k使得 $t_i \leqslant t_k$，$(M, T, t_k) \models_{MKIL} \psi$，并且对于所有的 $t_i \leqslant t_j < t_k$都有 $(M, T, t_j) \models_{MKIL} \varphi$；

(6) $(M, T, t_i) \models_{MKIL} B\varphi$，当且仅当存在时间点 t_{i-1}，$(M, T, t_i) \models_{MKIL} \varphi$；

(7) $(M, T, t_i) \models_{MKIL} \varphi S \psi$，当且仅当存在 t_k使得 $t_k \leqslant t_i$，$(M, T, t_k) \models_{MKIL} \psi$，并且对于所有的 $t_j \leqslant t_i$且 $t_k < t_j$都有 $(M, T, t_j) \models_{MKIL} \varphi$；

(8) $(M, T, t_i) \models_{MKIL} H\varphi$，当且仅当对于所有 t_k使得 $t_k \leqslant t_i$，

都有（M，T，t_k）$\models_{MKIL}$ φ；

（9）（M，T，t_i）$\models_{MKIL}$ Pφ，当且仅当存在 t_k 使得 $t_k \leq t_i$，都有（M，T，t_k）$\models_{MKIL}$ φ；

（10）（M，T，t_i）$\models_{MKIL}$ $[\alpha]^n$φ，有如下的递归定义：

（a）α是原子行为 e，（M，T，t_i）$\models_{MKIL}$ $[e]^n$φ，当且仅当如果 $t_i R_\alpha t_{i+n}$，那么（M，T，t_{i+1}）$\models_{MKIL}$ φ；

（b）α是持续行动（α_1；α_2），（M，T，t_i）$\models_{MKIL}$ $[\alpha_1; \alpha_2]^{j+k}$φ，当且仅当（M，T，$t_i$）$\models_{MKIL}$ $[\alpha_1]^j$（$[\alpha_2]^k$φ）；

（c）α是选择行动（$\alpha_1 \cup \alpha_2$），（M，T，t_i）$\models_{MKIL}$ $[\alpha_1 \cup \alpha_2]^{j/k}$φ，当且仅当（M，T，$t_i$）$\models_{MKIL}$ $[\alpha_1]^j$φ；并且（M，T，t_i）$\models_{MKIL}$ $[\alpha_2]^k$φ；

（11）（M，T，t_i）$\models_{MKIL}$Lφ，当且仅当如果（T，t_i）R_L（T′，t_i），此时 T，T′∈W_T，那么（M，T′，t_i）$\models_{MKIL}$ φ；

（12）（M，T，t_i）$\models_{MKIL}$Mφ，当且仅当如果（T，t_i）R_M（T′，t_i），此时 T，T′∈W_T，则都有（M，T′，t_i）$\models_{MKIL}$ φ；

（13）（M，T，t_i）$\models_{MKIL}$Iφ，当且仅当如果（T，t_i）R_I（T′，t_i），此时 T，T′∈W_T，那么（M，T′，t_i）$\models_{MKIL}$ $[\alpha]^n$φ；

（14）（M，T，t_i）$\models_{MKIL}$ [φ] ψ，当且仅当对所有 S，T ∈S_T，使得（T，t_i）R_M（S，t_i），如果（M，S，t_i）⊨ φ，那么（M |φ，S，t_i）$\models_{MKIL}$ ψ。

其中，M |φ 是模型在 φ 上的一个限制，即满足如下条件的一个多元组（S′，R′，V′）：

$S' = \{n \in S_T | (M, n) \models \varphi\}$；

$R' = R_M \cap (S' \times S')$；

$V' = V \cap S'$。

如果存在一个可能世界中的一个时间点使得公式 φ 是真的，则称 φ 可满足，如果公式 φ 在所有的可能世界中的所有时间点上都是真的，则称 φ 是有效的。φ 是相对于 MKIL 的语义有效的，记为 M $\models_{MKIL}$ φ，在不引起歧义时也可以简记为

$\models_{MKIL}\varphi$。

二　MKIL 的公理系统

定义 8.4　MKIL 的公理系统由以下的公理和推理规则构成：

(1) 所有命题逻辑的重言式；

(2) $(G\varphi \wedge G(\varphi \to \psi)) \to G\psi$；

(3) $G\varphi \to \varphi \wedge XG\varphi$；

(4) $G(\varphi \to X\varphi) \to (\varphi \to G\varphi)$；

(5) $G\varphi \to GG\varphi$；

(6) $(X\varphi \wedge X(\varphi \to \psi)) \to X\psi$；

(7) $X\neg\varphi \equiv \neg X\varphi$；

(8) $X(\varphi \vee \neg\varphi)$；

(9) $\varphi U\psi \equiv \psi \vee (\varphi \wedge X(\varphi U\psi))$；

(10) $(H\varphi \wedge H(\varphi \to \psi)) \to H\psi$；

(11) $H\varphi \to \varphi \wedge BH\varphi$；

(12) $H(\varphi \to B\varphi) \to (\varphi \to H\varphi)$；

(13) $H\varphi \to HH\varphi$；

(14) $(B\varphi \wedge B(\varphi \to \psi)) \to B\psi$；

(15) $B\neg\varphi \equiv \neg B\varphi$；

(16) $B(\varphi \vee \neg\varphi)$；

(17) $\varphi S\psi \equiv \psi \vee (\varphi \wedge B(\varphi S\psi))$；

(18) $<\alpha>^n\varphi \to X^n\varphi$；

(19) $[\alpha]^n(\varphi \to \psi) \wedge [\alpha]^n\varphi \to [\alpha]^n\psi$；

(20) $<\alpha>^n\varphi \to [\alpha]^n\varphi$；

(21) $[\alpha_1; \alpha_2]^{j+k}\varphi \equiv [\alpha_1]^j([\alpha_2]^k\varphi)$；

(22) $[\alpha_1 \cup \alpha_2]^{j/k}\varphi \equiv [\alpha_1]^j\varphi \wedge [\alpha_2]^k\varphi$；

(23) $\neg I(\varphi \wedge \neg\varphi)$；

(24) $I\varphi \to [\alpha]^n\varphi$；

(25) $L(\varphi \to \psi) \wedge L\varphi \to L\psi$；

(26) $L\varphi \rightarrow \neg L \neg \varphi$;

(27) $L\varphi \rightarrow LL\varphi$;

(28) $\neg L\varphi \rightarrow L \neg L\varphi$;

(29) $L\varphi \rightarrow \varphi$;

(30) $L([\alpha]^n\varphi) \rightarrow I\varphi$;

(31) $M\varphi \wedge M(\varphi \rightarrow \psi) \rightarrow M\psi$;

(32) $[\varphi]p \equiv M(\varphi \rightarrow p)$;

(33) $[\varphi]\neg\psi \equiv (M\varphi \rightarrow \neg[\varphi]\psi)$;

(34) $[\varphi](\psi \rightarrow \chi) \equiv ([\varphi]\psi \rightarrow [\varphi]\chi)$;

(35) $[\varphi]M\psi \equiv M(\varphi \rightarrow [\varphi]\psi)$;

(36) $[\varphi][\psi]\chi \equiv [\varphi \wedge [\varphi]\psi]M\chi$;

(37) $M\varphi \rightarrow L\varphi$;

(38) $M(\varphi S\psi) \rightarrow M(P\psi \wedge \varphi)$;

(39) $M(\varphi S\psi) \rightarrow (LP\psi \wedge LP\varphi)$。

MP 规则：从 φ 和 $(\varphi \rightarrow \psi)$，可以得到 ψ;

N 规则 1：从 φ 可以得到 $G\varphi$;

N 规则 2：从 φ 可以得到 $H\varphi$;

N 规则 3：从 φ 可以得到 $[\alpha]^n\varphi$;

N 规则 4：从 φ 可以得到 $L\varphi$;

N 规则 5：从 φ 可以得到 $M\varphi$;

N 规则 6：从 φ 可以得到 $I\varphi$。

引理 8.1　所有 LI_{APTL} 中的有效式在 MKIL 中都是有效的，既有如果 $\models_{LI\,APTL}\varphi$，那么 $\models_{MKIL}\varphi$。

证明：MKIL 保持了 LI_{APTL} 的全部语义。

引理 8.2　所有 MLL_{PPTL} 中的有效式在 MKIL 中都是有效的，既有如果 $\models_{MLL\,PPTL}$，那么 $\models_{MKIL}\varphi$。

证明：MKIL 保持了 MLL_{PPTL} 的全部语义。

定理 8.3　MKIL 的公理系统相对于其语义是可靠的，即如果 $\vdash_{MKIL}\varphi$，那么 $\models_{MKIL}\varphi$。

证明：由引理 8.1 和引理 8.2 可证。

三　MKIL 的完全性

证明记忆、知识和意图逻辑 MKIL 的完全性，首先需要给出如下的定义和引理。

引理 8.4　（Lindenbaum 引理）任何一个一致集都可以扩张成一个极大一致集。

证明：略。

引理 8.5　Γ是一个极大一致的公式集，任给公式 φ 和 ψ，都有：

（1）$\varphi \in \Gamma$当且仅当$\neg\varphi \notin \Gamma$；

（2）$\varphi \to \psi \in \Gamma$，当且仅当或者 $\varphi \notin \Gamma$，或者 $\psi \in \Gamma$；

（3）$\varphi \wedge \psi \in \Gamma$当且仅当 $\varphi \in \Gamma$并且 $\psi \in \Gamma$；

（4）$\varphi \vee \psi \in \Gamma$当且仅当或者 $\varphi \in \Gamma$或者 $\psi \in \Gamma$；

（5）如果 $G\varphi \in \Gamma$，则 $\varphi \in \Gamma$、$XG\varphi \in \Gamma$并且 $GG\varphi \in \Gamma$；

（6）$\neg X\varphi \in \Gamma_i$当且仅当 $X\neg\varphi \in \Gamma_i$；

（7）如果 $X\varphi \in \Gamma$并且 $X(\varphi \to \psi) \in \Gamma$，那么 $X\psi \in \Gamma$；

（8）如果 $\varphi U\psi \in \Gamma$，则如果 $\psi \notin \Gamma$，那么 $\varphi \in \Gamma$并且 $X(\varphi U\psi) \in \Gamma$；

（9）如果 $H\varphi \in \Gamma$，则有 $\varphi \in \Gamma$，$BH\varphi \in \Gamma$，并且 $HH\varphi \in \Gamma$；

（10）$\neg B\varphi \in \Gamma_i$当且仅当 $B\neg\varphi \in \Gamma_i$；

（11）如果 $B\varphi \in \Gamma$并且 $B(\varphi \to \psi) \in \Gamma$，那么 $B\psi \in \Gamma$；

（12）如果 $\varphi S\psi \in \Gamma$，则或者 $\psi \in \Gamma$，或者 $\varphi \in \Gamma$并且 $B(\varphi S\psi) \in \Gamma$。

（13）如果 $<\alpha>^n \in \Gamma$，那么 $[\alpha]^n\varphi \in \Gamma$，且 $X^n\varphi \in \Gamma$；

（14）如果 $[\alpha]^n(\varphi \to \psi) \in \Gamma$，那么或者 $[\alpha]^n\varphi \notin \Gamma$，或者 $[\alpha]^n\psi \in \Gamma$；

（15）$[\alpha_1; \alpha_2]^{j+k}\varphi \in \Gamma$当且仅当 $[\alpha_1]^j([\alpha_2]^k\varphi) \in \Gamma$；

（16）$[\alpha_1 \cup \alpha_2]^{j/k}\varphi \in \Gamma$当且仅当 $[\alpha_1]^j\varphi \wedge [\alpha_2]^k\varphi \in \Gamma$；

(17) $[\varphi]\ p\in\Gamma$ 当且仅当 $M(\varphi\rightarrow p)\in\Gamma$;

(18) $[\varphi]\ \neg\psi\in\Gamma$ 当且仅当 $(M\varphi\rightarrow\neg[\varphi]\ \psi)\in\Gamma$;

(19) $[\varphi]\ (\psi\rightarrow\chi)\in\Gamma$ 当且仅当 $([\varphi]\ \psi\rightarrow[\varphi]\ \chi)\in\Gamma$;

(20) $[\varphi]\ M\psi\in\Gamma$ 当且仅当 $M(\varphi\rightarrow[\varphi]\ \psi)\in\Gamma$;

(21) $[\varphi]\ [\psi]\ \chi\in\Gamma$ 当且仅当 $[\varphi\wedge[\varphi]\ \psi]\ M\chi\in\Gamma$;

(22) 如果 $L(\varphi\rightarrow\psi)\in\Gamma$并且 $L\varphi\in\Gamma$，那么 $L\psi\in\Gamma$;

(23) 如果 $L\varphi\in\Gamma$，那么$\neg L\neg\varphi\in\Gamma$;

(24) 如果 $L\varphi\in\Gamma$，那么 $LL\varphi\in\Gamma$;

(25) 如果 $L\varphi\in\Gamma$，那么 $\varphi\in\Gamma$;

(26) 如果 $M(\varphi\rightarrow\psi)\in\Gamma$并且 $M\varphi\in\Gamma$，那么 $M\psi\in\Gamma$;

(27) 如果 $M\varphi\in\Gamma$，那么 $L\varphi\in\Gamma$;

(28) 如果 $M(\varphi S\psi)\in\Gamma$，那么 $M(P\psi\wedge\varphi)\in\Gamma$;

(29) 如果 $M(\varphi S\psi)\in\Gamma$，那么 $LP\psi\in\Gamma$并且 $LP\varphi\in\Gamma$;

(30) 如果 $L([\alpha]^n\varphi)\in\Gamma$，那么 $I\varphi\in\Gamma$;

(31) 如果 $I\varphi\in\Gamma$，那么 $[\alpha]^n\varphi\in\Gamma$。

证明：根据相应的公理容易得到证明，此处略。

如果将所有极大一致公式集的集合记为 S_{MCS}，那么一个可能世界 T 上的时间点 t_i和 S_{MCS}的元素Γ_i可以一一对应起来。如果能够找到和可能世界 $T=t_0, t_1, t_2$，……相对应的极大一致集序列$\pi=\Gamma_0, \Gamma_1, \Gamma_2, \cdots$，使得任给一个与系统一致的公式 φ，都有 $\varphi\in\Gamma_i$当且仅当 $(M, t_i)\vDash\varphi$，那么就证明了这一公理系统的完全性。对此需要建立如下的定义和引理。

定义 8.5　对于任意Γ_i，$\Gamma_j\in S_{MCS}$，有

(1) Γ_i，Γ_j有 R_+关系，记为 $(\Gamma_i, \Gamma_j)\in R_+$，当且仅当 $\{\varphi\mid X\varphi\in\Gamma_i\}\subseteq\Gamma_j$。$\Gamma_i$，$\Gamma_j$有 R_-关系，记为 $(\Gamma_i, \Gamma_j)\in R_-$，当且仅当 $\{\varphi\mid B\varphi\in\Gamma_i\}\subseteq\Gamma_j$;

(2) Γ_i，Γ_j有 $R_<$关系，记为 $(\Gamma_i, \Gamma_j)\in R_<$，当且仅当 $\{\varphi\mid XG\varphi\in\Gamma_i\}\subseteq\Gamma_j$并且 $\{\varphi\mid BH\varphi\in\Gamma_i\}\subseteq\Gamma_j$;

(3) Γ_i，Γ_j有 R_α 关系，记为 $(\Gamma_i, \Gamma_j)\in R_\alpha$，当且仅当 $\{\varphi$

| $[\alpha]^n\varphi \in \Gamma_i\} \subseteq \Gamma_j$；

（4）Γ_i，Γ_j有 R_I关系，记为（Γ_i，Γ_j）$\in R_I$，当且仅当满足如下条件：{ $[\alpha]^n\varphi$ | $I\varphi \in \Gamma_i\} \subseteq \Gamma_j$；

（5）Γ_i，Γ_j有 R_L关系，记为（Γ_i，Γ_j）$\in R_L$，当且仅当 {φ | $L\varphi \in \Gamma_i\} \subseteq \Gamma_j$；

（6）Γ_i，Γ_j有 R_M关系，记为（Γ_i，Γ_j）$\in R_M$，当且仅当 {φ | $M\varphi \in \Gamma_i\} \subseteq \Gamma_j$。

引理 8.6 对于任意$\Gamma_i \in S_{MCS}$，满足（Γ_i，Γ_j）$\in R_+$的Γ_j是唯一确定的。

证明：如果与Γ_i有 R_+关系的Γ_j不是唯一确定的，假设有Γ_j和Γ'_j，则存在一个公式 φ，使得 $\varphi \in \Gamma_j$且 $\varphi \notin \Gamma'_j$，则有$\neg\varphi \in \Gamma'_j$，则有 $X\varphi \in \Gamma_i$且 $X\neg\varphi \in \Gamma_i$，由引理 8.5（6），有 $X\varphi \in \Gamma_i$且$\neg X\varphi \in \Gamma_i$，这产生矛盾。

证毕。

由于Γ_j是唯一确定的，此时 $j = i+1$。

引理 8.7 对于任意$\Gamma_i \in S_{MCS}$，$X\varphi \in \Gamma_i$当且仅当存在Γ_j，使得（Γ_i，Γ_j）$\in R_+$，$\varphi \in \Gamma_j$。

证明：由定义 8.5（1）可得。

引理 8.8 对于任意$\Gamma_i \in S_{MCS}$，$XG\varphi \in \Gamma_i$当且仅当对于所有的Γ_j使得（Γ_i，Γ_j）$\in R_<$，都有 $\varphi \in \Gamma_j$。

证明：由定义 8.5（2）直接可得。

引理 8.9 对于任意Γ_i，$\Gamma_j \in S_{MCS}$，如果（Γ_i，Γ_j）$\in R_+$，那么（Γ_i，Γ_j）$\in R_<$。

证明：由引理 8.5（5）和定义 8.5 得证。

引理 8.10 $R_<$是基于 R_+传递封闭的。即假设有一个极大一致集序列记为$\pi = \Gamma_0$，Γ_1，Γ_2，…，其中$\Gamma_i \in \pi \subseteq S_{MCS}$，$i \geqslant 0$，如果对于任意$\Gamma_i \in \pi$，都有（$\Gamma_i$，$\Gamma_{i+1}$）$\in R_+$，那么对于任意$\Gamma_i$，$\Gamma_j$，$\Gamma_k \in \pi$，如果有（$\Gamma_i$，$\Gamma_j$）$\in R_<$且（$\Gamma_j$，$\Gamma_k$）$\in R_<$，那么（$\Gamma_i$，$\Gamma_k$）$\in R_<$。

证明：对于任意Γ_i，Γ_j，$\Gamma_k \in \pi$，如果有（Γ_i，Γ_j）$\in R_<$且（Γ

$_j$，Γ_k）$\in R_<$，那么存在序列Γ_i，Γ_{i+1}，…，Γ_j，Γ_{j+1}，…，Γ_k，使得相邻的两个极大一致集都有关系 R_+，则由引理 8.5（5），引理 8.7 和定义 8.5 可得。

证毕。

引理 8.9 和引理 8.10 证明了关系 R_+是满足持续性和离散性的。

引理 8.11　对于任意$\Gamma_i \in S_{MCS}$，满足（Γ_i，Γ_j）$\in R_-$的Γ_j是唯一确定的。

证明：如果与Γ_i有 R_-关系的Γ_j不是唯一确定的，假设有Γ_j和Γ'_j，则存在一个公式 φ，使得 $\varphi \in \Gamma_j$且 $\varphi \notin \Gamma'_j$，则有$\neg\varphi \in \Gamma'_j$，则有 $B\varphi \in \Gamma_i$且 $B\neg\varphi \in \Gamma_i$，由引理 8.5（10），有 $B\varphi \in \Gamma_i$且$\neg B\varphi \in \Gamma_i$，这产生矛盾。

证毕。

由于和Γ_i有 R_-关系的Γ_j是唯一确定的，直观上说，Γ_j是排在Γ_i前面一位的极大一致公式集，故此时 $j = i-1$。

引理 8.12　对于任意$\Gamma_i \in S_{MCS}$，$B\varphi \in \Gamma_i$，当且仅当存在$\Gamma_j \in S_{MCS}$，使得（Γ_i，Γ_j）$\in R_-$，$\varphi \in \Gamma_j$。

证明：先证从左边到右边。由引理 8.5（1）和引理 8.5（10），如果 $B\varphi \in \Gamma_i$那么 $B\neg\varphi \notin \Gamma_i$，则 $\{\varphi \mid B\varphi \in \Gamma_i\}$ 是一致的，由引理 8.4，$\{\varphi \mid B\varphi \in \Gamma_i\}$ 可扩张为一个极大一致集Γ_j且 $\{\varphi \mid B\varphi \in \Gamma_i\} \subseteq \Gamma_j$，即存在$\Gamma_j \in S_{MCS}$，使得（$\Gamma_i$，$\Gamma_j$）$\in R_-$，$\varphi \in \Gamma_j$。

同理可证从右边到左边。

证毕。

引理 8.11 和引理 8.12 证明了关系 R_-是满足持续性和离散性的。

引理 8.13　对于任意$\Gamma_i \in S_{MCS}$，$BH\varphi \in \Gamma_i$当且仅当对于所有的Γ_j使得（Γ_i，Γ_j）$\in R_<$，都有 $\varphi \in \Gamma_j$。

证明：由定义 8.5（2）直接可得。

此时 j 至少比 i 要小 1，因此有 i<j。

引理 8.14　对于任意Γ_i，$\Gamma_j \in S_{MCS}$，如果（Γ_i，Γ_j）$\in R_-$，那

么（Γ_i，Γ_j）$\in R_<$。

证明：如果（Γ_i，Γ_j）$\in R_-$，则据定义8.5（1），如果 $BH\varphi \in \Gamma_i$ 则有 $H\varphi \in \Gamma_j$，则由引理8.5（5）有 $\varphi \in \Gamma_j$，则由定义8.5（2）得证。

引理8.15 $R_<$ 是基于 R_- 传递封闭的。即假设有一个极大一致集的序列记为 $\pi = \Gamma_0, \Gamma_1, \Gamma_2, \cdots$，其中 $\Gamma_i \in \pi \subseteq S_{MCS}$，$i \geqslant 0$，如果对于任意 $\Gamma_i \in \pi$，都有（Γ_i，Γ_{i-1}）$\in R_-$，那么对于任意 Γ_i，Γ_j，$\Gamma_k \in \pi$，如果有（Γ_i，Γ_j）$\in R_<$ 且（Γ_j，Γ_k）$\in R_<$，那么（Γ_i，Γ_k）$\in R_<$。

证明：对于任意 Γ_i，Γ_j，$\Gamma_k \in \pi$，如果有（Γ_i，Γ_j）$\in R_<$ 且（Γ_j，Γ_k）$\in R_<$，那么存在序列 Γ_i，Γ_{i-1}，…，Γ_j，Γ_{j-1}，…，Γ_k，使得相邻的两个极大一致集都有关系 R_-。由引理8.5（9），如果 $H\varphi \in \Gamma_i$，那么有 $BH\varphi \in \Gamma_i$，由定义8.5（1），则有 $H\varphi \in \Gamma_{i-1}$，如此先由引理8.5（9）再据定义8.5（1），反复使用至 $H\varphi \in \Gamma_k$，由定义8.5（2）可证（Γ_i，Γ_k）$\in R_<$。

证毕。

引理8.15证明了基于关系 R_- 的关系 $R_<$ 是满足传递性的。

引理8.16 对于任意 $\Gamma_i \in S_{MCS}$，$[\alpha]^n\varphi \in \Gamma_i$ 当且仅当对于所有的 Γ_{i+n} 使得（Γ_i，Γ_{i+n}）$\in R_\alpha$，$\varphi \in \Gamma_{i+n}$。

证明：由定义8.5（3）直接可得。

定义8.6 一条路径是指满足如下条件的一个极大一致集的有序集，记为 $\pi = \Gamma_0, \Gamma_1, \Gamma_2, \cdots$，其中 $\Gamma_i \in \pi \subseteq S_{MCS}$，$i \geqslant 0$，每一个 Γ_i 称为 π 上的点：

（1）任给 $\Gamma_i \in \pi$，都有 $\Gamma_{i+1} \in \pi$，使得（Γ_i，Γ_{i+1}）$\in R_+$；

（2）任给 $\Gamma_i \in \pi$，都有 $\Gamma_{i-1} \in \pi$，使得（Γ_i，Γ_{i-1}）$\in R_-$；

（3）任给 $\Gamma_i \in \pi$，如果 $\Gamma_j \in \pi$，那么或者有（Γ_i，Γ_j）$\in R_<$，或者有（Γ_j，Γ_i）$\in R_<$；

（4）任给 $\Gamma_i \in \pi$，如果 $<\alpha>^n\varphi \in \Gamma_i$，那么存在 $\Gamma_{i+n} \in \pi$，$\varphi \in \Gamma_{i+n}$，使得（Γ_i，Γ_{i+n}）$\in R_\alpha$。

定义8.6是说路径 π 上的点是由满足 R_+、R_-、$R_<$ 和 R_α 关系

的极大一致公式集构造起来的。如果能够证明所定义的路径π是存在的，那么就可以将路径π和可能世界对应起来。这就是说需要证明如下引理：

引理 8.17　满足定义 8.6 的路径$\pi = \Gamma_0, \Gamma_1, \Gamma_2, \ldots$是存在的。

证明：首先证明满足定义 8.6 的条件（1）是能够满足的。由引理 8.5（1），对于任意一个$\Gamma_i \in \pi$，则或者$\neg X\varphi \in \Gamma_i$或者$X\varphi \in \Gamma_i$；假设$X\varphi \in \Gamma_i$，则由引理 8.7，$X\varphi \in \Gamma_i$当且仅当存在$\Gamma_{i+1}$，$\varphi \in \Gamma_{i+1}$，使得$(\Gamma_i, \Gamma_{i+1}) \in R_+$；假设$\neg X\varphi \in \Gamma_i$，则由引理 8.5（6），有$X\neg\varphi \in \Gamma_i$，则由引理 8.7 存在$\Gamma_{i+1}$，$\neg\varphi \in \Gamma_{i+1}$，使得$(\Gamma_i, \Gamma_{i+1}) \in R_+$。则定义 8.6（1）总是能满足的。

条件（2）的证明与条件（1）的证明相似，略。

其次证明条件（3）是能够满足的。如果$\Gamma_j \in \pi$，由条件（1）和（2），那么或者有$\Gamma_i, \Gamma_{i+1}, \cdots, \Gamma_j$，或者有$\Gamma_j, \Gamma_{j+1}, \cdots, \Gamma_i$，使得相邻两点间有$R_+$或者$R_-$关系，那么由引理 8.7、8.8、8.9、8.12、8.13和 8.14，可得或者有$(\Gamma_i, \Gamma_j) \in R_<$，或者有$(\Gamma_j, \Gamma_i) \in R_<$。

再次证明条件（4）是可满足的。由引理 8.16、引理 8.5（13）、条件（1）和条件（2）的证明可证。

证毕。

根据引理 8.17，在已经证明了路经π存在的情况下，如下推论的成立是容易得到证明的。

推论 8.18　（1）Γ_i是π上的点，总存在Γ_{i+1}，使得$(\Gamma_i, \Gamma_{i+1}) \in R_+$；

（2）如果Γ_i是π上的点，则总存在Γ_{i-1}，使得$(\Gamma_i, \Gamma_{i-1}) \in R_-$；

（3）Γ_i，Γ_k，Γ_j是π上的点，如果$(\Gamma_i, \Gamma_k) \in R_<$并且$(\Gamma_i, \Gamma_j) \in R_<$，$\Gamma_k \neq \Gamma_j$，那么或者$(\Gamma_k, \Gamma_j) \in R_<$，或者$(\Gamma_j, \Gamma_k) \in R_<$。

推论 8.19　任给Γ_i是π上的点，都有

（1）$X(\varphi \vee \neg\varphi) \in \Gamma_i$；

（2）$G\varphi \rightarrow \varphi \in \Gamma_i$；

（3）$B(\varphi \vee \neg\varphi) \in \Gamma_i$；

（4）$H\varphi \rightarrow \varphi \in \Gamma_i$。

由前面的引理 8.10、8.15 和 8.18、8.19 这两个推论，能够得到如下引理：

引理 8.20 路径π上的点之间的关系就是定义 8.2 的关系≤。

证明：由引理 8.10、8.15、推论 8.18 和 8.19 可得。

引理 8.21 Γ_i是π上的点，公式 $\varphi U\psi \in \Gamma_i$，当且仅当或者 $\psi \in \Gamma_i$，或者存在Γ_j，$(\Gamma_i, \Gamma_j) \in R_<$ 使得 $\psi \in \Gamma_j$并且对于任意Γ_k，$(\Gamma_i, \Gamma_k) \in R_<$ 并且 $(\Gamma_k, \Gamma_j) \in R_<$，都有 $\varphi \in \Gamma_k$。

证明：如果公式 $\varphi U\psi \in \Gamma_i$，由引理 8.5（8），或者有 $\psi \in \Gamma_i$，或者有 $\varphi \in \Gamma_i$并且 $X(\varphi U\psi) \in \Gamma_i$。假设有 $\varphi \in \Gamma_i$并且 $X(\varphi U\psi) \in \Gamma_i$，由引理 8.7、8.8 和 8.5（8）可得存在Γ_{i+1}，$(\Gamma_i, \Gamma_{i+1}) \in R_+$ 使得或者 $\psi \in \Gamma_{i+1}$，此时有$\Gamma_{i+1} = \Gamma_j$，使得 $\psi \in \Gamma_j$并且对于任意Γ_k，$(\Gamma_i, \Gamma_k) \in R_<$ 并且 $(\Gamma_k, \Gamma_j) \in R_<$，都有 $\varphi \in \Gamma_k$；或者有 $\varphi \in \Gamma_{i+1}$ 并且 $X(\varphi U\psi) \in \Gamma_{i+1}$，此时由引理 8.7、8.8 和 8.5（8）可得存在Γ_{i+2}，使得或者 $\psi \in \Gamma_{i+2}$，此时有$\Gamma_{i+2} = \Gamma_j$，使得 $\psi \in \Gamma_j$并且对于任意Γ_k，$(\Gamma_i, \Gamma_k) \in R_<$ 并且 $(\Gamma_k, \Gamma_j) \in R_<$，都有 $\varphi \in \Gamma_k$；或者有 $\varphi \in \Gamma_{i+2}$并且有 $X(\varphi U\psi) \in \Gamma_{i2+1}$，…；依次类推，可得$\Gamma_i$是π上的点，公式 $\varphi U\psi \in \Gamma_i$，当且仅当或者 $\psi \in \Gamma_i$，或者存在Γ_j，$(\Gamma_i, \Gamma_j) \in R_<$ 使得 $\psi \in \Gamma_j$并且对于任意Γ_k，$(\Gamma_i, \Gamma_k) \in R_<$ 并且 $(\Gamma_k, \Gamma_j) \in R_<$，都有 $\varphi \in \Gamma_k$。

证毕。

引理 8.22 π是一条路径，Γ_i是π上的点，如果公式 $<\alpha>^n\varphi \in \Gamma_i$，那么存在一个点$\Gamma_{i+n} \in \pi$，$\varphi \in \Gamma_{i+n}$，$(\Gamma_i, \Gamma_{i+n}) \in R_\alpha$。

证明：Γ_i是π上的点，如果公式 $<\alpha>^n\varphi \in \Gamma_i$，由引理 8.5（13）则有 $X^n\varphi \in \Gamma_i$且 $[\alpha]^n\varphi \in \Gamma_i$，由 $X^n\varphi \in \Gamma_i$和引理 8.16，存在一个点$\Gamma_{i+n} \in \pi$ 使得有 $\varphi \in \Gamma_{i+n}$，则由定义 8.5（3），有 (Γ_i, Γ_{i+n})

$\in R_\alpha$。

定义 8.7　π 和 π' 是不同的路径，如果有 $\Gamma_i \in \pi$，$\Gamma_j \in \pi'$，使得（Γ_i，Γ_j）$\in R_I$，则称 π 和 π' 有关系 R_I，记为（π，Γ_i）R_I（π'，Γ_j）。

引理 8.23　π 和 π' 是不同的路径，$\Gamma_i \in \pi$，$\Gamma'_i \in \pi'$，（π，Γ_i）R_I（π'，Γ'_i）当且仅当满足条件 $\{[\alpha]^n\varphi \mid I\varphi \in \Gamma_i\} \subseteq \Gamma'_i$。

证明：由定义 8.7 和定义 8.5（4）可证。

定义 8.8　π 和 π' 是不同的路径，如果有 $\Gamma_i \in \pi$，$\Gamma_j \in \pi'$，使得（Γ_i，Γ_j）$\in R_L$，则称 π 和 π' 有关系 R_L，记为（π，Γ_i）R_L（π'，Γ_j）。

引理 8.24　π 和 π' 是不同的路径，$\Gamma_i \in \pi$，$\Gamma'_i \in \pi'$，（π，Γ_i）R_L（π'，Γ'_i）当且仅当满足条件 $\{\varphi \mid L\varphi \in \Gamma_i\} \subseteq \Gamma'_i$。

证明：由定义 8.5（5）和定义 8.8 可得。

定义 8.9　π 和 π' 是不同的路径，如果有 $\Gamma_i \in \pi$，$\Gamma_j \in \pi'$，使得（Γ_i，Γ_j）$\in R_M$，则称 π 和 π' 有关系 R_M，记为（π，Γ_i）R_M（π'，Γ_j）。

引理 8.25　π 和 π' 是不同的路径，$\Gamma_i \in \pi$，$\Gamma_j \in \pi'$，如果 Γ_i，Γ_j 有 R_I 关系，那么 Γ_i，Γ_j 有 R_L 关系。

证明：π 和 π' 是不同的路径，$\Gamma_i \in \pi$，$\Gamma_j \in \pi'$，假设 Γ_i，Γ_j 有 R_I 关系但是没有 R_L 关系，那么可得

（1）由 Γ_i，Γ_j 有 R_I 关系，则有如果 $I\varphi \in \Gamma_i$，那么有 $[\alpha]^n\varphi \in \Gamma_j$；

（2）Γ_i，Γ_j 没有 R_L 关系，则有 $L([\alpha]^n\varphi) \in \Gamma_i$ 但有 $[\alpha]^n\varphi \notin \Gamma_j$；

由（1）（2）可知，假设不成立，原命题得证。

引理 8.26　π 和 π' 是不同的路径，$\Gamma_i \in \pi$，$\Gamma_j \in \pi'$，如果 Γ_i，Γ_j 有 R_M 关系，那么 Γ_i，Γ_j 有 R_L 关系。

证明：参考引理 8.25 的证明，略。

前面的引理 8.17 已经证明了满足线序关系的路径 π 是存在的，从而可以将路径 π 和可能世界一一对应起来，使得如下定义的模型恰好就是 MKIL 的模型。

定义 8.10　一个模型 $M = \langle W_T, \leqslant, R_L, R_M, R_I, R_\alpha,$

V > 使得：

（1）定义一个函数 F，使得 F（Γ_i）= t_i，其中$\Gamma_i \in \pi \subseteq S_{MCS}$，$t_i \in T$，定义一个函数 G，使得 G（π）= T，$T \in W_T$；

（2）如果Γ_i，$\Gamma_j \in \pi$，或者$\Gamma_i = \Gamma_j$，或者有（Γ_i，Γ_j）$\in R_<$，则有 $t_i \leqslant_t t_j$；

（3）如果Γ_i，$\Gamma_j \in \pi$，（Γ_i，Γ_j）$\in R_\alpha$ 则有 $t_i R_\alpha t_j$；

（4）如果有$\Gamma_i \in \pi$，$\Gamma'_i \in \pi'$，使得（π，Γ_i）R_I（π′，Γ'_i），则有（T，t_i）R_I（T′，t_i）；

（5）如果有$\Gamma_i \in \pi$，$\Gamma'_i \in \pi'$，使得（π，Γ_i）R_L（π′，Γ'_i），则有（T，t_i）R_L（T′，t_i）；

（6）如果有$\Gamma_i \in \pi$，$\Gamma'_i \in \pi'$，使得（π，Γ_i）R_M（π′，Γ'_i），则有（T，t_i）R_M（T′，t_i）；

（7）对每一原子命题 $p \in P$ 的真值有如下定义：$p \in \Gamma_i$，$\Gamma_i \in \pi \subseteq S_{MCS}$当且仅当 $t_i \in T$，$T \in W_T$，（T，t_i）$\in V$（p）；

定义 8.10 的直观意思是说，每一π 上的点即极大一致公式集Γ_i对应一个可能世界 T 上的时间点 t_i，极大一致公式集Γ_i是对可能世界 T 上的时间点 t_i的完全描述，路径π 上的极大一致集间的关系与时间点 t_i上的关系是完全相同的，都满足线序。可以看到定义 8.9 所定义的模型恰好就是记忆、知识和意图的逻辑 MKIL 的模型，即有如下引理：

引理 8.27 模型 M = < W_T，≤，R_L，R_M，R_I，R_α，V > 就是 MKIL 的模型。

证明：模型 M = < W_T，≤，R_L，R_M，R_I，R_α，V > 的各项定义符合 MKIL 的模型的各项定义。引理 8.17 证明了可能世界集 W_T是非空的，引理 8.20 证明了关系≤是满足的，引理 8.22 证明了关系 R_α 是满足的，引理 8.5（31）和 8.23 证明了关系 R_I是满足的，引理 8.5（25）和 8.24 证明了关系 R_L是满足的，引理 8.25 和定义 8.8 证明了定义 8.2（6）的条件是满足的，引理 8.26 和定义 8.9 证明了定义 8.2（7）的条件是满足的。

证毕。

由以上的定义和引理，可以证明如下引理成立：

引理 8.28　如果 $\varphi \in \Gamma_i$，那么（M，T，t_i）$\models_{MKIL}\varphi$。

证明：由结构归纳法容易得到证明，略。

定理 7.22　所有相对于 MKIL 的语义有效的公式都是 MKIL 的定理，即有：如果 $\models_{MKIL}\varphi$，那么 $\vdash_{MKIL}\varphi$。

证明：假设 $\vdash_{MKIL}\varphi$ 不成立，则 $\{\neg\varphi\}$ 是一致的。因此，存在一个极大一致集 Γ_i，使得 $\neg\varphi \in \Gamma_i$。那么由引理 8.28，有（M，T，t_i）$\models_{MKIL}\neg\varphi$，则 $\models_{MKIL}\varphi$ 不成立。

讨论和小结

本章给出的逻辑 MKIL 表达了智能主体基于记忆、知识和意图这一基本框架的实践推理。这一实践推理的逻辑通过纳入记忆这一认知要素，使得所刻画的智能主体的实践推理过程由记忆、知识和意图三个基本要素的基本性质和相互间的逻辑推理关系来进行表达，加之之前的逻辑更能够体现现实主体的实践推理基本特征。为了逻辑上的简洁，MKIL 牺牲了现实主体实践推理的若干性质，例如第六章所表达的现实主体记忆的正内省性、负内省性、理性、真知性，等等。当然，这些性质可以在更细致的逻辑系统中被刻画出来，这有待于更进一步的研究。

在这一逻辑的基础上，还可以嵌入其他的一些实践推理要素。这就为实践推理逻辑的扩张奠定了一个基础。

结　语

作为现实人的实践推理，其思维过程是非常复杂的。其复杂性体现在多个方面，例如说在推理过程中被引入主体思考内容的信息在数量上非常庞大，同时实践推理中参与的认知要素众多，既包括理性因素也包括非理性因素，有时候甚至非理性因素所起的作用还是决定性的。而参与的各个要素，它们自身具有什么样的根本特征，在实践推理过程中起着什么样的作用，相互之间具有什么样的推理制约关系，其整个机制还有待于进一步的探讨，并且对它的讨论涉及多个认知学科，而不是单独某一个学科。这些原因都使得实践推理表达起来非常困难。

本书从实践推理的相关哲学讨论出发，以模态逻辑为主要工具，讨论并建构了结合时间逻辑、动态逻辑和认知逻辑为技术工具的基于记忆、信念和意图这三个认知要素作为基本结构的一系列混合逻辑，以此来刻画智能主体的实践推理在时间进程和动态过程中记忆、信念和意图的基本逻辑性质以及相互间的推理制约关系，从而表达智能主体实践推理的一般性的逻辑过程。

本书的研究给出了一些有意义的逻辑。在第三章中，对意图的基本特征的一些刻画是比较成功的。通过对意图逻辑的建构，尝试了将时间、行动和认知逻辑相结合构建混合逻辑的方法，得到了一些有意思的成果。第三章的时间逻辑本身也有自己的特点。在第四章中，构建的知识意图逻辑给出了知识与意图之间的逻辑限制关系，简洁地表达了知识在时间中会遗忘的性质，并通过知识对于意图的限制来解决意图的副作用问题，并取得了较好的效果。第五章给出的记忆逻辑刻画了记忆的各个基本特征，表达了智能主体通过短时记忆调用长时记忆中的信息进行推理的实践推理的一般性特征。第六章给出了现实主体记忆与信念之间的推理关系，刻画了现实主体具有理性、正内省性、负内省性和真知性的逻辑特征。第七章给出的逻辑通过嵌入觉知逻辑来表达主体能够避免逻辑全知的逻辑性质。第八章在前面给出的逻辑基础上，给出了一个刻画基本的实践推理框架的逻辑：记忆、信念和意图逻辑 MKIL。

在上述关于实践推理的逻辑刻画中，本书给出了一系列逻辑系统来刻画智能主体的基于信念、意图和记忆的实践推理框架的若干逻辑性质。这些逻辑性质体现了智能主体在实践推理中的具有一般性的基本特征。但是需要考虑到，一方面，智能主体不仅仅只具有这些特征，还有很多重要而复杂的特征我们未能够在逻辑中刻画出来，例如现实主体的记忆会有遗忘，我们的意图会有放弃与修正，在推理过程中兴趣与偏好对我们的影响，等等。另一方面，即使是这些特征，我们的刻画表达也不够细腻和完整，例如意图与信念的关系、意图的策略、意图的承诺和修正、记忆对意图的影响等等，都没有能够得到合理刻画。同时，一些在实践推理中需要处理的逻辑问题在这里也还没有得到考虑，例如智能主体的非单调推理特征应该如何解决的问题。

当然，还有很多其他的实践推理因素还没有能够加以表达，例如关于智能主体的偏好、期待、后悔等等我们实际上常常使用的实践推理要素。这实在是本书的不足，还有待更进一步的研究。

限于时间和能力，本书不可避免地有一些错漏之处，尚待各位读者批评指正之，不胜感激。

参考文献

Alvin I. Goldman, *Epistemology and Cognition* [M]. Harvard University Press, 1986.

E. A. Emerson, *Temporal and modal logic* [A]. *Handbook of Theoretical Computer Science* [M]. Vol. B, J. van Leeuwen (ed.), Elsevier Science Publishers and MIT Press, 1990.

J. – J. Meyer, *Epistemic Logic* [A]. *Philosophical Logic* [C]. Lou Goble (ed.), Blackwell Publisher, 2001.

M. Finger, D. M. Gabbay, and M. Reynolds, *Advanced Tense Logic* [A]. *Handbook of Philosophical Logic* [C]. Dov M. Gabby and F. Guenthner (ed.), Klumwer Academic Publishers, Volume 7, 2002.

Sven Bernecker, *Memory: a philosophical Study* [M]. Oxford University Press, 2010.

Robert Audi, *Epistemology* [M]. Routledge, 2011.

P. Blackburn, M. de Rijke, Y. Venema, *Modal Logic* [M]. Cambridge University Press, 2001.

L. Giofdano, A. Martelli, and C. Schwind, *Reasoning about Actions in Dynamic Linear Time Temporal Logic* [J]. L. J. of the IGPL [C]. Vol. 9, No. 2, Oxford University press, 2001.

Dov M. Gabby, Jane. Spurr (ed.), *Epistemic and Temporal Reasoning* [A]. *Handbook of Logic in Artificial Intelligence and Logic*

Programming [M]. Volume 5, Clarendon Press, 2000.

Maria C. Galabotti, Roberto Scazzieri, Patrick Suppes (ed.), *Reasoning*, *Rationality*, *and Probability* [M]. CSLI Publications, 2008.

Fagin, R., J. Halpern, Y. Moses, and M. Vardi, *Reasoning about Knowledge* [M]. MIT Press, 1995.

M. Finger, D. M. Gabbay, and M. Reynolds, *Advanced Tense Logic* [A]. *Handbook of Philosophical Logic* [C]. Dov M. Gabby and F. Guenthner (ed.), Klumwer Academic Publishers, Volume 7, 2002.

C. Stirling, *Modal and temporal logics* [A]. *Handbook of Logic in Computer Science* [M]. Volume 2, Clarendon Press, Oxford, 1992.

M. E. Bratman, *Intention*, *Plans*, *and Practical Reason* [M]. Cambridge, MA: Harvard University Press, 1987.

A. S. Rao, M. P. Georgeff, *Modeling Rational Agents Within a BDI – Architcture* [A]. *Proceedings of the Second International Conference on Principles of Knowledge Representation and Reasoning* [C]. San Mateo, CA: Morgan Kaufmann Publishers, 1991.

D. Harel, D. Kozen, and J. Tiuryn, *Dynamic Logic* [A]. *Handbook of Philosophical Logic* [C]. Dov M. Gabby and F. Guenthner (ed.), Klumwer Academic Publishers, Volume 4, 2002.

F. Pirri, R. Reiter, *Planning Actions in the Situation Calculus* [A]. *Logic – Based Artificial Intelligence* [M]. Jack Minker (ed.), Kluwer Academic Publishers, 2000.

F. Dretske, *Perception*, *Knowledge*, *and Belief* [M]. Cambridge University Press, 2000.

H. Kautz, B. Selman, *Encoding Domain Knowledge for Propositional Planning* [A]. *Logic – Based Artificial Intelligence* [M]. Jack Minker (ed.), Kluwer Academic Publishers, 2000.

J. Hintikka, *Knowledge and belief* [M]. New York: Cornell University Press, 1962.

J. -J. Meyer, W. van der Hoek, *Epistemic Logic for AI and Computer Science* [M]. Cambridge University Press, 1995.

J. P. Burgess, *Basic Tense logic* [A]. *Handbook of Philosophical Logic* [C]. Dov M. Gabby and F. Guenthner (ed.), Klumwer Academic Publishers, Volume 7, 2002.

M. Kaplan, *Decision Theory as Philosophy* [M]. Cambridge University Press, 1996.

R. Fagin, J. Y. Halpern, Y. Moses, M. Y. Vardi, *Reasoning about Knowledge* [M]. The MIT Press, 1995.

Yde Venema, *Temporal Logic* [A]. *Philosophical Logic* [C]. Lou Goble (ed.), Blackwell Publisher, 2001. Jordi Fernάndez, *Memory and time* [J]. study, 2008.

Christopher Cherniak, *Rationality and the Structure of Human Memory* [J]. Synthese, Volume 57, November 1983.

Jordi Fernάndez, *Memory, past and self* [J]. Synthese, Volume 160, January 2008.

J. Gerbrandy, W. Groeneveld, *Reasoning about Information Change* [J]. Journal of Logic, Language and Information, Volume 6, April 1997.

Christian Schumacher, *A Logic for Memory* [J]. *Nonclassical Logics and Information Processing* [M]. Lecture Notes in Computer Science, 1992.

D. Gabby, A. Pnueli, S. Shelah, and J. Stavi, *On the temporal analysis of fairness* [J]. *In Proc. 7th ACM Symp* [C]. Princ. of Prog. Lang, 1980.

O. Lichtenstein, A. Pnueli, *Propositional Temporal Logics: Decidability and Completeness* [J]. L. J. of the IGPL, Vol. 8, No. 1, 2000.

Giacomo Bonanno, *A Characterization of von Neumann Games in Terms of Memory* [J]. Synthese, Vol. 139, March 2004.

Thomas Agotnes, Dirk Walther, *A Logic of Strategic Ability Under Bounded Memory* [J]. Journal of Logic, Language and Information, Vol. 18, January 2009.

Carlos Areces, Facundo Carreiro, Santiago Figueira, and Sergio Mera, *Expressive power and decidability for memory logics* [J]. *Logic, Language, Information and Computation* [M]. Volume 5110 of the series Lecture Notes in Computer Science, 2008.

Carlos Areces, Facundo Carreiro, Santiago Figueira, and Sergio Mera, *Basic Model Theory for Memory Logics* [J]. Logic, Language, Information and Computation [M]. Volume 6642 of the series Lecture Notes in Computer Science, 2011.

R. Fagin, J. Y. Halpern, *Belief, Awareness, and Limited Reasoning* [J]. Artificial Intelligence, Vol. 34, 1988.

M. J. Cresswell, *Temporal Reference in Linear Tense Logic* [J]. Studia Logica, Volume 39, April 2010.

Ulrich Meyer, *"Now" and "Then" in Tense Logic* [J]. Journal of Philosophical Logic, Vol. 38 (2), April 2009.

Giacomo Bonanno, *Temporal Interaction of Information and Belief* [J]. Studia Logica, Volume 86, August 2007.

Jordi Fernandez, *Memory and time* [J]. Philosophical Studies, Vol. 141, December 2008.

Yoav Shoham, *Logical Theories of Intention and the Database Perspective* [J]. Journal of Philosophical Logic, Vol. 38 (6), 2009.

Annalisa Coliva, *Self-knowledge and commitments* [J]. *Synthese*, Vol. 171, December 2009.

Jason Stanley, *"Assertion" and Intentionality* [J]. *Philosophical Studies*, Vol. 151, October 2010.

Attila Tanyi, *Desires as additional reasons* [J]. *The case of tie – breaking* [J] . Philosophical Studies, Vol. 152, January 2011.

AndreasHerzig, Emiliano Lorini, *Editorial Introduction: Logical Methods for Social Concepts* [J] . Journal of Philosophical Logic, Vol. 40, August 2011.

Jan M. Broersen, *Making a Start with the stit Logic Analysis of Intentional Action* [J]. Journal of Philosophical Logic, Vol. 40, August 2011.

Nate Charlow, *Conditional preferences and practical conditionals* [J]. Linguistics and Philosophy, Vol. 36, November 2013.

Ruth Chang, *Grounding practical normativity: going hybrid* [J]. Philosophical Studies, Vol. 164, May 2013.

Juliette Gloor, *Collective Intentionality and Practical Reason* [J]. Institutions, Emotions, and Group Agents, Volume 2 of the series Studies in the Philosophy of Sociality, 2014.

Grzegorz Borowik, Tadeusz Lubahe, Pawel Tomaszewicz, *On Memory Capacity to Implement Logic Functions* [J]. Computer Aided Systems Theory – EUROCAST 2011, Lecture Notes in Computer Science, Vol. 6928, 2012.

D. Gabby, A. Pnueli, S. Shelah, and J. Stavi, *On the temporal analysis of fairness* [J] . In Proc. 7th ACM Symp [C]. Princ. of Prog. Lang. , 1980.

M. E. Bratman, *Plans and resource-bounded practical reasoning* [J]. Computational Intelligence, Vol. 4, 1988.

M. E. Bratman, *Shared Intention* [J]. Ethics, Vol. 104, 1993.

M. E. Bratman, *Reflection, Planning, and Temporally Extended Agency* [J]. The Philosophical Review, Vol. 109, 2000.

P. R. Cohen, H. J. Levesque, *Intention Is Choice with Commitment* [J]. Artificial Intelligence, Vol. 42, 1990.

A. S. Rao, M. P. Georgeff, *A model – theoretic approach to the verification of situated reasoning system* [A]. In Proceedings of the Thirteenth International Joing Conference on Artificial Intelligence (IJCAI – 93), Chanberey, France, 1993.

M. P. Singh, N. M. Asher, *A Logic of Intentions and Beliefs* [J]. Journal of Philosophical logic, Vol. 22, October 1993.

A. S. Rao, M. P. Georgeff, *Formal Models and Decision Procedures for Multi – Agent Systems* [J]. in Proceedings of the First International Conference on Multi—Agent Systems, San Francisco, CA: MIT Press, 1995.

V. C. P. Nair, *On Extending BDI Logics* [D]. Griffith University, Queensland, Australia, 2003.

M. Wooldridge, *Intelligent Agents: Theory and Practice* [J]. The Knowledge Engineering Review, 10 (2), 1995.

J.-J. Meyer, F. de Bork, R. van Eijk, K. Hindriks, and W. van der Hork, *On Programming KARO Agents* [J]. L. J. of the IGPL [C]. Vol. 9, Oxford University press, 2001.

M. Pauly, *a modal logic for conlitional power in games* [J]. Joural of logic and computation, Vol. 12 (1), 2002.

K. Konolige and M. E. Pollack, *A representationalist theory of intention* [C]. Proc. of the 13th International Joint Conference on Artificial Intelligence (IJCAI – 93).

O. Lichtenstein, A. Pnueli, *Propoditional Temporal Logics: Decidability and Completeness* [J]. L. J. of the IGPL, Vol. 8, No. 1, 2000.

V. Goranko, *Temporal Logics of Computations* [OL]. Rand Afrikanns University, Birmingham, http://general. rau. ac. za/maths/goranko/.

J. Y. Halpern, Y. Moses, *A Guide to the Modal Logics of Knowledge and Belief* [J]. Artificial Intelligence 54, 1992.

von. Karger, R. Berghammer, *A Relational Model for Temporal Logic* [*J*]. L. J. of the IGPL [C]. Vol. 6, No. 2, Oxford University press, 1998.

C. M. Jonker, J. Treur, and W. de Vries, *Temporal Analysis of the Dynamics of Beliefs, Desires, and ntentions* [J]. Cognitive Science Quarterly (Special Issue on Desires, Goals, Intentions, and Values: ComputationalArchitectures), Vol. 2, 2002.

J. van Benthem, *Dynamic Logic for Belief Revision* [J]. Journal of Applied Non - Classical Logics. Vol. 14, No. 2, 2004.

J. Y. Halpern, M. Y. Vardi, *The complexity of reasoning about knowledge and time*, Ⅰ: *lower bounds* [J]. Journal of Computer and Systems Science 38, 1989.

K. Su, A. Sattar, Kewen Wang, Xiangyu Luo, G. Governatori, V. Padmanabhan, *Observation - based Model for BDI - Agents* [J]. A-merican Association for Artificial Intelligence (www. aaai. org), 2005.

L. Giofdano, A. Martelli, and C. Schwind, *Reasoning about Actions in Dynamid Linear Time Temporal Logic* [J]. L. J. of the IGPL [C]. Vol. 9, No. 2, Oxford University Press, 2001.

Hu Liu, Shier Ju, *Two - dimensional Awareness logic* [J]. Journal of Philosophical Logic, Vol. 33, 2004.

A. Herzig, *Modal Probability, Belief, and Action* [J]. Fundamenta Informaticae 57, 2003.

M. Whitsey, *Logical Omniscience and Resourse - Bounded Agents* [OL]. http: // citeseer. ist. psu. edu/whitsey04logical. html.

S. Modica, A. Rustichini, *Awareness and Partitional Information Structures* [J]. Theory and Decision, Vol. 37, 1994.

W. van der Hoek, M. Wooldridge, *Cooperation, Knowledge, and Time: Alternating - time Temporal Epistemic Logic and its Applications* [J]. Studia Logica. Vol. 75, 2003.

W. van der Hoek, M. Wooldridge, *Towards a Logic of Rational Agency* [J]. L. J. of the IGPL, Vol. 11, No. 2, Oxford University Press, 2003.

W. van der Hoek, [J]. – Jules Meyer, and J. Treur, *Temporalizing Epistemic Default Logic* [J]. Journal of Logic, Language, and Information 7, Kluwer Academic Publishers, 1998.

亚里士多德：《尼各马可伦理学》，廖申白译注，商务印书馆2003年版。

康德：《实践理性批判》，邓晓芒译，人民出版社2003年版。

乔纳森·丹西：《当代认识论导论》，周文彰、何包钢译，中国人民大学出版社1990年版。

约翰·波洛克、乔·克拉兹：《当代知识论》，陈真译，复旦大学出版社2008年版。

杉原丈夫：《时间逻辑》，瞿麦生译，河北人民出版社1986年版。

周北海：《模态逻辑导引》，北京大学出版社1997年版。

刘壮虎：《素朴集合论》，北京大学出版社2001年版。

李小五：《条件句逻辑》，人民出版社2003年版。

弓肇祥：《认知逻辑新发展》，北京大学出版社2004年版。

何向东、刘邦凡、马亮等：《广义模态逻辑及其应用》，人民出版社2005年版。

刘虎：《信念、觉知与二维逻辑》[D]．中山大学，2003年。

许涤非：《双主体认知逻辑研究》[D]．北京大学，2003年。

郭美云：《带有群体知识的动态认知逻辑》[D]．北京大学，2006年。

陈小平、刘贵全，蔡庆生等：《意图逻辑》[J]．《计算机科学》，1997年第3期。

胡山立、石纯一：《意图形式化中的副作用问题》[J]．《计算机科学》，2000年第7期。

程显毅、石纯一：《避免逻辑全知的 BDI 语义》［J］．《软件学报》，2002 年第 5 期。

周北海、刘壮虎：《一个关于意图后承的逻辑》［J］．《哲学动态》，2001 年增刊。

郭美云：《从 PAL 看认知逻辑的动态转换》［J］．《自然辩证法研究》，2006 年第 1 期。

吕进：《一个描述现实主体的信息宣告觉知逻辑》［J］．《哲学动态》，2008 第 7 期。

于奇智：《主论证与二值原则的抛弃》［J］．《哲学研究》，2010 年第 7 期。